CONVERSACIONES DE CIENCIA

Hablemos de Ciencia

José Manuel Nieves

EDAF

MADRID - MÉXICO - BUENOS AIRES - SAN JUAN - SANTIAGO - MIAMI

2011

Conversaciones de Ciencia es una colección
coordinada por José Manuel Nieves

Jorge Juan, 68 · 28009 Madrid
www.edaf.net
edaf@edaf.net
Diseño de interior y cubierta: Gerardo Domínguez
Realización de maqueta. Elena Rueda
Documentación: © AGE Fotostock
Fotografías del VI capítulo: © Javier Trueba
Infografía: I. C. Claroscuro

Ediciones-Distribuciones Antonio Fossati, S. A. de C. V.
Cerrada General Cándido Aguilar, 2, Col. San Andrés Atoto.
Naucalpan, Edo. de México, C. P. 53500 México D. F.
Telf.: 01(55)5576 3651

Edaf del Plata, S. A.
Chile, 2222
1227 Buenos Aires · Argentina
edafdelplata@edaf.net

Edaf Antillas, Inc.
Av. J. T. Piñero, 1594
Caparra Terrace
San Juan, Puerto Rico (00921-1413)
edafantillas@edaf.net

Edaf Antillas
247 S.E. First Street
Miami, Fl 33131
edafantillas@edaf.net

Edaf Chile, S. A.
Huérfanos, 1178-Of. 506
Santiago · Chile
edafchile@edaf.net

2.ª edición, abril 2011

Depósito legal: M-15142-2011
ISBN: 978-84-414-1824-0

Printed in Spain / Impreso en España

Agradecimientos

Gracias, en primer lugar, a Juan Ignacio Garzón, Nacho, que lleva años insistiendo para que haga el esfuerzo y escriba este libro. Sin sus ánimos y sus continuos aguijonazos nunca habría reunido la voluntad necesaria para hacerlo. Gracias a mis compañeros de ABC, que me han animado desde el primer momento y que (casi) nunca se han reído de mí cuando me han visto agobiado; gracias a Juan Luis Arsuaga, Alfredo Tiemblo, César Nombela, José Luis Sanz, Juan Badiola y a tantos otros hombres de Ciencia como ellos, por haber mantenido viva mi curiosidad y haberme enseñado tantas cosas que no sabía. Gracias a Ignacio Martínez, el «Hurón» de la Sima de los Huesos, mi buen amigo, que me prestó su inestimable colaboración para poner a punto el capítulo dedicado al origen del hombre. Gracias a Erika, a Toche, a Lucio, a Íñigo, a Mariana, a José Juan, a Edu y a la más grande de las hermanas pequeñas, Susana, que leyeron estas páginas antes de que salieran y les hicieron las primeras críticas. Gracias, en general, a todos ellos, y en particular a todas y cada una de las personas que seguro habré olvidado citar aquí.

A mis hijos Álvaro, Claudia y Bruno, lo que más quiero en este mundo y la respuesta a todas mis preguntas.

PRÓLOGO

En cierta ocasión, hace ya un buen puñado de años, le pregunté al director de mi periódico (*ABC* de Madrid) qué noticia, entre todas las posibles, le gustaría tener delante para poder publicar. O, en otras palabras, cuál sería para él la información más importante a la que se podría enfrentar en el transcurso de toda su carrera profesional. Se quedó pensativo, mirándome como para adivinar si estaba intentando tomarle el pelo. Pero no lo hacía, así que insistí: «Piénsalo bien —le dije— no es una pregunta fácil».

Estoy seguro de que por su mente cruzaron magnicidios, pandemias espantosas, tremendos accidentes, catástrofes de todo tipo y declaraciones imprevistas de guerra... Las malas noticias, me dije mientras lo observaba, suelen tener muchas más probabilidades de ser publicadas que las buenas. Así que decidí acudir en su ayuda: «Algo más importante que cualquier crimen, que cualquier pacto político o que cualquier operación financiera». «No sé —me contestó con cierto grado de exasperación—, ¿la cura de todas las enfermedades?, ¿el fin del mundo?, ¿la energía inagotable?» «Es curioso —le respondí—. Acabas de elegir tres noticias científicas.» Sin embargo, pensé yo para mis adentros, en el periódico, en todos los periódicos, solo una pequeña parte de la superficie impresa se destina a las informaciones científicas, mientras que la mayoría de las páginas rebosan de política, economía, cine, deporte...

Antes de que mi director pudiera reaccionar, le pregunté a bocajarro: «¿Te parecería importante, por ejemplo, anunciar al mundo que se ha detectado un asteroide en ruta de colisión con la Tierra? ¿O que algún radiotelescopio ha captado una señal inequívoca de vida inteligente más allá de nuestro planeta? ¿O que una de las sondas espaciales que cruzan el Sistema solar volviera a casa con pruebas irrefutables de la existencia de alguna forma de vida "ahí fuera"? No sé... ¿te parecería importante publicar que la Física hubiera logrado, por ejemplo, probar que se puede viajar en el tiempo?».

Qué atrás quedaban, para mí, el resto de las noticias posibles comparadas con cualquiera de estas... No había información económica, ni acuerdo internacional, ni pacto político, ni resultado deportivo que se pudiera comparar, ni remotamente, a cualquiera de las infinitas preguntas que la Ciencia intenta responder. Preguntas que son todas, en cierto modo, diferentes maneras de abordar el gran interrogante, el más viejo, ese que todos nos hemos formulado alguna vez. Quiénes somos, de dónde venimos, por qué estamos aquí...

En aquella ocasión conseguí lo que quería y mi diario fue el único que, un par de semanas después de aquella conversación, salió a la calle con su portada, y un cuadernillo central de ocho páginas dedicados íntegramente al lanzamiento del telescopio espacial Hubble, el primer gran instrumento óptico de observación que el hombre conseguía colocar en órbita, fuera del alcance de los molestos efectos de la atmósfera terrestre. Fueron dos semanas de intenso trabajo, pero aquel 8 de abril de 1990, en mi periódico la Ciencia venció a la política, a la economía y al deporte. En la portada solo apareció una magnífica fotografía del Hubble en órbita, sobre un fondo de estrellas, y un texto titulado «Viaje al principio del tiempo» en el que se anunciaba la puesta en órbita del instrumento científico más novedoso de los que existían hasta entonces, el mismo que en los años venideros habría de revolucionar por completo nuestro conocimiento del universo.

Debo decir que aquella pequeña gran victoria no fue un hecho aislado. Después de esa llegaron más. Y el director... bueno, estaba encantado. Una «excepción científica» de vez en cuando permitía descansar de las tensiones políticas del momento y a la vez reforzar la imagen de seriedad y solvencia de la publicación. Así que todos contentos.

Hoy, más de quince años después de aquel episodio, por las páginas de *ABC* han pasado varios directores y más de un millar de artículos de divulgación científica. Un «gota a gota» constante y permanentemente pegado a la vanguardia de la investigación. En las páginas que siguen, y en un formato mucho más reposado que el que puede ofrecer un diario, he querido mostrar un retrato, una instantánea que refleje hasta dónde ha sido capaz de llegar la mente humana en su afán por responder, a través de infinitas cuestiones aparentemente separadas e individuales, a la gran pregunta universal.

El problema central, el que mueve al hombre a seguir investigando, ha sido dividido en fragmentos cada vez más pequeños por miles de científicos a lo largo de muchas generaciones. Poco a poco, el hombre ha ido arrancando pequeñas y grandes respuestas a la naturaleza, tanto en sus creaciones más grandes, como el universo que nos contiene, como en las más pequeñas, los diminutos ladrillos de materia de los que todo lo demás está hecho. En medio, entre el Cosmos y los quarks, están las galaxias, con sus miles de millones de estrellas, muchas de ellas con planetas, uno de los cuales (solo uno, que sepamos), ha dado origen a ese milagro que llamamos vida.

El volumen que tiene ahora entre sus manos no pretende ser exhaustivo. Harían falta cientos de trabajos como este para conseguirlo. Me conformo con que sea un simple apunte sobre el estado actual del conocimiento del ser humano. Una fotografía que muestre hasta dónde ha conseguido llegar la Ciencia en las más diversas materias. Un vistazo rápido a todo lo que nos queda aún por descubrir. Y también el portal que introduzca en el lector ávido de conocimientos la pasión insaciable de saber más, un poco más, cada día.

Además de todo eso, *Hablemos de Ciencia* es, también, un prólogo, la introducción a una serie de libros en los que, esta vez sí, los que más saben hablarán con detalle sobre muchas de las cuestiones que se esbozan en este volumen. Cada una de las áreas que se abordan en las páginas siguientes y otras que, por economía de espacio, no fue posible incluir aquí, se desarrollarán después en títulos específicos de esta misma colección de la mano de los mejores especialistas. El paleontólogo y codirector de los yacimientos de Atapuerca, Juan Luis Arsuaga; el microbiólogo y ex presidente del Consejo Superior de Investigaciones Científicas (CSIC), César Nombela; el astrofísico y antiguo presidente de la Real Sociedad Española de Física, Alfredo Tiemblo; el biólogo, catedrático y presidente de la Organización Colegial Veterinaria Española, Juan José Badiola; los paleontólogos Joaquín Moratalla y Bernardino Moreno; o periodistas que, igual que yo mismo, dedican sus esfuerzos a divulgar Ciencia y Tecnología, como Jorge Alcalde, José Cervera, Pedro Alzaga o Ángel Díaz Maza serán, junto a otros que vendrán después, los encargados de guiar a los lectores en las primeras etapas de este viaje a través del saber humano.

Del origen del universo a los dinosaurios, de la gripe aviar a internet, de los protones a las últimas técnicas quirúrgicas, estos autores profundizarán, en los primeros títulos de la colección, sobre algunos de los asuntos más acuciantes de la Ciencia actual.

Índice

2. LAS ESTRELLAS

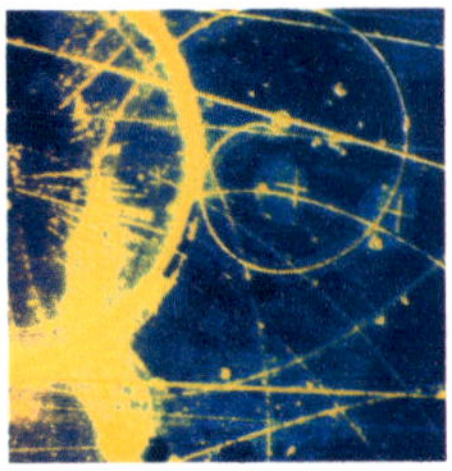

3. LA TIERRA

4. LA MATERIA

5. LA VIDA

6. EL HOMBRE

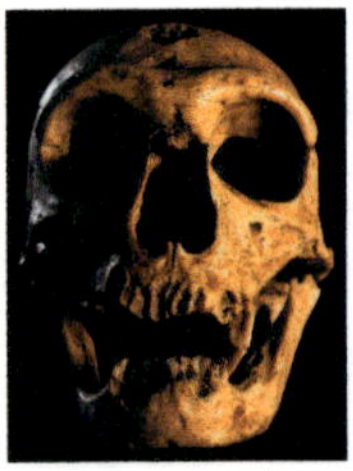

Capítulo 1

El universo

Quisiera conocer los pensamientos de Dios; el resto son detalles.

Albert Einstein

Un hombre sube a una colina y mira al cielo. Alza sus ojos desnudos y se maravilla ante el espectáculo que se representa ante él. Miles de estrellas titilan sobre su cabeza. Forman grupos o bailan solas una danza que no alcanza a comprender. Bandas lechosas cruzan el firmamento y lo hacen sentirse infinitamente pequeño.

Sobre la negrura de la noche, ese mar de luz en píldoras y ríos produce en su mente un extraño efecto: temor, sorpresa, orgullo, curiosidad... una mezcla inefable de sensaciones zarandea su interior, lo hace preguntarse el motivo de tanta grandeza y, de paso, el papel que su propia existencia juega en ese tablero descomunal.

Esta escena no tiene tiempo ni lugar. Cualquiera de nosotros podría ser (y seguramente ha sido) ese observador maravillado a quien el infinito hace preguntarse el porqué de las cosas. El cielo estrellado ha cautivado al ser humano desde los albores mismos de nuestra existencia como especie. Hemos interrogado ese cielo de mil formas diferentes. Lo hemos convertido en el «hogar» natural de la mayor parte de nuestros dioses; en forma de constelaciones, hemos dibujado figuras en él; hemos intentado, desde lo sacro a lo científico, saber todo lo posible sobre unos lugares remotos a los que físicamente no podemos llegar.

Hoy, sobre muchas colinas y montañas de la Tierra se alzan grandes cúpulas, auténticos templos dedicados a «hablar» con las estrellas, a arrancarles las muchas respuestas que guardan en sus corazones ardientes. Son los grandes telescopios, los observatorios astronómicos, ingenios científicos capaces de multiplicar los sentidos del hombre por un millón, de hacerle llegar hasta donde siempre había soñado. Solo un puñado de elegidos, sin embargo, tiene el privilegio de oficiar en esos lugares cuasi sagrados, de usar esas descomunales herramientas para realizar una tarea no menos descomunal. Como sacerdotes de la noche, mientras el mundo duerme, los astrónomos abren sus enormes cúpulas y miran al cielo.

Los grandes telescopios, tanto los ópticos como los que recogen ondas de radio, infrarrojos, ultravioleta o rayos X o gamma, son capaces de arrancar y desmenuzar la información que transporta el único vínculo físico que nos une a las estrellas: su radiación. Como delgadísimos puentes tendidos a través del espacio, los rayos luminosos (visibles e invisibles) viajan libres por el universo. Sin sufrir grandes modificaciones, recorren enormes distancias, hasta de miles de millones de años luz (un año luz equivale a más de nueve billones de kilómetros) hasta chocar con nuestras retinas y ofrecernos el sobrecogedor espectáculo del cielo estrellado. Pero también

Las imágenes de espacio profundo del telescopio espacial Hubble han cambiado por completo nuestra forma de ver el universo. (Foto: NASA.)

pueden colisionar con los espejos o con los sensores de los telescopios, que son capaces de «resolver» lo que a nuestros ojos parece una simple neblina en una miríada de estrellas individuales.

A través del telescopio de un observatorio, el panorama se enriquece hasta límites increíbles. Y lo que a simple vista no es más que un punto de trémulo brillo se convierte en una bella galaxia espiral o en un cuerpo incandescente y soberbio como es nuestro propio Sol. Los espejos, sean reflectores o refractores, se han ido haciendo cada vez más grandes y han pasado de los pocos centímetros de diámetro a tener varios metros. Hoy, los más modernos (como el Subaru, el telescopio japonés inaugurado en Hawai hace unos años, o el Gran Telescopio de Canarias, que está en plena construcción) han alcanzado ya los diez metros de diámetro.

La radiación, visible e invisible, es el único vínculo físico que nos une a las estrellas.

Cuanto mayor sea el espejo principal de un telescopio, mayor será también la cantidad de luz que puede recoger y, por tanto, la cantidad de información que podrá facilitar a quienes lo utilizan. Sin embargo, los científicos pronto se dieron cuenta de que no era suficiente con «atrapar» la luz de las estrellas. En efecto, la que llega a la Tierra está inevitablemente distorsionada por nuestra propia atmósfera, que actúa de la misma manera que el calor emanado por el asfalto en pleno verano, deformando la visión. Resulta curioso que, tras un viaje de trillones de kilómetros sin apenas ninguna alteración importante, la luz que nos llega del espacio se «ensucie» precisamente en los últimos metros de su recorrido.

Otras distorsiones se producen debido a las imperceptibles, pero significativas, vibraciones a que está sujeto el telescopio mismo. Una simple ráfaga de viento puede ser causa de un movimiento suficiente como para que una imagen aparezca deformada. Toda precisión es poca cuando se trata de recoger una luz que procede de las regiones más distantes del universo en que vivimos. Y existe, también, otro tipo de problemas. Nuestra posición en la galaxia, en uno de sus brazos espirales, hace que su centro, inmensamente denso en estrellas y nubes de polvo, nos oculte una región importante del universo, de la misma forma en que un edificio no nos permite ver lo que hay detrás de él.

Aunque pueda parecer mentira, muchos de estos problemas no resultan insolubles. Espejos secundarios y otros ingeniosos instrumentos han sido añadidos a los telescopios con objeto de corregir estas deformaciones. Ahora bien, para que la operación tenga éxito, es necesario tener en cuenta una infinidad de variables que, de noche a noche, pueden cambiar. Temperatura ambiente, humedad del aire, contaminación ambiental o la simple proximidad de una fuente de luz pueden arruinar el resultado de una observación. Por eso los telescopios se instalan lejos de las ciudades, cuyas luces nocturnas dificultan la visión del cielo. Por eso suelen encontrarse sobre montañas o altas colinas, donde el aire es más limpio y transparente.

Ojos en el espacio

Con la llegada de los ordenadores a la Astronomía, ha sido posible la creacion de dispositivos de «óptica adaptativa», capaces de calcular con pasmosa exactitud los factores de distorsión de las imágenes y enviar la información necesaria para anularlos.

Keck I (izquierda) y Keck II, dos grandes telescopios ópticos en Mauna Kea (Hawai). (Foto: David Nunuk.)

Así, muchas de las fotografías de las que gozamos actualmente están «corregidas» gracias a unos procedimientos que permiten recuperar la imagen original, tal y como sería si la luz hubiera llegado hasta nosotros sin sufrir ninguna alteración. Otras radiaciones invisibles, esto es, fuera de las longitudes de onda

La silueta dorada del Hubble se recorta contra la Tierra, con el Sol a punto de asomar por el horizonte. (Foto: Stocktrek.)

que puede captar el ojo humano, también aportan informaciones valiosísimas sobre la temperatura y composición de los cuerpos de los que proceden. Para capturarlas (rayos X, gamma, infrarrojos, etc.) se ha diseñado toda una batería de radiotelescopios cuyas misiones, llamadas de «espacio profundo», nos acercan a momentos en que el universo era muy joven, hace más de diez mil millones de años, con galaxias aún en plena formación y unos misteriosos y brillantísimos objetos, los quásares, que ponen en jaque la inteligencia de los astrónomos. Contemplado en el rango de los infrarrojos o en el los ultravioletas (es decir, más allá, a ambos lados del espectro luminoso, de la capacidad del ojo humano), el universo revela detalles que en la zona «visible» no se podrían apreciar.

Otro recurso para evitar las interferencias de la atmósfera pasa, cómo no, por instalar telescopios ópticos fuera de ella. El Hubble, sin duda el más famoso de esta clase de instrumentos, nos ha obsequiado ya con una cantidad tal de imágenes espectaculares que nos hemos acostumbrado a verlas sin pestañear.

Los nuevos observatorios, con sus detectores y sus ópticas revolucionarias, han cambiado radicalmente la visión que teníamos de nuestro entorno. Hemos fotografiado galaxias caníbales y semilleros de estrellas, hemos aprendido a «ver» a través de las oscuras nubes de polvo y gas del centro de nuestra y de otras galaxias, para darnos cuenta de que sus corazones son, en realidad, monstruosos agujeros negros; hemos encontrado inmensas regiones vacías (de millones de billones de kilómetros cuadrados) en las que nada brilla y la materia parece estar del todo ausente; hemos aprendido que nuestra propia región del universo es atraída irresistiblemente (nadie sabe hacia qué) por una fuerza descomunal, cuyo origen es aún desconocido; hemos conseguido medir desde el espacio el débil brillo del ***big bang***, la gran explosión que dio origen a todo lo que nos rodea hace más de trece mil millones de años; hemos logrado, también, los datos suficientes como para darnos cuenta de que la materia que vemos, es decir, la que brilla, no es más que una mínima parte de toda la que el universo contiene.

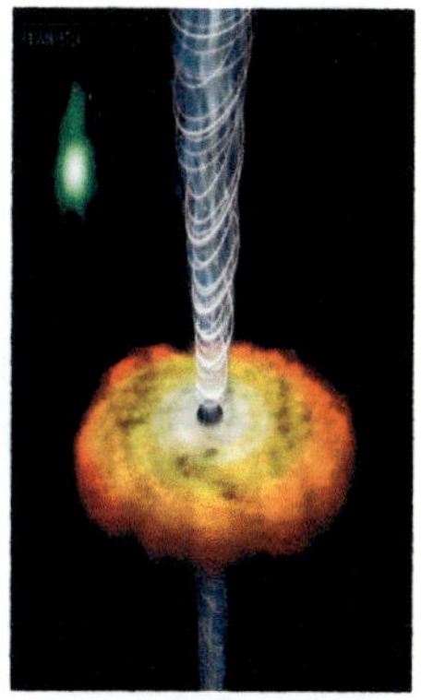

A 12.000 millones de años luz, el quásar GB1508+5714 muestra, en esta imagen del telescopio de rayos X Chandra, un enorme chorro de partículas de más de 100.000 años luz de largo. (Foto: NASA.)

Nuestras excursiones nocturnas a lo alto de una colina para ver el cielo estrellado jamás volverán a ser lo que fueron. Hemos perdido la inocencia y ahora nos enfrentamos a lo que es, sin disfraces, la auténtica realidad del mundo en que nos ha tocado vivir.

Un lugar en el universo

La mayor parte de las personas sabe hoy que el planeta Tierra no es el centro de todo lo que existe.

Y que nuestro mundo es solo uno más, el tercero (después de Mercurio y Venus) de un pequeño sistema de planetas que

La galaxia espiral M-31, conocida como Andrómeda, a dos millones de años luz de distancia, es la vecina más próxima a nuestra propia galaxia, la Vía Láctea. Es la mayor de todo nuestro grupo local de galaxias, compuesto por una veintena de miembros. Sus dos pequeñas galaxias satélite, M-32 y M-110, son visibles en la imagen en la esquina superior derecha y en la zona central inferior, respectivamente. La foto fue obtenida por el observatorio Kitt Peak, en Arizona.

giran alrededor del Sol. Muchos, aunque no todos, saben también que ese Sol al que debemos la vida no es más que una estrella corriente, de tamaño medio, una entre los miles de millones de estrellas similares que forman nuestra galaxia, la Vía Láctea, nuestro auténtico hogar en la inmensidad del espacio. Y que nuestro Sol, a su vez, con toda su corte planetaria, Tierra incluida, ocupa una posición muy alejada del centro de esa galaxia, en el extremo exterior de uno de sus brazos espirales. Algunos conocen también la existencia de otras galaxias, parecidas a la nuestra, cada una con sus miles de millones de soles, que viajan en solitario o formando grupos de todos los tamaños y que salpican el universo entero, hasta sus mismísimos confines. Y saben que el número total de esas galaxias vuelve a llevarnos al incómodo terreno de los cientos de miles de millones. El total de todo eso, solemos pensar, es el universo en que vivimos.

Cierto, pero no basta. Muy pocos, en efecto, son conscientes de que toda esa inmensidad que se abre ante nuestros ojos cada noche (y ante los telescopios de los astrónomos) constituye apenas una pequeña parte de lo que en realidad existe. Y es que el universo es mucho más de lo que se puede percibir a simple vista... Todo lo que vemos, planetas, soles, galaxias..., todo, apenas es suficiente para dar cuenta de un pequeño porcentaje de lo que el universo es. O, dicho más exactamente, los átomos ordinarios, los que forman la materia «normal», de la que nosotros y todo lo que podemos ver está hecho, apenas constituyen el 4% del total de la masa del universo. En ese estrecho porcentaje caben la Tierra, el Sol, el Sistema solar, nuestra galaxia con todas sus estrellas y todas las demás galaxias que alcancemos a ver con nuestros instrumentos de observación más potentes. Solo un 4%... Lo cual nos deja con un enorme 96% de... ¿De qué?

El Sistema solar en el que vivimos se encuentra situado en uno de los brazos exteriores de nuestra galaxia, la Vía Láctea.

A los científicos les gustaría mucho poder decir que esta cuestión está resuelta. Pero no es así. Y no se trata tanto de averiguar si existen en algún lugar materiales o aleaciones desconocidas para nosotros (lo cual es muy probable), sino de saber si «allí arriba» hay algún «otro tipo de materia» que «funcione» de forma completamente distinta a la que nos es habitual. ¿Está constituido todo el universo por átomos iguales a los que podemos ver hasta donde alcanzan los instrumentos o existe, por el contrario, algún otro tipo de «ladrillo» fundamental, ajeno a todo lo conocido? Esa es la cuestión. La respuesta, por supuesto, no resulta evidente en absoluto.

Toda la materia que conocemos, desde la terrestre a la de las más lejanas galaxias, responde al mismo tipo de estructura fundamental. Se trata, en síntesis, de átomos, compuestos por un núcleo «pesado» de protones y neutrones y por una «nube» orbital formada por electrones. La diferencia entre los distintos materiales es una pura cuestión de cantidades y depende del

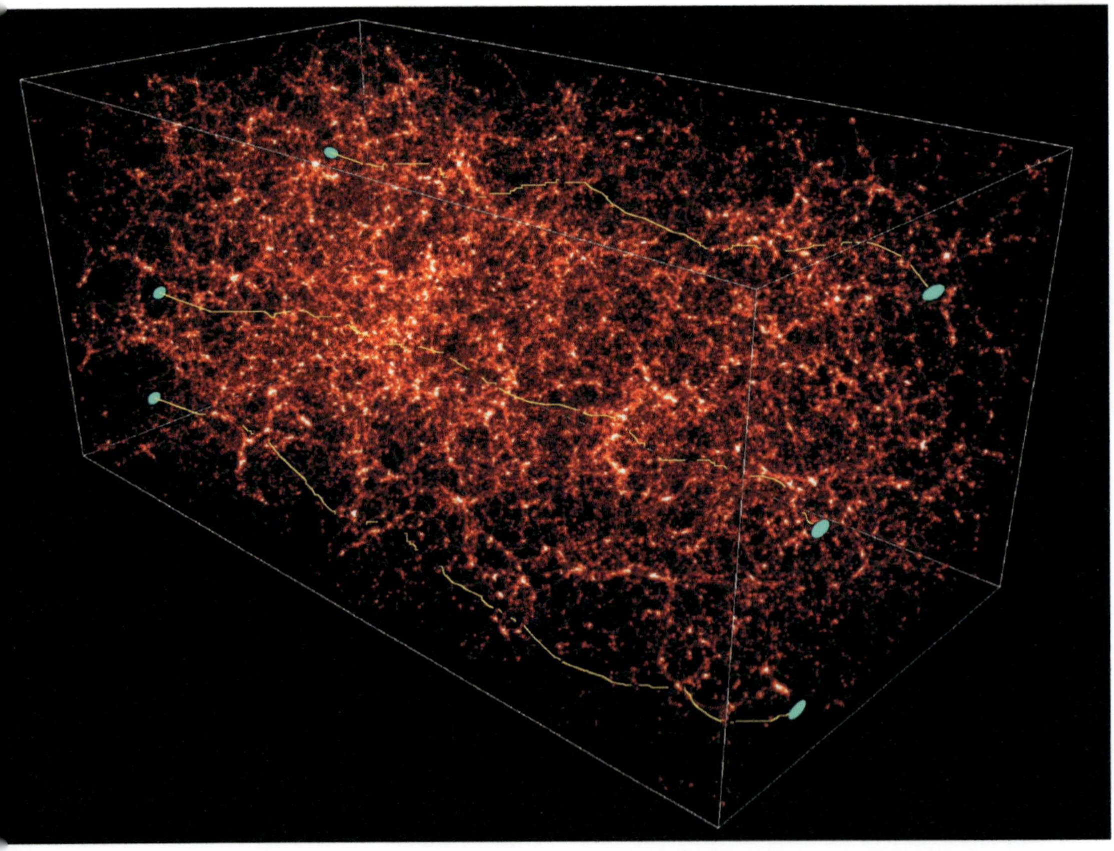

Arriba, un mapa computerizado que muestra la materia oscura en una región de mil millones de años luz de longitud. Su posición y cantidad solo puede deducirse a partir del efecto que su campo gravitatorio ejerce sobre los rayos de luz (en amarillo) que emiten las galaxias (en azul). Sin ese efecto, las líneas serían rectas. El trabajo ha sido realizado por el astrónomo francés Yannick Mellier, en Mauna Kea.

número de protones y neutrones del interior de los núcleos atómicos. Lo que distingue, por ejemplo, al hidrógeno del hierro es que el núcleo de un átomo de hidrógeno contiene un solo protón y un solo neutrón, mientras que un núcleo de hierro está formado por cincuenta y ocho protones y cincuenta y ocho neutrones. Cada número corresponde a un elemento diferente y cada elemento encuentra su lugar en una tabla (la tabla periódica) que pasa lista, de los más ligeros a los más pesados, a todos los elementos conocidos. Poderosas fuerzas mantienen unidos los núcleos atómicos y a los electrones en sus órbitas (más propiamente, niveles de energía) correspondientes. Comprender esas fuerzas nos ha permitido, por ejemplo, dominar y sacar provecho de la energía atómica y el electromagnetismo.

Las «otras» materias

Existe, que se sepa, por lo menos otra clase de materia, y tan distinta de la ordinaria (de la cual estamos todos hechos) que resulta incompatible con ella. Se trata de la antimateria.

La galaxia NGC 3079, en la constelación de la Osa Mayor, a 50 millones de años luz de la Tierra. (Foto: NASA.)

La antimateria es, aparentemente, idéntica a la materia «normal». No se puede distinguir a simple vista. Pero, cuidado, es solo una apariencia... Si un átomo de antimateria entrara por casualidad en contacto con otro de materia, ambos se aniquilarán en una fuerte explosión de energía. Si un hombre pusiera pie en un planeta hecho de antimateria, se desintegraría al instante. Un famoso experimento de física consiguió hace ya algunos años producir el primer átomo de antimateria creado en laboratorio. Se trataba de «antihi-

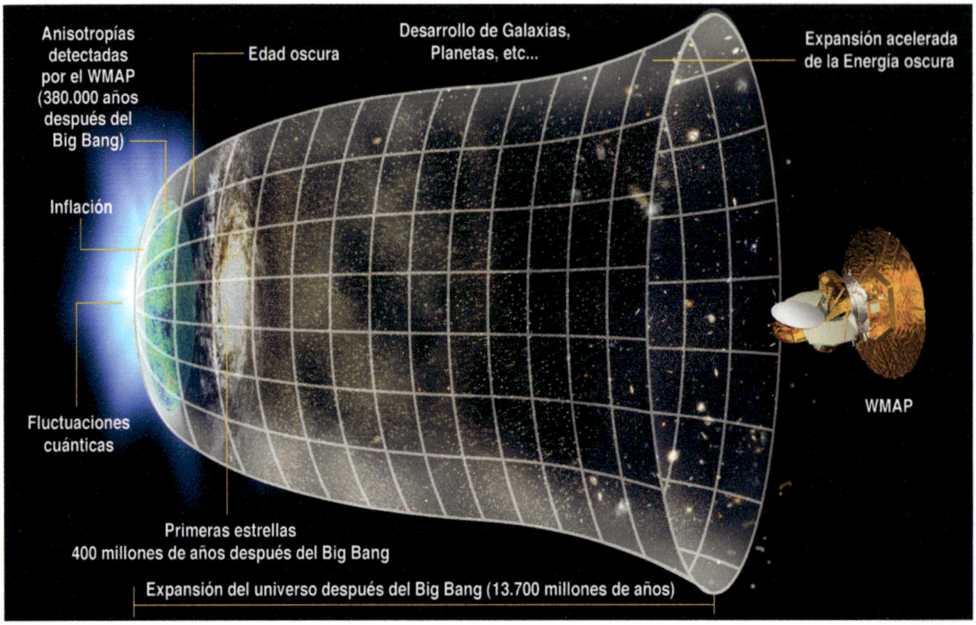

El satélite científico WMAP ha conseguido medir las ligeras diferencias térmicas del origen del universo (anisotropías) alrededor de las cuales pudo irse acumulando la materia necesaria para formar estrellas y galaxias.

drógeno» y sobrevivió, antes de aniquilarse, durante un breve lapso de tiempo, apenas una fracción de segundo. Algunas teorías postulan universos completos hechos de antimateria. universos que, si alguna vez llegaran a entrar en contacto con el nuestro, provocarían un cataclismo cósmico como jamás se ha visto.

Otras extrañas partículas han sido detectadas o predichas por los cálculos de los teóricos. Partículas capaces de viajar en el tiempo o, como los taquiones, de moverse mucho más deprisa que la luz. ¿Existen realmente? ¿Nos depara el universo muchas más sorpresas en este terreno? Todo parece indicar que sí.

Una de las sorpresas más recientes nos ha permitido precisamente conocer un poco más sobre la composición íntima del universo. El 30 de junio de 2001, la NASA lanzaba al espacio un satélite de 4 metros de alto por cinco de ancho y 840 kg de peso. El ingenio, llamado WMAP (Wilkinson Microwave, Anisotropy Probe) tenía como objetivo realizar un mapa muy especial: un mapa que abarcara la totalidad de todo lo que existe, todo el universo. Un antecesor suyo, el satélite COBE, también lanzado por la NASA, había logrado, ya en 1992, medir con gran exactitud una serie de ligeras variaciones de temperatura (llamadas anisotropías) en el universo primitivo. Fue un gran hallazgo, ya que precisamente alrededor de esas pequeñas irregularidades térmicas pudieron ir tomando forma las grandes estructuras, como las galaxias, que podemos ver en la actualidad. Aquella imagen del COBE (una especie de «huevo cósmico» con manchas y franjas de color), dio la vuelta al mundo como «la primera foto que existe del conjunto del universo». Como reconocimiento a las aportaciones excepcionales de este satélite científico, sus dos investigadores principales, John C. Mather y George F. Smoot, han compartido el Nobel de Física de 2006.

Ahora, con una capacidad de resolución mil veces superior, el WMAP ha conseguido revelar detalles allí donde COBE solo mostraba manchas difusas. El nuevo satélite, inicialmente lanzado para una misión de 27 meses, ha sido capaz de hacer un retrato mucho más preciso que su antecesor y captó, con toda claridad, la primera luz emitida por el universo o, para ser más precisos, los primeros rayos luminosos que consiguieron viajar libremente por el espacio, apenas 380.000 años después del ***big bang***. En otras palabras, WMAP consiguió fotografiar el brillo mismo de la Gran Explosión. Los patrones «grabados» en esa luz primigenia contienen toda la información necesaria para averiguar las condiciones de aquél universo recién nacido. Condiciones que fueron las semillas a partir de las cuales pudo desarrollarse todo lo que hoy, miles de millones de años después, podemos ver cuando alzamos la vista al cielo.

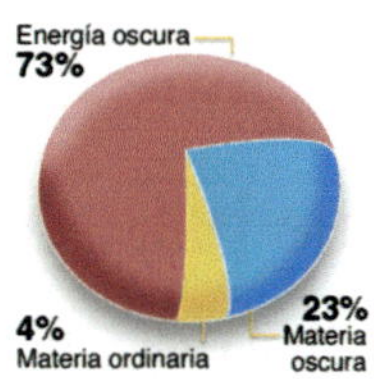

Composición del universo. La materia ordinaria, de la que están hechas las estrellas y las galaxias, apenas supone un 4% del total.

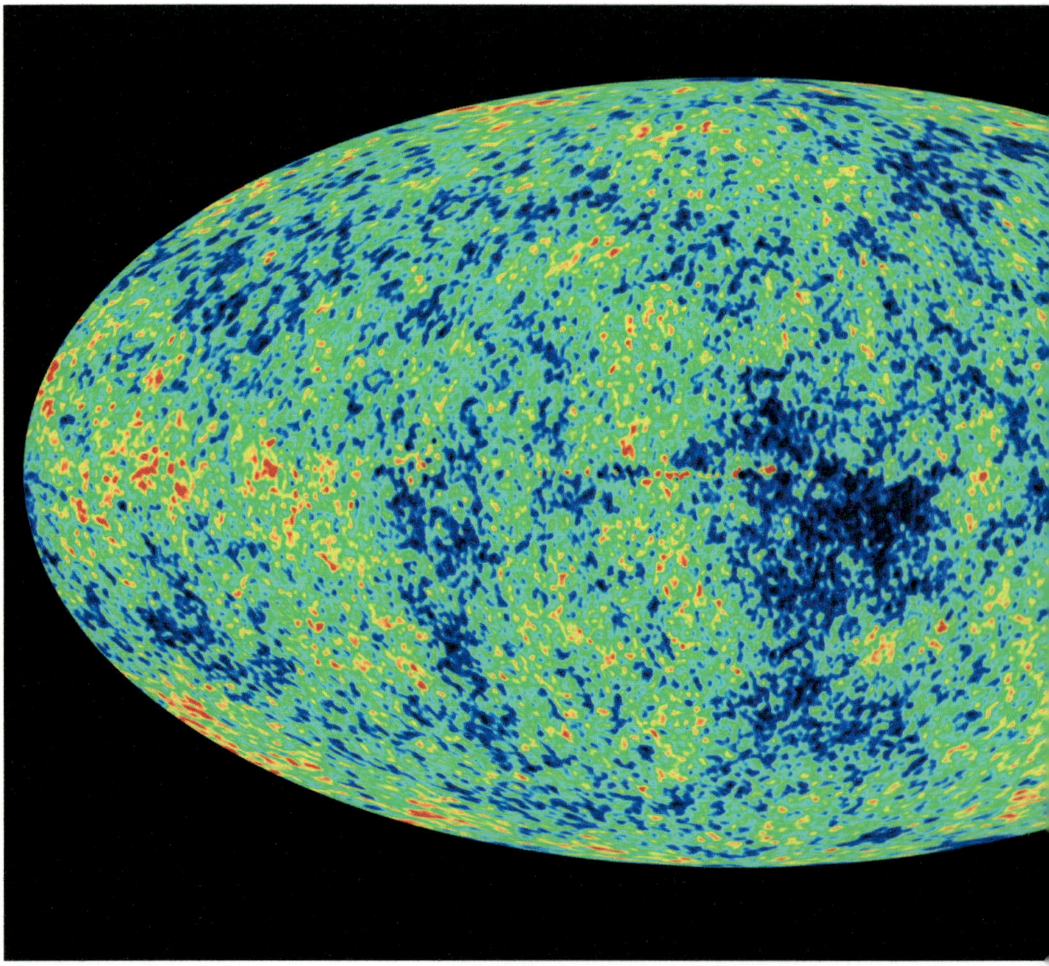

La gran receta

Por increíble que parezca, a partir de los datos de WMAP los científicos han podido aventurar una explicación para ese 96% de masa universal que hasta ahora escapaba a nuestra comprensión.

Esta es la espectacular imagen obtenida por los físicos a partir de los datos del satélite WMAP. En ella se aprecia el estado térmico del universo recién nacido,

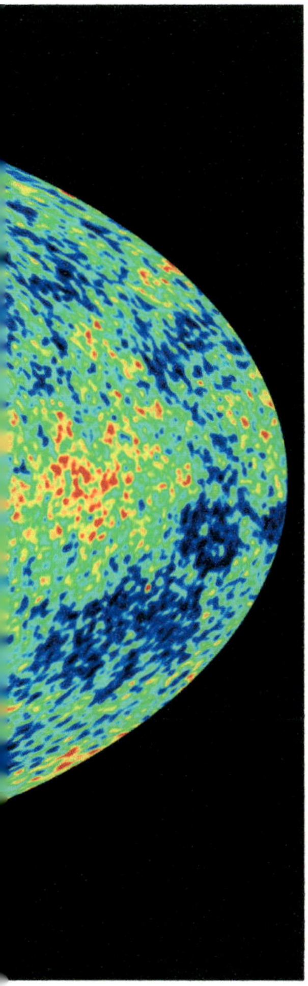

Así, al exiguo 4% de materia ordinaria del universo podemos sumar ahora otro 22% más. Un porcentaje constituido por lo que se ha dado en llamar «materia oscura». Dicha materia, además de invisible para nosotros (de ahí su nombre), resulta ser intrínsecamente diferente a la materia constituida por átomos. Además, al no radiar luz ni radiación como la materia ordinaria, resulta indetectable por los instrumentos convencionales. Su presencia solo puede adivinarse midiendo los efectos gravitatorios que produce. Todo un paso adelante, pero muy lejos de ser suficiente. De hecho, incluso sumando toda la materia ordinaria (4%) con toda la materia oscura (22%), apenas si conseguimos avanzar unos pasos más y reunir un 26% del total del universo. El 74% restante, es decir, la mayor parte de él, sigue siendo un misterio. Según los datos recogidos por WMAP, ese enorme porcentaje que queda por clasificar estaría constituido por una misteriosa forma de energía, bautizada como «energía oscura», de la que muy poco se sabe aún, salvo que actúa como una suerte de fuerza antigravitatoria que parece ser la responsable del actual estado de expansión del universo.

Qué lejos quedan ahora, a la luz de estos nuevos conocimientos, los tiempos (que en realidad duraron hasta principios del siglo XX) en que la Tierra, el único mundo que conocemos, era para nosotros el centro mismo de la Creación.

La edad del universo

cuando solo tenía 380.000 años de edad, es decir, muy poco tiempo después de producirse el *big bang*. (Foto: NASA.)

Mirar el cielo es, literalmente, mirar al pasado. Y eso es así por una razón sencilla: la velocidad de la luz no es infinita.

A sus casi trescientos mil kilómetros por segundo (299.792.458, para ser exactos), los rayos luminosos recorren

Durante sus primeros 300.000 años de vida, el universo estaba hecho de una densa sopa de partículas, a una temperatura tan elevada que hacía imposible que estas se unieran para formar estructuras más complejas, como protones, neutrones o núcleos atómicos. Pero a partir de ese momento, el paulatino enfriamiento del universo en expansión hizo posible que la luz, en forma de fotones, pudiera moverse por él con toda libertad. En términos científicos, el universo se hizo «transparente». Por eso, trescientos mil años es el límite máximo al que pueden llegar nuestros instrumentos de observación.

el universo en todas las direcciones. Pero, a escala cósmica, las distancias son tan grandes que incluso la luz, a su impresionante velocidad, puede tardar mucho tiempo en ir de un sitio a otro. Un ejemplo: la luz emitida por la estrella más cercana al Sol, Alfa Centauri (que en realidad es un sistema de tres estrellas) tarda exactamente 4,3 años en llegar hasta nosotros. Lo cual quiere decir que, cuando la miramos, no la estamos viendo tal y como es en el momento de la observación, sino como era hace 4,3 años, cuando la luz que choca contra nuestra retina empezó su viaje hacia la Tierra... Si Alfa Centauri hubiera dejado de existir hace un año, nosotros la seguiríamos viendo brillar en el cielo durante 3,3 años más.

La cosa se complica si miramos más lejos. La luz de Sirio, por ejemplo, la estrella más brillante del firmamento, tarda 8,7 años en llegar hasta nosotros. Poco todavía si se compara con los 68 años que tarda en llegar a la Tierra la luz de Aldebarán, en la constelación de Tauro, o los 260 años que necesita la que procede de Spica, en la constelación de Virgo. Un simple cálculo nos permite transformar estas distancias en nuestros familiares kilómetros: a razón de 299.792 kilómetros por segundo, la luz es capaz de recorrer, en un año, la nada despreciable cantidad de 9,46 billones (cada billón es igual a un millón de millones) de kilómetros. Eso significa que Alfa Centauri se encuentra a algo más de cuarenta billones de kilómetros de nosotros, Sirio a 82,3 billones de kilómetros, Aldebarán a 643,3 billones de kilómetros y Spica a 2.459,6 billones de kilómetros... Si consideramos distancias aún mayores (todas las estrellas citadas hasta ahora se encuentran en las proximidades de nuestro Sistema solar), los kilómetros se vuelven poco prácticos, incluso inservibles, para expresarlas. Si nos empeñáramos en seguir utilizándolos, nos encontraríamos enseguida con cifras imposibles de manejar. Nadie se aclararía diciendo que nuestra propia galaxia, la Vía Láctea, mide 473.000 billones de kilómetros de extremo a extremo, ni que la galaxia más cercana a la nuestra, Andrómeda, está a 18.920.000 billones de kilómetros de distancia. Por eso, los astrónomos prefieren expresar las distancias en el universo con nuevas unidades de medida, como los años luz o, para las distancias más grandes, con pársec (3,26 años luz), o mega pársec (un millón de parsec). Como ya hemos visto, cada año luz equivale a 9,46 billones de kilómetros, de manera que cualquiera puede transformar las cifras en el momento que lo desee. Así, nuestra galaxia mide, de extremo a extremo, cerca de 60.000 años luz, y nuestra vecina galáctica, Andrómeda, se encuentra a dos millones de años luz de distancia. Cuando miramos hacia ella, la vemos como era en una época en que los primeros homínidos empezaban a utilizar herramientas en la Tierra.

La mayor parte del universo no está formada por la materia que nos es familiar, de la que están hechos los planetas y las estrellas, sino por materia oscura y una enorme cantidad (74% del total) de una misteriosa «energía oscura» de la que aún se sabe muy poco.

Las galaxias más lejanas que podemos observar se encuentran a más de 10.000 millones de años luz de distancia. En febrero de 2004, el Telescopio Espacial Hubble encontró una galaxia cuya luz fue emitida apenas 750 millones de años después del *big bang*. El equipo de científicos (coordinados desde la Universidad de California) que hizo el descubrimiento calculó que la galaxia se encontraba a más de 13.000 millones de años luz de la Tierra. Pocos días después, a primeros de marzo, otro equipo de astrónomos, esta vez franco suizo, reclamó para sí el privilegio de haber observado la galaxia más lejana. Utilizando el VLT (Very Large Telescope) del Observatorio de Chile encontraron un objeto, que bautizaron como Abell 1835 IR 1916 y que se encontraba a 13.230 millones de años luz... El propio Hubble, gracias a la precisión de sus instrumentos, ayudó a «afinar» la edad estimada del universo, situándola en cerca de 14.000 millones de años. Solo el satélite WMAP, como hemos visto, ha sido capaz de ir aún más lejos y captar la luz misma del *big bang*.

El universo es, pues, viejo, muy viejo. Más de lo que cualquier ser humano pueda imaginar. Y su edad, como hemos visto, no se mide en años, y tampoco en siglos. Incluso los milenios son para el universo menos de lo que para nosotros es una décima de segundo. Miles de millones de años. Esa es la escala correcta para hablar de las edades cósmicas. La Tierra, nuestro planeta, tiene una edad de 4.500 millones de años. El Sol, nuestra estrella particular, es apenas un poco mayor: alrededor de 5.000 millones de años. Pero ¿y el universo entero? ¿Qué edad tiene? ¿Cuándo nació? Por ahora, aunque nos estemos acercando cada vez más a ella, no disponemos de una respuesta totalmente exacta. Los últimos cálculos apuntan a una edad de 13.700 millones de años.

El problema de las distancias

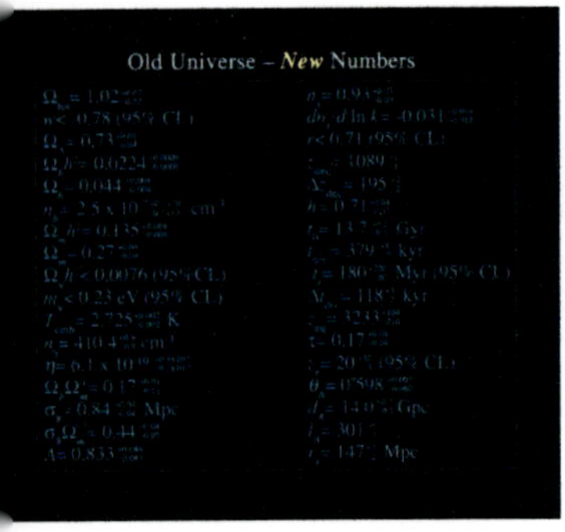

Lista con algunos de los parámetros determinados por las mediciones del WMAP. Entre ellos, la edad de universo (13.700 millones de años) , su tasa de expansión (71 km por segundo por megaparsec) y su temperatura media (2,725 grados kelvin).

La razón principal de que exista esta incertidumbre es la dificultad para poder distinguir, desde nuestra posición fija en un extremo de la galaxia, la distancia a la que se encuentran dos puntos luminosos aparentemente iguales.

Uno de ellos, por ejemplo, podría ser perfectamente toda una galaxia muy lejana de nuestra posición y el otro una única estrella de nuestro vecindario próximo. A simple vista, no nos daríamos cuenta de la diferencia, y esto es así por la misma razón en que parece más brillante una vela a diez centímetros que un potente faro a un kilómetro. ¿Cómo distinguir una cosa de otra?

Utilizando grandes dosis de ingenio, los astrónomos han conseguido construir toda una red de distancias, desde los objetos cercanos a los más alejados, medidas que dependen estrechamente las unas de las otras. Una suerte de «mapa universal» prendido, en realidad, con alfileres, ya que basta con que una sola distancia resulte equivocada para que todas las que se efectúan a partir de ella también lo estén.

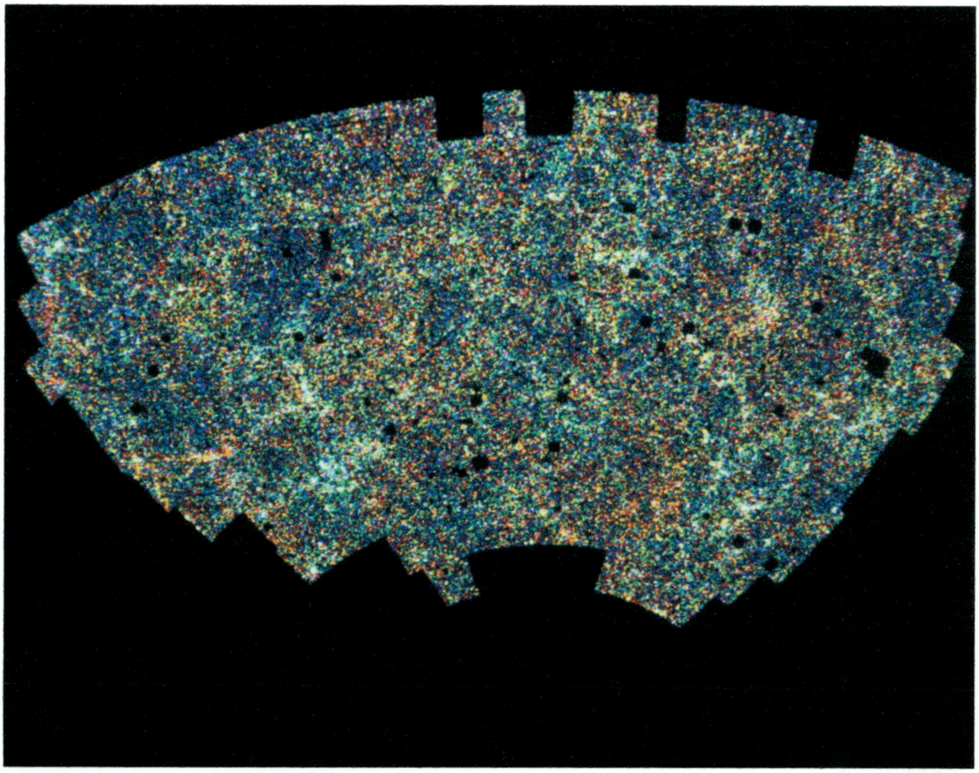

La imagen muestra la distribución de cerca de dos millones de galaxias en una región equivalente al 10% del cielo visible desde nuestro planeta. Las galaxias más cercanas aparecen en rojo y las más distantes, en azul. La distancia media de la Tierra de las galaxias incluídas en el mapa es de unos 1.500 millones de años luz. Destaca que, en conjunto, la distribución de las galaxias forma una estructura esponjosa, con muchas de ellas acumuladas en estrechas franjas luminosas y dejando entre ellas grandes espacios vacíos. (Foto: Prof. George)

Para calcular cómo de lejos están las estrellas más cercanas (hasta unos pocos cientos de años luz), los científicos utilizan con éxito el método de la triangulación, un ingenioso sistema basado en la trigonometría. Para ello, los astrónomos no tienen más que seleccionar una estrella aparentemente cercana (ya sea por su brillo o por su movimiento aparente) y medir su posición en relación a otras estrellas de su alrededor. Justo medio año después, cuando la Tierra esté en el punto opuesto de su órbita, se vuelve a realizar la misma medición. Parecerá que

En enero de 2005, el Hubble obtuvo esta espectacular imagen de la galaxia M-51, una de las más bellas y conocidas por los astrónomos. Detrás, la NGC5195, que hasta hace poco se creía unida a uno de los brazos espirales de M-51. Solo el detalle de esta imagen ha permitido darse cuenta de que no es así. (Foto NASA.)

la estrella en cuestión se ha desplazado con respecto a sus «vecinas» en el cielo. Y en este movimiento aparente se encuentra el secreto. A la desviación angular de la posición aparente de la estrella se le llama paralaje, medida que se obtiene dividiendo por dos el ángulo de desplazamiento calculado con el sistema descrito. Y dado que el diámetro de la órbita terrestre es una cantidad bien conocida (cerca de trescientos millones de kilómetros), una simple regla trigonométrica será suficiente para calcular la distancia de la estrella que queríamos medir. A principios de los años noventa, el satélite Hipparcos, de la Agencia Espacial Europea, ayudó, aplicando este sistema, a determinar con sorprendente exactitud la distancia de más de diez mil estrellas de nuestros alrededores.

Sin embargo, cuando los objetos a medir están a miles (o a millones) de años luz de distancia, el paralaje se vuelve tan pequeño que resulta imposible de medir. Para llegar más lejos, había que buscar nuevos sistemas. La llave que abría las puertas del universo lejano llegó de la mano de una astrónoma norteamericana, Henrietta Swan Leavitt, y de un tipo muy concreto de estrellas, las Cefeidas variables. Como auténticos faros en el espacio, el brillo de esta clase de estrellas (que toman su nombre de la primera de esta clase observada por Leavitt, Delta Cephei) varía siguiendo un patrón extraordinariamente regular, que se repite en intervalos que pueden ir de los pocos días a los pocos meses. La precisión con la que se producen estos «destellos cósmicos» es tal, que podría regularse un reloj basándose únicamente en ellas.

Estudiando estos patrones, es posible conocer cuál es el brillo absoluto de estas estrellas y, por comparación con su brillo aparente, también su distancia. Ahora solo se trataba de buscar Cefeidas variables en galaxias lejanas. Y se han encontrado ya miles de ellas, repartidas en un buen número de galaxias del entorno de la Vía Láctea. Las distancias obtenidas por medio de este sistema ampliaron a millones de años luz nuestra capacidad de medir el universo. Un gran avance, pero no definitivo. De hecho, resulta imposible distinguir una Cefeida variable en una galaxia que esté a cientos (o a miles) de millones de años luz. A esa distancia, incluso las galaxias más grandes no son más que pequeñas manchas luminosas, de cuyo interior no es posible adivinar detalle alguno, y mucho menos distinguir una estrella individual. La herramienta para averiguar la distancia a la que se encuentran esos objetos tan lejanos fue aportada por otro astrónomo norteamericano, Edwin Hubble, en el año 1929.

Durante sus observaciones de Cefeidas variables realizadas entre 1923 y 1924 utilizando el telescopio Hooker, recién instalado en el observatorio californiano de Monte Wilson (el más potente de su tiempo, con un espejo principal de 2,54 metros) Hubble se dio cuenta de dos cosas: la primera, que muchas de las entonces llamadas «nebulosas» que captaban los instrumentos no eran objetos pertenecientes a nuestra propia galaxia, como se creía, sino galaxias independientes de la nuestra; y la segunda, que muchos de esos misteriosos cuerpos celestes parecían alejarse de nosotros a toda velocidad. Hubble llegó a esta conclusión midiendo el «desplazamiento hacia el rojo» de la luz procedente de los objetos que observaba.

El efecto Doppler

Expliquemos este concepto. La luz, igual que el sonido, se propaga por medio de ondas.

Las ondas viajan a través del espacio y sus características principales son la longitud (la distancia entre dos crestas consecutivas) y la frecuencia (el número de crestas que se produce en un intervalo dado, por ejemplo un segundo). El movimiento, sin embargo, puede alterar estas variables, dando la impresión de que cambian. Cuando se nos acerca una ambulancia, el sonido de su sirena nos

Vista aérea de Arecibo, en Puerto Rico, el mayor radiotelescopio del mundo, con un diámetro de 305 metros.

El enorme disco recoge las emisiones de radio recibidas por su antena, suspendida sobre él a una altura de 130 metros. (Foto: Seth Shostak.)

Dos galaxias a punto de colisionar. La mayor, NGC 2207 (izquierda) ha distorsionado ya con su fuerza gravitatoria la forma de la más pequeña, IC2163, absorbiendo parte de su masa.
(Foto: NASA.)

parece cada vez más agudo (esto es, disminuye su longitud de onda), justo al contrario de lo que sucede cuando esa misma ambulancia se aleja de nosotros y su sonido se vuelve más grave (es decir, que la longitud de onda aumenta). Esto es así porque la velocidad misma a la que se acerca (o se aleja) la ambulancia, contribuye a «estirar» o «encoger» las ondas sonoras de su sirena, que llegan, en ambos casos, deformadas hasta nuestros oídos. El fenómeno, perfectamente estudiado, recibe el nombre de efecto Doppler, en honor del físico alemán Christian Andreas Doppler, que lo descubrió en 1842. Lo mismo que con el sonido, sucede también con la luz. Cuando una fuente luminosa se aleja de nuestra posición, su espectro sufre un «corrimiento» hacia el extremo rojo (mayor longitud de onda), justo lo contrario de lo que sucede si dicha fuente se acerca a nuestra posición, en cuyo caso el «corrimiento» se produce hacia el azul, con ondas de longitud más corta.

Esta propiedad de las ondas de «estirarse» o «encogerse» con el movimiento se suma al ingenioso uso de uno de los instrumentos más importantes de cuantos han tenido a su disposición los astrónomos desde que fuera inventado a finales del siglo pasado: el espectrómetro de masas. En síntesis, este ingenio es capaz de descomponer en «bandas» de color las emisiones luminosas de cualquier elemento incandescente. El sodio, por ejemplo, produce una característica doble banda amarilla que lo hace inconfundible allí donde se encuentre. Aplicando el espectrómetro a la luz procedente de estrellas o galaxias distantes y analizando su «espectro», los astrónomos pueden saber, y de hecho saben, de qué elementos están compuestos esos cuerpos lejanos. Cada material tiene, en efecto, su propia «firma espectral», que lo hace único e imposible de confundir con cualquier otro. Midiendo los corrimientos hacia el rojo de las líneas espectrales de diferentes elementos conocidos (por comparación con los espectros de los mismos elementos obtenidos en la Tierra), los astrónomos han conseguido saber a qué velocidad se alejan las galaxias de nosotros. Y también han podido aventurar sus distancias, dado que dicha velocidad crece de forma proporcional a la distancia, es decir, se hace mayor cuanto más alejadas.

El único problema es el de establecer con exactitud cuánto aumenta la velocidad con la distancia. Este valor, conocido como «constante de Hubble» ha sido afinado en numerosas ocasiones por los científicos y se sitúa, según los cálculos más recientes efectuados a partir de los datos del satélite WMAP, en 71 kilómetros por segundo por mega pársec recorrido (un pársec es la distancia a la que se encuentra una estrella si su paralaje es igual a un segundo de arco, es decir, 3,26 años luz. Un mega pársec es igual a un millón de pársec). Esta medida, conseguida a principios de 2006, constituye todo un hito para la astronomía moderna y pone, por el momento, fin a la controversia sobre el verdadero valor de la constante de Hubble. Sus variaciones (las más recientes la colocaban entre los 50 y los 75 kilómetros por segundo por mega pársec) han sido responsables de que, durante décadas, la edad del universo (y su distancia de uno a otro extremo) haya oscilado entre los diez mil y los quince mil millones de años luz. Los cálculos del WMAP apuntan ahora a una cifra mucho más concreta de 13.700 millones de años luz.

A simple vista, resulta imposible distinguir las estrellas individuales, a pocos miles de años luz de distancia, de las galaxias, formadas por cientos de miles de millones de estrellas y situadas mucho más lejos.

El final del universo

El universo, pues, se expande en razón de la constante calculada por Hubble y retocada después por otros astrónomos en décadas posteriores.

Y eso quiere decir que a cada minuto que pasa se hace más grande. Hace apenas una hora, el universo era más pequeño que en este instante. Hace un mes era mucho más pequeño que hoy y, por consiguiente, cuanto más retrocedemos en el tiempo menores eran sus dimensiones. Pero llevemos el razonamiento al límite. Hace miles de millones de años (13.700 millones de años, como hemos visto), debió de existir un momento muy especial en que todo el universo estuvo contenido en un punto microscópico, un punto único que, de alguna manera, comenzó a expandirse y cuya expansión continúa en la actualidad.

La pregunta es: ¿Continuará para siempre este proceso de expansión? ¿O se detendrá alguna vez para dar inicio a una fase de contracción? El destino del universo, como se sabe desde hace décadas, depende en gran medida de la cantidad de materia que haya en él. Porque la materia es responsable de la fuerza de gravedad y la fuerza de gravedad tiende a reunir la materia, es decir, se opone frontalmente a la fuerza de la expansión que pugna por separarla.

Más materia significa más gravedad, y la gravedad, si es lo suficientemente fuerte, es lo único que podría frenar el actual proceso de expansión y dar lugar a un periodo de contracción. Si eso sucediera, la velocidad de expansión del universo iría haciéndose más y más lenta, igual que hace una piedra lanzada al aire. Al final, la expansión se detendría por completo y, por efecto de la gravedad triunfante, empezaría el proceso contrario. La materia, en vez de alejarse, se iría juntando de nuevo, en un proceso de contracción que «desanduviera el camino» anterior y volviera a terminar en un único punto, en una «implosión» que los científicos conocen como ***big crunch***. Es lo que se conoce como modelo de universo cerrado. Si por el contrario, la cantidad de materia existente fuera menos de la necesaria para «cerrar» el universo, la expansión continuaría produciéndose eternamente, con las galaxias alejándose unas de otras hasta que se apagara la última estrella, dentro de una cantidad inconmensurable de tiempo, en un universo frío, oscuro y desolado. Es el modelo de universo abierto.

Existe también una tercera posibilidad que ni es cara ni es cruz, sino el equivalente a una moneda que, al lanzarla, se quedara de pie sobre su canto. De hecho, si la cantidad de materia resultara ser la justa, entonces podríamos mantenernos en la línea intermedia entre estas dos soluciones. El universo alcanzaría, en este caso improbable, un punto de equilibrio y se quedaría así, sin avanzar ni retroceder, durante toda la eternidad. Sería lo que se conoce como modelo de universo plano.

Dentro de «solo» 4.000 millones de años, el Sol, nuestra estrella particular, se habrá convertido en una gigante roja y su diámetro habrá crecido hasta llegar a la órbita de Venus. Para un observador situado en la Tierra, parecería que el sol ocupara la mitad del cielo. Un observador hipotético, porque para entonces, en la Tierra la temperatura sería tal que hervirían los océanos. Será precisamente en estos momentos cuando la vida, ya imposible, desaparezca de nuestro mundo.

Para saber a cuál de estos destinos nos enfrentamos es necesario, resulta evidente, calcular de una vez cuánta materia (y de qué clase) hay exactamente a nuestro alrededor.

Una tarea, por cierto, nada fácil. Especialmente porque, como hemos visto, mucha de la materia del universo no brilla, es oscura. Y la materia oscura no se puede detectar en la negrura del espacio. Los cálculos de la cantidad de materia «brillante» del universo apenas arrojan un escasísimo porcentaje (un 4%) de la que sería necesaria para «cerrar» el universo. Los nuevos instrumentos revelan cada vez más y más cantidad de materia y de energía oscuras. Satélites de infrarrojos y telescopios orbitales hablan, por ejemplo, de gigantescas nubes de polvo intergaláctico, de oscuras estrellas conocidas como «enanas

A 28 millones de años luz de la Tierra, la galaxia M-104, conocida como «El sombrero» es una de las más fotogénicas de todo el universo. (Foto: NASA.)

marrones» y de halos de materia alrededor de las galaxias. Neutrinos, axones, supercuerdas y otras estructuras «exóticas» podrían ser las portadoras de la materia que falta. ¿Suficiente para «cerrar» el universo? Aún no. Pero ahí afuera podría haber mucha más. La balanza, con los datos actuales, parece inclinarse por el modelo de universo abierto.

¿Existen otros universos?

Hace apenas un siglo aún creíamos que la Tierra era el centro de todo lo que existe.

Hoy sin embargo, los espectaculares avances del conocimiento científico nos han exiliado a un apartado rincón de una galaxia que no tiene (aparte de nosotros mismos) nada de especial con respecto a las demás. Y puede que pronto tengamos que hacer lo propio con el concepto mismo de universo. Universos cíclicos, universos burbuja... existen varias descripciones matemáticas que sugieren que el nuestro no es el único universo posible. No solo eso, sino que podrían haber existido otros universos antes que el nuestro, y podría haber otros que nacieran después de que el que conocemos haya desaparecido para siempre. Algunas teorías llegan incluso a sostener que, probablemente, existen otros universos contemporáneos, desarrollándose al mismo tiempo que el que nosotros habitamos.

Pero que no cunda el pánico. No hay modo alguno de que lo que sucede en el interior de un universo concreto afecte a cualquiera de los demás. ¿El motivo? Cada universo en particular es un todo, un sistema cerrado con sus propias coordenadas de tiempo y de espacio. Ambas magnitudes, de la misma forma que la materia y la energía, nacen cuando el universo surge. Y no son intercambiables. El secreto de los universos paralelos nace, una vez más, de las condiciones que originaron el *big bang*. ¿Por qué motivo de la Gran Explosión habría tenido que surgir un solo universo? ¿Por qué no dos, o diez, o un número infinito de ellos? ¿No pudo haber en el origen múltiples burbujas y ser nuestra realidad en expansión solo una de ellas?

El misterio de las galaxias

Espirales, elípticas o irregulares, en una miríada de formas que van desde simples nubes a tubos o discos casi perfectos. Miremos hacia donde miremos, está lleno de galaxias.

Cada una de ellas compuesta a su vez por incontables estrellas (cien mil millones tiene la Vía Láctea, nuestra propia gala-

A cada minuto que pasa, el universo se hace más y más grande. Pero aún no se sabe si este proceso de expansión durará para siempre o si, por el contrario, llegará a detenerse alguna vez. Si esto llegara a suceder, a la expansión actual seguiría un largo proceso de contracción.

xia). Son, de hecho, las agrupaciones de materia ordinaria más comunes que existen. Pero a pesar de ello, su origen sigue siendo un misterio. Y aunque se trata de una de las primeras preguntas que se formuló la moderna Cosmología, nadie sabe exactamente cuál ha sido el proceso que ha conducido a la formación de las galaxias. Y es que, sencillamente, en un universo como el nuestro la existencia misma de las galaxias parece, de hecho, una contradicción.

Durante décadas, los cálculos han indicado que, en su origen, una de las características más destacadas del universo fue la uniformidad. La temperatura era uniforme, se decía, y la distribución de la materia, también. Aún hoy, la radiación de fondo, los restos del calor de la Gran Explosión, es prácticamente uniforme, igual en cualquier punto o dirección en que se mida (2,726 grados Kelvin, es decir, cerca de –270 grados centígrados). Pero, sorprendentemente, la distribución de la materia dejó de pronto de lado esa uniformidad inicial y a eso, precisamente, debemos nuestra existencia. En efecto, en la actualidad la materia (por lo menos la ordinaria) aparece ordenada en estructuras como planetas, estrellas o galaxias, alrededor de las cuales existen grandes vacíos. Es decir, que la materia (por lo menos la ordinaria), lejos de distribuirse uniformemente, tiende a concentrarse alrededor de una serie de «puntos» privilegiados.

La presencia misma de estas estructuras que «no deberían estar allí» ha puesto, hasta hace poco, en serio peligro a muchas de las teorías cosmológicas actuales, entre ellas el modelo mismo de ***big bang***. Pero la Ciencia, debido a la validez demostrada por estas teorías para explicar con acierto numerosos aspectos de la realidad en que vivimos, se ha resistido a creer que no eran correctas.

Finalmente, los datos aportados a principios de los noventa por el satélite COBE y, más recientemente, por el ya citado WMAP, han demostrado que, en realidad, las condiciones de temperatura del universo original no eran tan homogéneas,

El cometa Hale-Boop pasa sobre la antena del observatorio VLA, en Nuevo México. La imagen fue tomada durante el momento de mayor cercanía del cometa a la Tierra, en abril de 1997. (Foto: Ray Nelson.)

sino que existieron, desde el principio, ligeras variaciones térmicas, o anisotropías, alrededor de las cuales podría haber empezado a aglomerarse materia hasta formar las galaxias que podemos contemplar en la actualidad. O esto es, por lo menos, lo que piensa la mayor parte de los cosmólogos actuales. La gravedad es, una vez más, la fuerza responsable de la gradual acumulación de materia alrededor de las anisotropías, aunque por desgracia no explica la existencia de las anisotropías mismas. Varias teorías, entre ellas la de la inflación, una corta etapa de expansión muy acelerada en la historia primitiva del universo, intentan ahora dar cuenta de ese fenómeno aparentemente inexplicable.

Sea como fuere, estas pequeñas fluctuaciones térmicas provocaron una secuencia de acontecimientos que desembocó en las estructuras que podemos observar en el tiempo presente. Al principio, cuando el universo tenía apenas una milésima parte de su tamaño actual (cerca de medio millón de años después del ***big bang***) la densidad de la materia en la región de espacio que hoy contiene la Vía Láctea era, quizá, no más de un 0,5% superior a la de sus regiones vecinas. Pero precisamente por ser su densidad algo más alta, esta región del espacio se expandió más lentamente que las adyacentes, lo que facilitó, a su vez, que la densidad de esta región siguiera aumentando. Cuando el universo alcanzó la centésima parte de su tamaño actual (unos quince millones de años después del ***big bang***), nuestra región de espacio ya era, probablemente, hasta un 5% más densa que las regiones circundantes. El proceso continuó mientras el universo seguía expandiéndose. Cuando alcanzó la quinta parte de sus actuales dimensiones (unos 1.200 millones de años después del ***big bang***) nuestra región de espacio tenía ya seguramente cerca del doble de la densidad que las regiones vecinas. Los cosmólogos creen que la zona central de nuestra galaxia (y de las demás galaxias similares) se formó en este periodo. Las estrellas de las regiones exteriores (como nuestro Sol) debieron de formarse en un pasado mucho más reciente, cuando el universo entero ya tenía cerca de 8.000 millones de años de edad.

Antes del *big bang*

¿Qué había antes del ***big bang***? La mayoría de los científicos opinaría que esta es una pregunta inocente, del tipo de las que formulan los legos en cualquier materia.

Y dirían que, sencillamente, resulta absurdo plantear la cuestión porque, entre otras cosas, con el ***big bang*** también surgió el tiempo, y «antes» es un concepto temporal que no puede aplicarse fuera del propio tiempo. Sin embargo, según ciertos cálculos, abordados en principio por un grupo reducido de «disidentes» sobre la posible existencia de «otros» universos (cálculos que hoy vuelven a gozar de cierta aceptación), la pregunta vuelve a encontrar sentido. Y ya hay varias teorías sobre el «antes».

La más extendida de ellas, basada en la formulada originalmente por Richard Tolman a mediados del siglo pasado, dice que nuestro universo podría estar «rebotando» sobre sí mismo, como una burbuja que se hincha y se deshincha, y que el ***big bang*** podría ser solo el momento inicial de uno de esos rebotes. Este «universo oscilante» respondía a la necesidad de idear un mecanismo que fuera compatible con el ***big bang,*** pero que eludiera la necesidad de que el momento «cero» de la gran explosión fuera una «singularidad», esto es, un punto en el que todas las leyes conocidas de la física dejan de funcionar. Hubo que esperar hasta los años sesenta para que otros dos físicos geniales, Stephen Hawking y Roger Penrose, demostraran que las singularidades son una condición necesaria para la existen-

Desde su privilegiado lugar de observación, el gran radiotelescopio de Chile escruta las señales procedentes del universo.

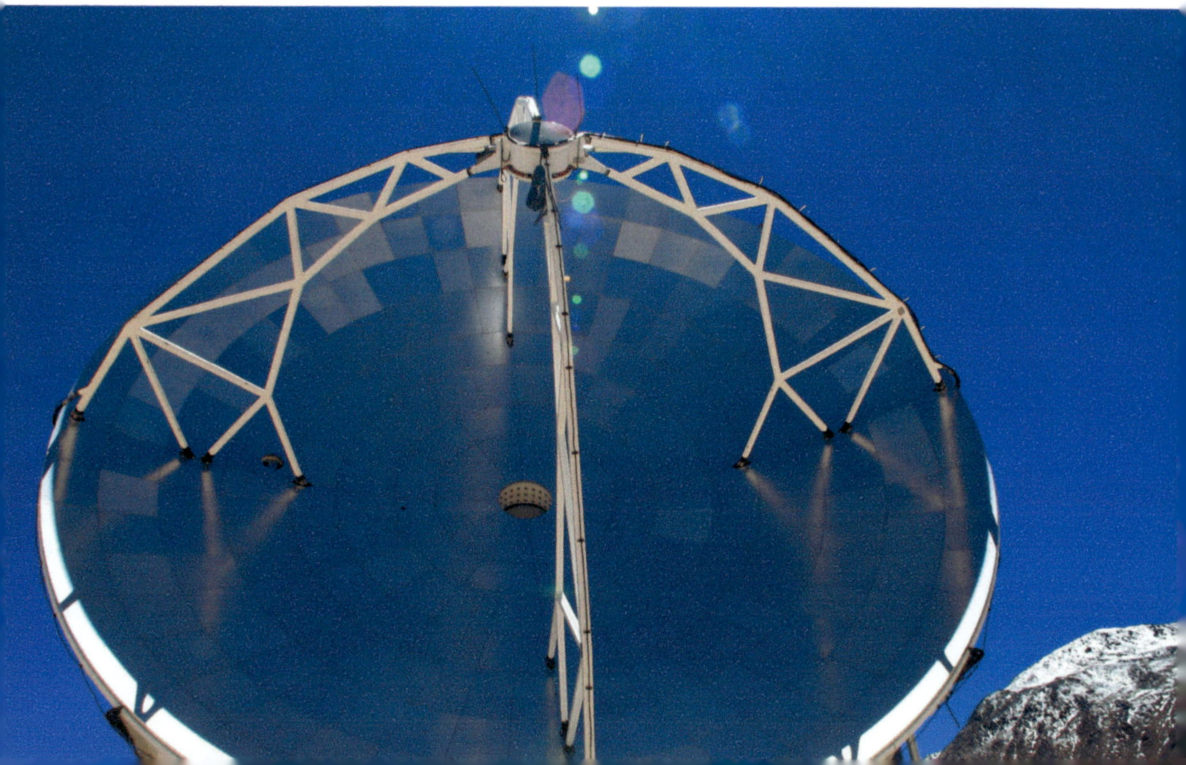

cia de cualquier universo que tenga un ***big bang***. Así que la teoría del universo oscilante fue temporalmente aparcada.

Nótese, además, que la teoría implicaba la necesidad de que el universo actual sea «cerrado», es decir, que la gravedad venza finalmente a la fuerza de expansión (cosa que, a la luz de los datos actuales, parece poco probable) y provoque el comienzo de una etapa de contracción que vuelva a terminar en un punto, como el original, de infinita densidad. Si a pesar de todo esto resultara ser así, el nuestro solo sería un ciclo más en medio de un número indeterminado de ciclos. Eso sí, un ciclo muy especial, en el que se han dado las condiciones precisas para que surjan unos seres (nosotros) capaces de preguntarse qué había antes del ***big bang***.

Galaxia NGC 5866, situada en la constelación del Dragón, a 44 millones de años luz de la Tierra. (Foto: NASA.)

Un universo complejo

Las partículas se juntan en átomos, los átomos en moléculas, las moléculas en estrellas, las estrellas en galaxias, las galaxias en grupos de galaxias, los grupos en cúmulos, los cúmulos en supercúmulos, los supercúmulos en murallas galácticas con millones de miembros, las murallas en...

¿Dónde acaba esta cadena? A medida que los investigadores disponen de herramientas más y más potentes, aparecen nuevas (y siempre mayores) estructuras para desconcertarnos. Los más recientes descubrimientos en este campo nos muestran una especie de espuma, una estructura filamentosa que se extiende de manera uniforme por el universo. El tamaño de estas estructuras es tal, que cada puntito en ellas corresponde a todo un cúmulo galáctico, de la misma forma en que cada puntito de la Vía Láctea corresponde a una estrella individual. A escala humana, el tamaño de estos filamentos es tan grande que resulta difícil de imaginar. Hasta ahí hemos llegado. Somos demasiado pequeños para apreciar un orden concreto en escalas aún mayores. Aunque seguramente existan.

En un universo cuya mayor parte es, en apariencia, vacío, la existencia de las galaxias ha constituido, hasta hace poco, un misterio inexplicable para la Ciencia.

Lo que parece claro es que, a medida que aumentamos el campo de nuestra visión, las diferencias y los grandes vacíos que a nuestra escala resultan evidentes (baste solo con pensar en las distancias dentro de nuestro propio Sistema solar) desaparecen casi por completo. Y el universo se nos revela uniformemente lleno de materia. Es cómo si un diminuto ser imaginario, tan pequeño que pudiera vivir en un núcleo atómico, fuera capaz de «saltar de escala» y ver, de pronto, la piedra de la que su núcleo atómico forma parte, junto a otro infinito número de núcleos como el suyo. La piedra le parecería una inmensidad. Pero si pudiera dar un nuevo salto, comprobaría que hay más piedras iguales a la suya. Y muchas que son aún mayores, y que todas forman parte de una montaña, que a su vez está rodeada de otras montañas... ¿Resistiría la pequeña mente de nuestro diminuto ser tanta inmensidad?

¿Hacia dónde viaja nuestra galaxia?

En el universo todo se mueve, y desde que Hubble formuló la teoría de la expansión (tantas veces confirmada), no cabe duda de que las galaxias se alejan las unas de las otras.

Pero, dentro de este esquema general, existen otros movimientos, más concretos, provocados por otras fuerzas, probablemente gravitatorias, cuyo origen exacto aún se desconoce. Nuestra galaxia, por ejemplo, junto a todas sus vecinas del Grupo Local de galaxias (unas veinte en total) se dirige a toda velocidad hacia el cúmulo de Virgo. No sería esta la dirección lógica si siguiéramos, lisa y llanamente, las leyes de la expansión. ¿Qué nos atrae entonces hacia allí? ¿Qué misteriosa fuerza puede alterar el rumbo de todo un grupo de galaxias en el espacio?

Partamos desde el principio. Para calcular el movimiento del grupo de galaxias al que nosotros mismos pertenecemos, un observador situado en la Tierra debe tener en cuenta la superposición de varios movimientos «menores», como por ejemplo los 30 km/s de la Tierra en su órbita alrededor del Sol, los 230 km/s de todo el Sistema solar alrededor del centro de nuestra galaxia o los 40 km/s a los que La Vía Láctea (nuestra galaxia) es atraída hacia su vecina más próxima, la galaxia de Andrómeda. Descontados dichos movimientos, queda otro, de 600 km/s, de nuestra galaxia (y de todas sus compañeras del Grupo Local) hacia el Cúmulo de Virgo.

Sin embargo, se ha comprobado que el Cúmulo de Virgo no puede ser responsable de este movimiento, ya que él se mueve en la misma dirección. Sea lo que sea lo que nos atrae, también atrae al Cúmulo de Virgo. El siguiente candidato, por el simple hecho de que estaba en la dirección hacia la que nos dirigimos, fue el supercúmulo Hidra-Centauro. Cual no sería la sorpresa de los investigadores cuando descubrieron que también Hidra-Centauro (una agrupación de galaxias cientos de veces mayor que el Cúmulo de Virgo) estaba aprisionado dentro de una atracción gravitatoria todavía mayor. Desconcertados, llamaron Gran Atractor al monstruo capaz de mover hacia sí mismo miles de galaxias como si fueran planetas alrededor del Sol. Sea lo que sea ese Gran Atractor, lo cierto es que todos, inevitablemente, nos dirigimos hacia allí.

La ilustración muestra la distribución de las galaxias en el universo, agrupadas en cúmulos y supercúmulos rodeados de grandes vacíos. (Foto: Sally Bensusen.)

Once dimensiones y un viaje en el tiempo

«La prueba de que no se puede viajar en el tiempo es que no estamos invadidos por una oleada de turistas del futuro», dijo en cierta ocasión Stephen Hawking para ridiculizar a quienes pensaban que los viajes en el tiempo no son una locura.

Hoy, sin embargo, el genial físico británico ha reconsiderado su postura y se suma a las filas de quienes defienden esta posibilidad. El propio Einstein demostró que el tiempo no es algo absoluto, sino relativo, un fenómeno que está en relación directa con la velocidad a la que se mueve un observador con respecto al fenómeno que observa. A velocidades relativistas (cercanas a la de la luz) el tiempo se frena, se estira y puede terminar por detenerse. A más de 300.000 km/s un viajero se encontraría yendo hacia el pasado. Sin embargo, que se sepa, no existe nada capaz de superar la velocidad de la luz.

Otra posibilidad, la más aceptada, habla de toda una red de pequeños agujeros negros (los agujeros de gusano) en el tejido espaciotemporal del universo. Estos agujeros conectarían diferentes regiones como los túneles del metro conectan distintas zonas de una ciudad. Y como un agujero negro es, por definición, una rotura del espacio-tiempo, al penetrar por uno y salir por otro estaríamos, además de en otro lugar del universo, también en otro momento diferente al de nuestra partida. Quedan pendientes dos cuestiones: no se han encontrado aún agujeros de gusano y, sobre todo, no se sabe en qué forma podría sobrevivir una persona a las tremendas mareas gravitarorias del interior de un agujero negro.

Pero hay más posibilidades, como la que apuntaba hace unos años el norteamericano Thomas Gold, quien calculó que, si finalmente la expansión del universo llega a detenerse y empieza una fase de contracción, se invertiría, además del movimiento (las galaxias empezarían a juntarse en vez de separarse), también el segundo principio de la Termodinámica, y con él la dirección de la flecha del tiempo. El mundo, entonces, marcharía al revés, como una película pasada al contrario. Los viejos se irían volviendo jóvenes y los vasos rotos se recompondrían sobre las mesas de las que habían caído infinito tiempo atrás. Una posibilidad desconcertante y rica en sugerencias. La pena es que habrá que esperar, en el mejor de los casos, un buen puñado de miles de millones de años para comprobarla.

El tiempo, sin llegar a esos extremos, ha demostrado ser muy útil para otra de las viejas búsquedas de la humanidad, la de las dimensiones desconocidas. Gracias al tiempo, por ejemplo, el concepto de cuarta dimensión se ha quedado anticuado. Desde que Einstein, a principios de siglo, añadió la dimensión temporal a las tres espaciales y rebautizó el concepto «espacio» con el nombre de «espaciotiempo», sabemos que nuestra vida transcurre a lo largo de cuatro dimensiones estrechamente ligadas. Es fácil de comprobar: cuando, por ejemplo, viajamos en avión de Madrid a Barcelona nos desplazamos en el espacio (alto, ancho y largo) pero también en el tiempo (el que dura el vuelo). Y ambos desplazamientos son absolutamente indivisibles. No podemos movernos por el espacio sin utilizar una cierta cantidad de tiempo.

La sorpresa, sin embargo, existe, y se centra en el hecho de que hay más dimensiones, por lo menos siete más, a nuestro alrededor. Que sumadas a las cuatro conocidas dan un resultado de once. Según los cálculos de los científicos, esas siete misteriosas dimensiones adicionales, absolutamente necesarias para explicar el mundo que nos rodea, se manifestaron en los primeros instantes tras el ***big bang*** y, después, al enfriarse la sopa primordial de partículas de la que nacería nuestro universo, se fue-

ron «congelando», «enrollándose sobre sí mismas» de la misma manera en que el vapor, al bajar la temperatura, se va convirtiendo en agua primero y en hielo después.

¿Pero cómo actúan esas dimensiones? ¿Y para qué sirven? Los físicos lo tienen bastante claro: solo en un universo de múltiples dimensiones (diez, once o veintiséis, según los modelos) se puede elaborar una teoría unificada, que reúna las cuatro fuerzas fundamentales de la Naturaleza (electromagnetismo, fuerza nuclear débil, fuerza nuclear fuerte y gravedad), en una única ley universal que sirva para explicar, sin excepción, todos los sucesos del mundo físico con un número limitado de ecuaciones. En la práctica, sin embargo, el camino hacia esta teoría única no se está revelando fácil.

Al principio del universo, creen los científicos, había solo una fuerza, una «superfuerza» responsable de todos los fenómenos. Pero, debido al enfriamiento posterior al ***big bang***, aquella superfuerza única se fue fragmentando hasta quedar convertida en las cuatro fuerzas fundamentales que vemos hoy. Si conseguimos encontrar una teoría que las unifique de nuevo, si logramos construir el cuerpo teórico que consiga explicarlas en conjunto, habremos conseguido, que nadie lo dude, la llave del poder absoluto sobre el tiempo, la materia y la energía.

El camino de la unificación es viejo, y sus primeros resultados fueron obtenidos a finales del siglo XIX por el físico británico James Clerk Maxwell. Él fue, en efecto, el responsable de la primera «unificación» al conseguir juntar, en un mismo cuerpo teórico, dos fuerzas que hasta aquél momento se consideraban separadas: la electricidad y el magnetismo. Visto desde la óptica presente, la teoría del electromagnetismo de Maxwell fue la primera de las grandes unificaciones de la física. Hubo que esperar hasta la década de los ochenta para que otro físico, esta vez italiano, diera el siguiente paso. Fue Carlo Rubbia, y su

En esta impresionante imagen del Hubble, cada punto no es una estrella, sino una galaxia formada por miles de millones de estrellas. (Foto: NASA.)

logro fue el de encontrar dos partículas subatómicas (que llamó «W» y «Z») a través de las cuales el electromagnetismo de Maxwell se «unificaba» a su vez con una de las fuerzas propias del núcleo atómico, la fuerza nuclear débil. Su teoría de la fuerza «electrodébil» y el hallazgo de las partículas que la transportaban le valió a Rubbia el premio Nobel de Física en 1983.

Llegados a este punto, solo quedaban ya otras dos fuerzas por unificar. Una era la «otra» fuerza propia del interior de los átomos, llamada «fuerza nuclear fuerte», responsable de la cohesión interna de los protones y neutrones de los núcleos atómicos y cuya comprensión nos ha traído la energía nuclear; y la segunda era, y es, la fuerza de la gravedad. La fuerza nuclear fuerte está, en la actualidad, muy cerca de ser demostrada en la práctica. La «cromodinámica cuántica» predice la existencia de la correspondiente partícula portadora de esta fuerza (cada una de las cuatro fuerzas del modelo cosmológico estándar tiene una), que será «descubierta» cuando los aceleradores de partículas alcancen la potencia necesaria para ello.

El problema, sin embargo, está en la gravedad. Nadie, hasta el momento, ha conseguido integrar esta fuerza fundamental del universo con las demás. La lucha por la unificación de las leyes de la física es hoy, sin duda alguna, la lucha por la integración de la gravedad a la teoría unificada. Pero de eso hablaremos más adelante.

La teoría del *big bang*

LA TEORÍA DEL BIG BANG

Hace **13.700 millones de años**, a partir de un único punto de infinita densidad, surgió la materia, el espacio y el tiempo que forman el universo. A temperaturas de miles de millones de grados, una densa *«sopa de partículas»* fue enfriándose poco a poco, formando primero **los átomos** y después el resto de las estructuras complejas que hoy podemos observar, como **estrellas** y **galaxias**.

Al final se formaron los elementos más pesados, a partir de los hornos de las estrellas y sus explosiones en forma de supernovas. Nacieron así los planetas, la **vida** y el **hombre**.

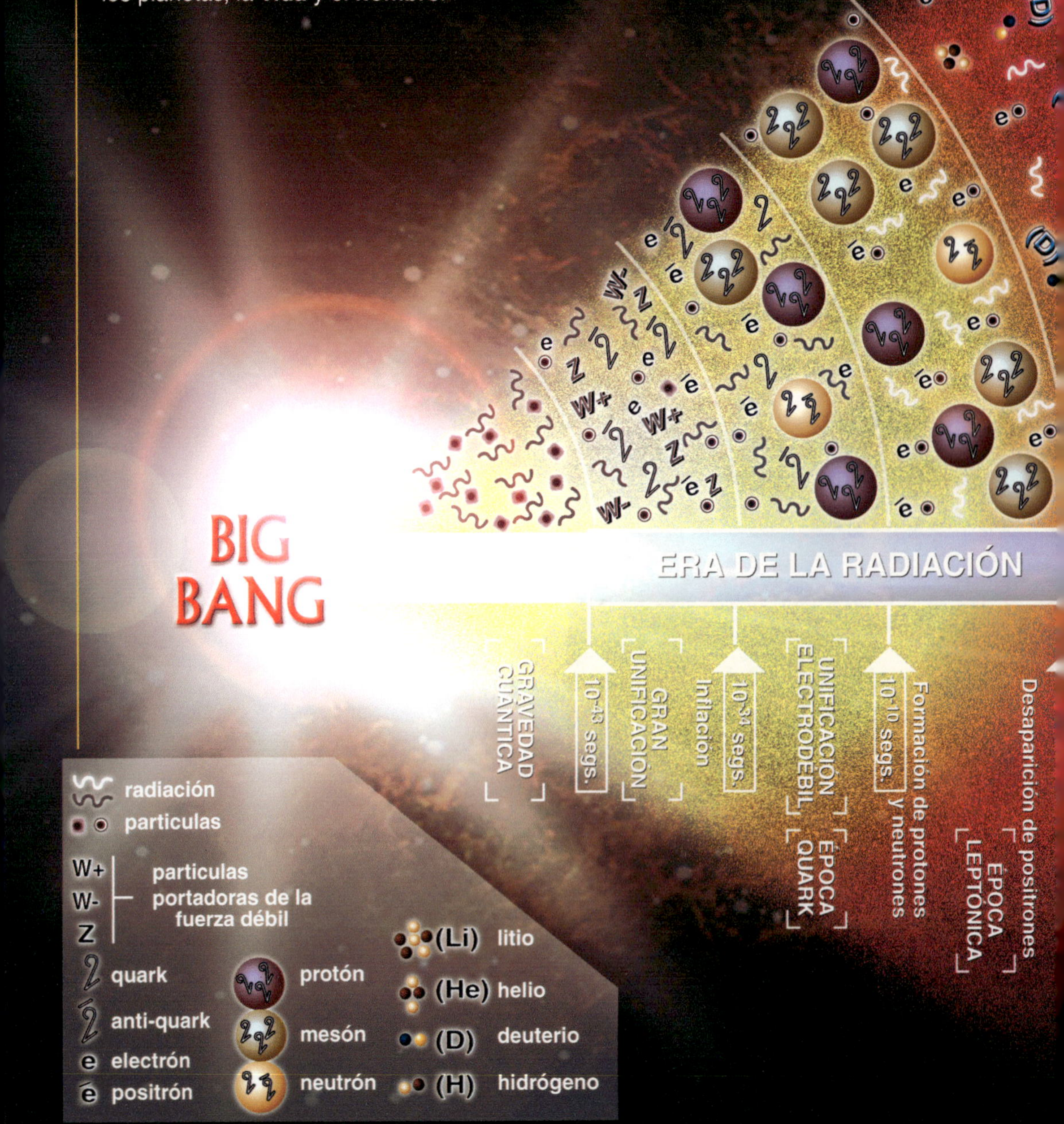

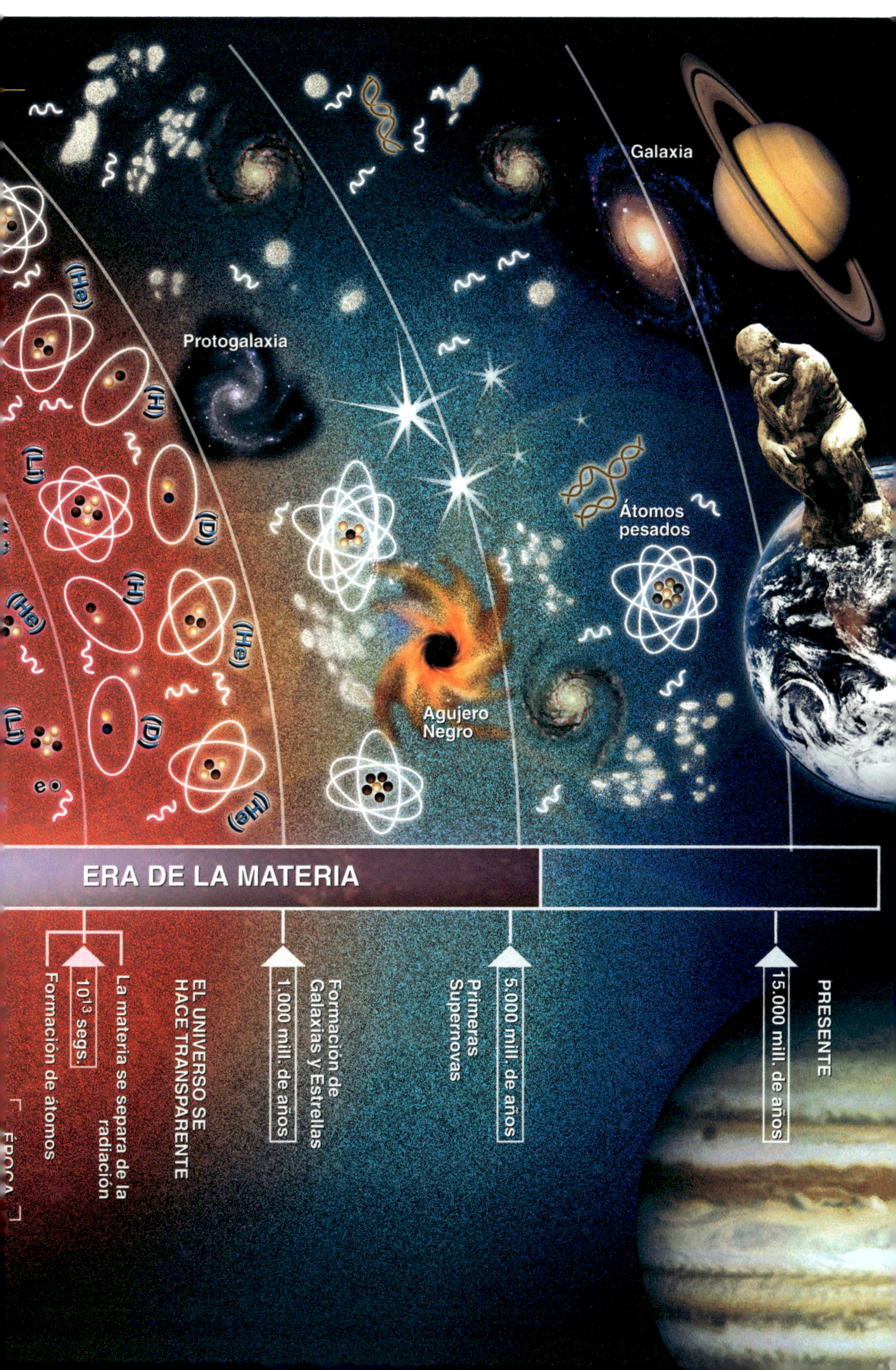

Galaxia
Protogalaxia
(He)
(H)
(Li)
(D)
e
Átomos pesados
Agujero Negro
ERA DE LA MATERIA
La materia se separa de la radiación
10^{13} segs.
Formación de átomos
EL UNIVERSO SE HACE TRANSPARENTE
1.000 mill. de años
Formación de Galaxias y Estrellas
5.000 mill. de años
Primeras Supernovas
PRESENTE
15.000 mill. de años

Capítulo 2

Las estrellas

Si de noche lloras por el Sol, tus lágrimas impedirán que veas las estrellas.

Rabindranath Tagore

Cualquiera de estas noches, cuando se tome un respiro y decida dedicar algo de tiempo a sí mismo, cuando los rumores de la ciudad se apaguen al otro lado de la ventana y se permita saborear unos minutos de tranquilidad, alce la vista al cielo. Levante los ojos y observe con detenimiento el espectáculo que se estrena, solo para sus ojos, por encima de su cabeza y de su mundo.

Mire y disfrute. Contemple los miles de estrellas que parpadean en el firmamento e intente no ver solo puntos luminosos sobre fondo negro. Piense. Concéntrese en cualquiera de esos puntos y reflexione. Lo que está mirando no es una simple mancha de luz, sino una de las creaciones más bellas y perfectas del universo, una estrella, un astro quizá mucho mayor que el propio Sol, algo que existía mucho antes que su planeta.

Recuerde que, en sentido literal, cualquier pedazo de materia sólida que existe en el universo, incluida la propia Tierra y usted mismo, no es más que polvo de estrellas, cenizas que proceden de la combustión nuclear de un gigante ígneo como el que ahora está mirando. Considere los miles de millones de años que han sido necesarios para que los materiales pesados que lo rodean y hacen posible la vida se hayan ido formando a partir de un gas ligero, el hidrógeno, la materia prima de la cual todo lo demás procede. Si no existiera esa luz que está viendo en este momento, si no hubiera estrellas ahí arriba, ni usted ni nada de lo que hace que usted sea posible, existiría tampoco.

Mucha de la inteligencia generada por el hombre ha sido gastada en comprender qué son exactamente esas luces que brillan en medio de la noche. La humanidad, hija material de las estrellas, se pregunta por el origen de las estrellas. O lo que es lo mismo: por medio del ser humano, las estrellas se interrogan acerca de su propia condición.

Se han hallado ya muchas respuestas. Se han calculado con exactitud las magnitudes, la composición química, la masa y el tiempo necesarios para que una estrella se forme. Se conoce al detalle cada elemento, cada uno de los ingredientes imprescindibles para que una masa de hidrógeno frío y casi inerte, una inmensa nube gaseosa del tamaño de todo nuestro Sistema solar, se comprima hasta convertirse en un milagro ardiente capaz de iluminar durante miles de millones de años la oscuridad del espacio que lo rodea.

Los astrónomos saben ya cómo nace una estrella. Incluso saben exactamente dónde hay que mirar para ver algunas nacer.

A «solo» 6.500 años luz de distancia, dentro de nuestra propia galaxia, la nebulosa del Águila es un semillero de estrellas, que aparecen como puntos de luz en medio de la inmensa nube protoestelar fotografiada por el Hubble. (Foto: NASA.)

Aunque parezca un contrasentido, muchas estrellas se forman en la oscuridad, casi en secreto, a partir de nubes de gas tan densas y opacas que ni siquiera la luz puede atravesar. Nacen fuera del alcance de cualquier mirada indiscreta, incluidas las de los centenares de científicos que intentan, desde la Tierra, descubrir sus nidos remotos. Y es que resulta muy difícil distinguir, a miles de años luz de distancia, una nube oscura en medio de la oscuridad. Hizo falta colocar un telescopio en órbita para que el sueño se hiciera realidad. Un ingenio que pudiera sondear las profundidades del espacio sin el velo que la atmósfera terrestre pone frente a los ojos de los telescopios con base en tierra. El Hubble volvió a emprender la tarea en la que otros habían fracasado. Y lo consiguió. Inquietantes imágenes del corazón de la nebulosa del Águila, a siete mil años luz de nosotros (recordemos que un año luz equivale a casi nueve billones y medio de kilómetros) desvelan un panorama sobrecogedor: inmensas nubes oscuras,

La «Cabeza de caballo», también llamada «Barnard 33», es una oscura y fría nube de polvo y gas que destaca sobre el brillo de la nebulosa IC434. En su interior, sin embargo, tiene lugar el milagro de la génesis estelar. (Foto: NASA.)

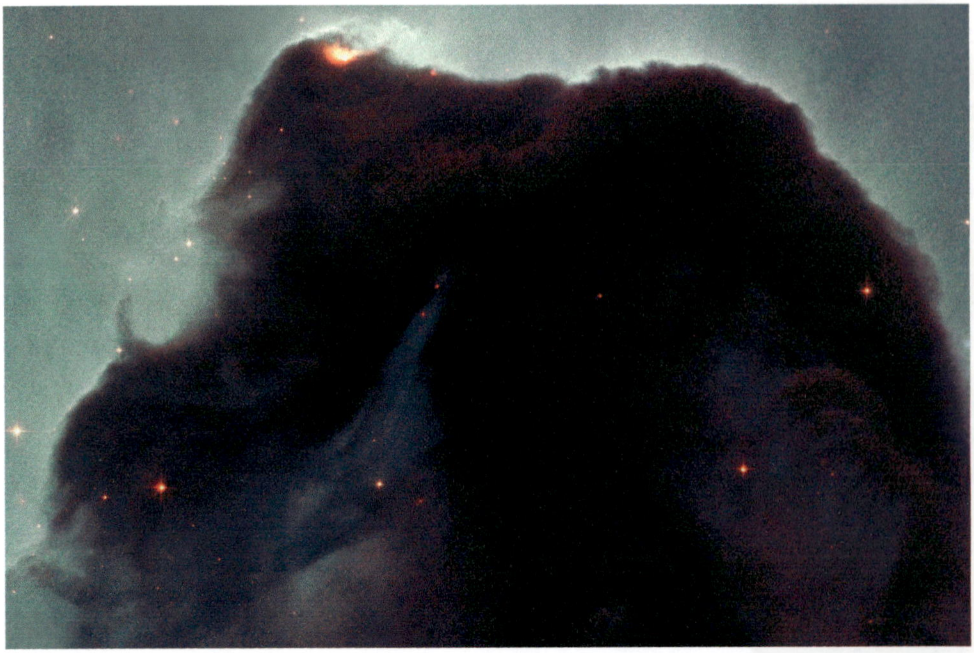

algunas de varios años luz de tamaño, en cuyo interior se está produciendo el milagro del génesis estelar. Auténticos semilleros de estrellas sorprendidos en plena actividad. Lástima que el periodo de una vida humana sea tan corto y no permita abarcar un alumbramiento de este tipo, que puede durar varios millones de años.

La «Ojo de gato» fue una de las primeras nebulosas planetarias observadas por el hombre. Su compleja estructura se formó cuando una estrella parecida al Sol se desprendió de sus capas exteriores. (Foto: NASA.)

La nube de la vida

Pero ¿cómo se forma una estrella? Aunque existen otras posibilidades, la más común es la siguiente: en lugares determinados dentro de las galaxias, el hidrógeno (99 % de toda la materia ordinaria del universo) empieza a acumularse.

Quizá, en el principio de todo el proceso fueran solo un puñado de átomos los que, por azar, se juntaron más de lo que es normal. Y a partir de esa ligerísima acumulación, la gravedad empezó su lento e inexorable trabajo de ir atrayendo cada vez más y más átomos de hidrógeno. Como se sabe, la gravedad es una fuerza acumulativa, cuya intensidad crece al mismo tiempo que la cantidad de materia acumulada. Es decir, cuantos más átomos haya en el conjunto, mayor será su masa y más fuerte será la fuerza gravitatoria que siga atrayendo más y más átomos.

Dadas estas condiciones iniciales, es solo cuestión de dejar pasar el tiempo suficiente. Tras un buen puñado de millones de años de acumulación, el grupo de átomos de hidrógeno se ha ido convirtiendo en una auténtica multitud, una nube que puede alcanzar muchos miles de millones de

Cúmulo globular de estrellas NGC 6397, a 8.500 años luz de la Tierra. (Foto: NASA.)

kilómetros de extensión y que, debido de nuevo a la gravedad, se va haciendo cada vez más densa, más compacta. Pero un gas, al comprimirse, se calienta. Y nuestra nube, sometida a la continua y cada vez mayor fuerza gravitatoria, estará cada vez más comprimida y más caliente.

El grado de aplastamiento al que la gravedad puede someter a la materia no tiene límite. Pero la resistencia de la materia al aplastamiento sí lo tiene. Llega un momento en que la nube gaseosa está tan comprimida y caliente que no resiste más. Cuando el hidrógeno alcanza una temperatura próxima a los diez millones de grados, la estructura de sus átomos no aguanta y estos entran en combustión. En el corazón de la estrella naciente se enciende entonces un horno nuclear en el que se comienzan a quemar, por fusión, los átomos de hidrógeno. La estrella empieza a brillar, y así continuará mientras le quede hidrógeno que seguir quemando. Se calcula que un astro del tipo de nuestro Sol tiene «combustible» para unos 10.000 millones de años. Durante ese tiempo será estable y, si a su alrededor se dan las condiciones propicias, con el material sobrante de su creación se pueden formar planetas. En uno de ellos, el nuestro, fue posible, además, que surgiera la vida. No sabemos en cuántos mundos ha sucedido algo parecido o siquiera si lo ha hecho, pero la búsqueda continúa...

Pero volvamos a las estrellas y a la forma en que nacen. La estructura fotografiada por el Hubble va mucho más allá de una simple agregación de átomos de hidrógeno. En su interior, el proceso descrito tiene lugar de manera repetida y continua. Las nubes «protoestelares» se van condensando, como huevos dentro de un nido, y van siendo «arrojadas» al exterior cuando están listas para generar una nueva estrella. Miles de estrellas se forman a la vez en estos auténticos nidos cósmicos. Dentro de ellos, las turbulencias ocasionan fenómenos que los astrónomos apenas están comenzando a comprender.

Una de las últimas sorpresas ha sido el descubrimiento, en numerosas estrellas en formación, de enormes «chorros» de materia que la propia recién nacida parece expulsar hacia el espacio. Se ha calculado que alguna de esas descomunales protuberancias (que pueden medir varios millones de kilómetros) eyectan al espacio cada día una cantidad de materia equivalente a la del planeta Júpiter, el gigante de nuestro Sistema solar. ¿Forman estos «chorros» de gas incandescente parte del proceso de nacimiento estelar? Y si es así ¿cuál es su finalidad?, ¿por qué tiene una estrella en formación que acaparar materia por un lado y expulsarla violentamente por otro?

Una estrella es el resultado del equilibrio de dos fuerzas: la gravedad, que intenta aplastarla y la nuclear, que intenta expandirla.

La respuesta a estas preguntas constituye el próximo capítulo, aún en blanco, del libro en el que vamos escribiendo lo que aprendemos sobre el universo que nos rodea. No sabemos bien cuántos pasos debemos dar aún para completar la obra. Quizá unos pocos, o puede que más de los que imaginamos. Lo cierto es que cuanto más sabemos, o creemos saber, mayor es el sentimiento de maravilla que nos embarga al dirigir, una noche cualquiera, una mirada al cielo estrellado que hay sobre nosotros.

La muerte de un gigante

A simple vista, todos los puntos luminosos que vemos «ahí arriba» parecen iguales. Unos, es cierto, brillan más que otros, o se distinguen por una ligera variación en su tonalidad, rojiza o azulada.

Algunos, más que puntos, parecen pequeños borrones luminosos, y todos, con diferente intensidad, titilan al son que marcan sus rayos de luz al final del largo viaje, al atravesar la atmósfera de la Tierra.

Sin embargo, ese aspecto estático e inmutable que nos ofrece en apariencia el universo es solo una ilusión. En realidad, esos «puntos» pueden ser hermanos de nuestro propio Sol, pero también ser estrellas de tipos muy diferentes a él. Enanas blancas, gigantes rojas y azules, enanas marrones, supergigantes, estrellas de neutrones... la variedad es grande, y depende tanto de las condiciones de formación de esas estrellas como de sus procesos nucleares internos.

Galaxia espiral NGC 4414. A 60 millones de años luz, es una de nuestras vecinas en el espacio. (Foto: NASA.)

Muchos de los puntos que vemos brillar en el cielo ni siquiera son estrellas, sino galaxias enteras, enormes estructuras con cientos de miles de millones de estrellas en su interior y situadas tan lejos de nosotros que sus brillos se confunden. Y todo ese enorme conjunto, lejos de permanecer estático, está en perpetuo movimiento. Las estrellas, como hemos visto, nacen en el interior de enormes semilleros y mueren, como veremos, de varias maneras, algunas muy violentas. Las galaxias, a veces, chocan entre sí y dan lugar a otras nuevas en procesos que duran millones de años y durante los que perecen millones de soles con sus mundos incluidos. Nosotros, los humanos, contemplamos ese vasto panorama y nos parece estático e inmutable solo por dos razones: porque vivimos demasiado poco como para darnos cuenta de unos cambios que se producen a escalas temporales de cientos, incluso de miles de millones de años; y porque somos demasiado pequeños como para tener una visión de conjunto de la inmensidad que nos rodea.

De la misma forma en que son diferentes en vida, tampoco en la muerte las estrellas se parecen unas a otras. De hecho, pueden terminar sus días de forma violenta, en una explosión cuyo brillo y energía eclipsan incluso al de la galaxia a la que pertenecen; o pueden, por el contrario, apagarse apaciblemente, despacio, consumiéndose poco a poco en una agonía inimaginablemente larga. Nosotros, nuestra vida entera incluso como especie, apenas si es un parpadeo en la historia vital de una estrella. ¿Por qué, entonces, deberíamos preocuparnos por averiguar sus ciclos de evolución? La respuesta pasa por el hecho de que nuestra propia existencia depende de una estrella. Si el Sol desapareciera mañana, nosotros desapareceríamos con él. Averiguar cuánto viven las estrellas, cuánto tiempo más va a durar el Sol es, también, averiguar cuánto tiempo le queda a nuestro propio mundo.

La manera en que se produce la muerte de una estrella depende, como hemos dicho, de las condiciones iniciales de su nacimiento. Los astrónomos han descubierto, por ejemplo, que no todas las estrellas viven el mismo tiempo, y que entre las más estables y longevas están, precisamente, las que tienen características similares a las del Sol que ilumina nuestro mundo.

El diagrama HR

El astrónomo danés Ejnar Hertzsprung ideó en 1911 un ingenioso diagrama en el que podían colocarse las estrellas según dos características principales: su brillo y su temperatura superficial, magnitudes ambas fácilmente medibles desde la Tierrra. El norteamericano Henry Norris Russel hizo lo mismo dos años después, aunque de forma independiente a su colega europeo. Por eso, el diagrama más importante de la astronomía moderna recibe el nombre de Hertzsprung-Russel o, en la jerga de los astrónomos, diagrama HR.

A pesar de las apariencias, existe una gran variedad de estrellas, cada una con sus características bien diferenciadas. Cada tipo, además, también tendrá un final diferente.

Si colocamos un gran número de estrellas en el diagrama HR, veremos enseguida que los puntos que las representan tienden a agruparse en una franja diagonal que va desde el extremo inferior derecho (es decir, poca luminosidad y baja temperatura superficial) al superior izquierdo (mucha luminosidad, altas temperaturas). Nuestro Sol se encuentra justo en la zona central de esta franja que los astrónomos llaman «secuencia principal». A lo largo de su vida, las estrellas pasan la mayor parte del tiempo dentro de esta secuencia, aunque hay excepciones. Fuera de ella, las cosas se complican y encontramos estrellas enormes y muy calientes, generalmente poco estables y con vidas muy cortas si se comparan a las del interior de la secuencia; o bien todo lo contrario, estrellas frías y pequeñas, rescoldos casi apagados que sobrevivirán durante trillones de años como único recuerdo de antiguos esplendores.

Hasta la llegada del Hubble no había sido posible contemplar detalles tan precisos como los que aparecen en esta imagen de la nebulosa Carina, en la que se aprecian densas nubes de polvo en cuyo interior se están formando nuevas estrellas. El telescopio utilizó seis filtros diferentes de color. La estructura contiene tanto regiones oscuras como filamentos brillantes de gases incandescentes. Todo ello está en rápido movimiento. La resolución facilitada por el Hubble permite distinguir con toda claridad el colapso gravitatorio de estas nubes de material primigenio de cuya condensacion y calentamiento surgirán nuevas estrellas. (Foto: NASA.)

A 7.100 años luz de la Tierra, la nebulosa NGC 7635, conocida como «la Burbuja», alberga en su interior una estrella 40 veces más masiva que el Sol y es responsable de un viento solar de 2.000 km por segundo (siete millones de km por hora). (Foto: NASA.)

Nuestro Sol, por ejemplo, es tal y como lo vemos en la actualidad desde hace unos 5.000 millones de años, y se ha calculado que seguirá así por lo menos durante 5.000 millones de años más. Otras estrellas mayores, sin embargo, se extinguirán mucho antes, ya que consumirán mucho más rápidamente sus reservas de combustible. Según los cálculos, una estrella que tenga tres veces la masa del Sol será cincuenta veces más luminosa que él y consumirá, por lo tanto, cincuenta veces más combustible. Es decir, que una estrella tres veces más masiva que el Sol consumirá todo su combustible en un tiempo equivalente a las 3/50 partes del que emplearía el Sol. Una estrella como Sirio, por ejemplo, situada en la zona superior del diagrama HR, no permanecerá ahí durante un periodo muy superior a los 100 millones de años. Las estrellas más pequeñas que el Sol, sin embargo, consumirán mucho más lentamente su alimento nuclear, sin alcanzar jamás temperaturas demasiado altas, y permanecerán en la secuencia principal durante mucho más tiempo que el Sol.

Ante la imposibilidad de ser testigos de la vida completa de una estrella, el diagrama HR permite, sin embargo, reconstruir esa vida a base de millones de «instantáneas» de muchas estrellas, de todas clases y captadas cada una en un punto diferente de su evolución. Es como si un insecto que solo viviera un día quisiera hacerse una idea de los tipos de ser humano que existen y de cómo son sus fases de desarrollo. Por mucho que observara directamente a los humanos, el insecto no percibiría cambio alguno a lo largo de toda su existencia, porque un solo día, para una persona, no es tiempo suficiente como para experimentar cambios aparentes. Pero nuestro insecto podría, si realmente tiene mucho empeño en conocernos, desarrollar su propio diagrama y colocar en él datos o representaciones de muchos seres humanos diferentes, desde tiernos bebés a ancianos venerables, desde esquimales a caucasianos y pigmeos. Así, terminaría por hacerse una idea bastante acertada de las diferentes formas de nuestra especie, y también de las fases por las que transcurre la vida de los hombres. Lo mismo hacen los astrónomos con las estrellas.

El Sol, como la mayor parte de las estrellas, se encuentra dentro de lo que los astrónomos llaman «secuencia principal».

La secuencia principal

La secuencia principal del diagrama HR es la fase de la evolución estelar en la que las estrellas queman hidrógeno. Las estrellas permanecen en ella casi toda su vida. Es el periodo más estable y duradero de la evolución estelar. Se mire a la región del universo que

A 200.000 años luz de distancia de nuestro Sistema solar, en la pequeña nube de Magallanes, se encuentran los cúmulos NGC 265 y NGC 290, dos densas agrupaciones que contienen miles de estrellas cada una. En ocasiones, esta clase de «reuniones estelares» están formadas por cientos de miles de miembros que, estrechamente unidas, forman uno de los espectáculos más fascinantes que pueden verse en el universo. Si la Tierra se encontrara en medio de uno de estos cúmulos estelares, el cielo nocturno de nuestro mundo sería un tapiz blanco y continuo de luz. (Foto: NASA/ESA.)

Se mire a la región del universo que se mire, las estrellas de la secuencia principal son siempre mayoría. En el extremo inferior derecho encontramos a las más frías entre todas las estrellas de esta franja, las enanas rojas. Sus temperaturas superficiales rondan los 3.500 grados; su diámetro, la tercera

parte del que tiene el Sol (que, como hemos visto, se considera la unidad de medida para el resto de las estrellas del universo); y su luminosidad es apenas una pequeña fracción de la que ostenta nuestra estrella particular.

Sin embargo, las enanas rojas son precisamente las más longevas de todas las estrellas «quemadoras de hidrógeno». Su vida, enormemente larga, se calcula en billones de trillones de años, mucho más que el Sol, al que los astrónomos auguran una existencia total de «solo» 10.000 millones de años. La razón de la extremada longevidad de las enanas rojas estriba en el ritmo, muy lento, al que consumen su combustible. Próxima Centauri, que como hemos visto es la estrella más cercana a nuestro Sistema solar, es una enana roja, lo mismo que las dos terceras partes de las cincuenta estrellas más próximas a nosotros. Los científicos creen que se trata del tipo de estrella más común del universo, aunque su escaso brillo las hace muy difíciles de detectar.

No ocurre lo mismo si nos desplazamos al extremo opuesto de la secuencia principal, a la zona superior izquierda del diagrama HR, donde reina un tipo de estrella por completo diferente. Es el territorio de las gigantes azules, grandes cuerpos con una masa veinte veces mayor que la del Sol y una temperatura en superficie que puede superar los 20.000 grados. Debido a la rapidez con la que queman sus reservas de combustible, la vida de una gigante azul está condenada a ser breve: apenas unas decenas (pocos centenares las que tengan más suerte) de millones de años. La muerte de la mayoría de ellas, además, será violenta. Muchas acabarán sus días en forma de supernova.

En el centro de la secuencia principal, lejos de cualquier extremismo, están las estrellas como el Sol, ni demasiado grandes ni demasiado pequeñas, ni demasiado brillantes ni casi apagadas, quemando sus reservas de hidrógeno a un ritmo constante, ni demasiado deprisa ni demasiado despacio, con una vida media de miles de millones de años, suficiente para que a su alrededor puedan evolucionar mundos como el que nosotros habitamos. Son esas las estrellas más interesantes para los astrónomos, ya que es allí donde hay más posibilidades de encontrar planetas habitables y, quién sabe, habitados.

En el centro de la galaxia elíptica M-87, un gigantesco agujero negro miles de veces más masivo que el Sol emite un enorme chorro de electrones. (Foto: NASA.)

Las estrellas como nuestro Sol comenzaron su existencia, como hemos visto, a partir de la unión de átomos de hidrógeno inicialmente dispersos en una nube de gas de enormes dimensiones. La gravedad, el «pegamento» universal que mantiene a la materia ordinaria en su sitio, fue juntando más y más átomos de hidrógeno en un espacio cada vez más reducido. Y los gases, al comprimirse, liberan energía en forma de calor. Se establece así una lucha titánica entre dos fuerzas colosales que pugnan por imponerse la una sobre la otra: por un lado, la gravedad, que intenta comprimir los átomos de hidrógeno y que se hace más y más fuerte cuantos más átomos hay; por otro, la radiación en forma de calor, que empuja en dirección contraria e intenta dispersar esos mismos átomos. La gravedad, cuyo carácter es acumulativo, suele vencer en esta primera fase de la formación estelar y va uniendo y comprimiendo cada vez más hidrógeno. A medida que el gas se comprime, sigue calentándose y su presión «de dentro afuera» aumenta, aunque no lo suficiente como para contrarrestar a la fuerza gravitatoria, que empuja «de fuera adentro».

Se enciende el horno nuclear

Hasta que sucede algo inesperado. En el corazón de la nube de hidrógeno, donde el calor es más intenso, la temperatura alcanza los diez millones de grados que es, como se ha dicho, la temperatura de fusión del hidrógeno. Comienza así un proceso miles de veces más energético que el anterior, la fusión nuclear.

El destino del Sol, dentro de cinco mil millones de años, es convertirse en una gigante roja que absorberá los tres primeros planetas del Sistema solar.

El corazón de la nube se enciende y se expande de repente, venciendo a las poderosas fuerzas gravitatorias. Se establece así un límite, un perímetro en el que ambas fuerzas se equilibran. Ha nacido una estrella. En el interior de esa frontera, el horno nuclear recién encendido impide que la gravedad siga comprimiendo la materia. Sin embargo, la batalla no ha hecho más que empezar. Fuera de ese límite, la fuerza más persistente de todo el universo aguarda, paciente, una nueva oportunidad.

Mientras la estrella siga quemando sus reservas de hidrógeno, seguirá brillando. Pero, aunque abundante, el hidrógeno que tiene a su disposición no es infinito y terminará por agotarse. El tiempo que tarde en quedarse sin combustible depende, esencialmente, de la velocidad a la que la estrella debe quemarlo para evitar su colapso. Y esa velocidad está directamente relacionada con su tamaño. Podemos decir, en principio, que cuanto mayor sea la estrella, más masa tendrá, y por lo tanto más cantidad de hidrógeno deberá quemar en su horno interior para evitar el aplastamiento gravitatorio. Por eso, cuanto más grande sea una estrella, menos tiempo vivirá y más inestable será su vida.

Cuando a una estrella del tamaño de nuestro Sol se le termina el hidrógeno, su horno se apaga. Y eso significa que se apaga también la única fuerza que se oponía a la gravedad, que ya no encuentra resistencia y puede, por lo tanto, seguir comprimiendo

Más de tres mil estrellas son visibles en esta imagen de la nebulosa de Orión, un auténtico «manual» en el que estudiarlas desde el momento mismo de su nacimiento. Jóvenes astros supermasivos aparecen en la zona superior, en contraste con la densa población de enanas marrones del fondo. (Foto: NASA.)

la estrella a sus anchas. Nada más apagarse el horno de fusión, el núcleo de la estrella se colapsa rápidamente sobre sí mismo. Pero al hacerlo, su temperatura vuelve a incrementarse, incluso muy por encima de los diez millones de grados anteriores, hasta alcanzar los cien millones de grados, justo el punto de fusión del elemento inmediatamente superior al hidrógeno en la tabla periódica: el helio.

Casualmente, durante la etapa en que la estrella que protagoniza esta historia estuvo quemando hidrógeno, también produjo grandes cantidades de helio, que es un desecho de la combustión nuclear del hidrógeno. Un átomo de helio es el resultado de la fusión de dos de hidrógeno y, como hemos visto, nuestra estrella ha estado fusionando átomos de hidrógeno durante miles de millones de años. Una vez agotado el hidrógeno, cuyos últimos restos se queman en las capas exteriores de la estrella, lo que queda es un núcleo de helio. Y cuando la temperatura alcanza el punto crítico, el horno nuclear se vuelve a poner en marcha.

Cuando la gravedad comprime el hidrógeno hasta que se calienta a diez millones de grados, se enciende el horno nuclear y nace una nueva estrella.

Hacia la edad del hierro

Al producir mucha más energía que la del hidrógeno, la combustión nuclear del helio proporciona nuevas fuerzas al núcleo estelar, que vuelve a «empujar» a la gravedad y a expandirse rápidamente. En este punto, la estrella ha entrado en otra fase de su vida. Se ha convertido en una gigante roja.

En el diagrama HR, la posición de esta clase de cuerpos ya no está en la secuencia principal, sino en la zona superior derecha del gráfico, donde las cosas suceden mucho más deprisa. Nuestra estrella, a pesar de tener una temperatura superficial (diferente a la que reina en su núcleo) más baja, emitirá mucha más cantidad de calor, ya que también se ha hecho más grande. Nuestro Sol pasará por esta fase dentro de otros 5.000 millones de años. Para entonces, su tamaño habrá aumentado hasta el punto de engullir Mercurio y Venus, convirtiendo a la Tierra en el primer planeta de este nuevo Sistema solar, muy cerca de su superficie y sometido a una temperatura suficiente como para carbonizarla. Si para entonces quedara algún rastro de civilización o de seres inteligentes sobre el planeta que vio nacer al hombre, este sería, sin duda, su final.

En esta galaxia (NGC 3370) situada a casi cien millones de años luz de nosotros, los astrónomos detectaron una supernova en 1994, quizá la mejor estudiada hasta el momento. (Foto: NASA.)

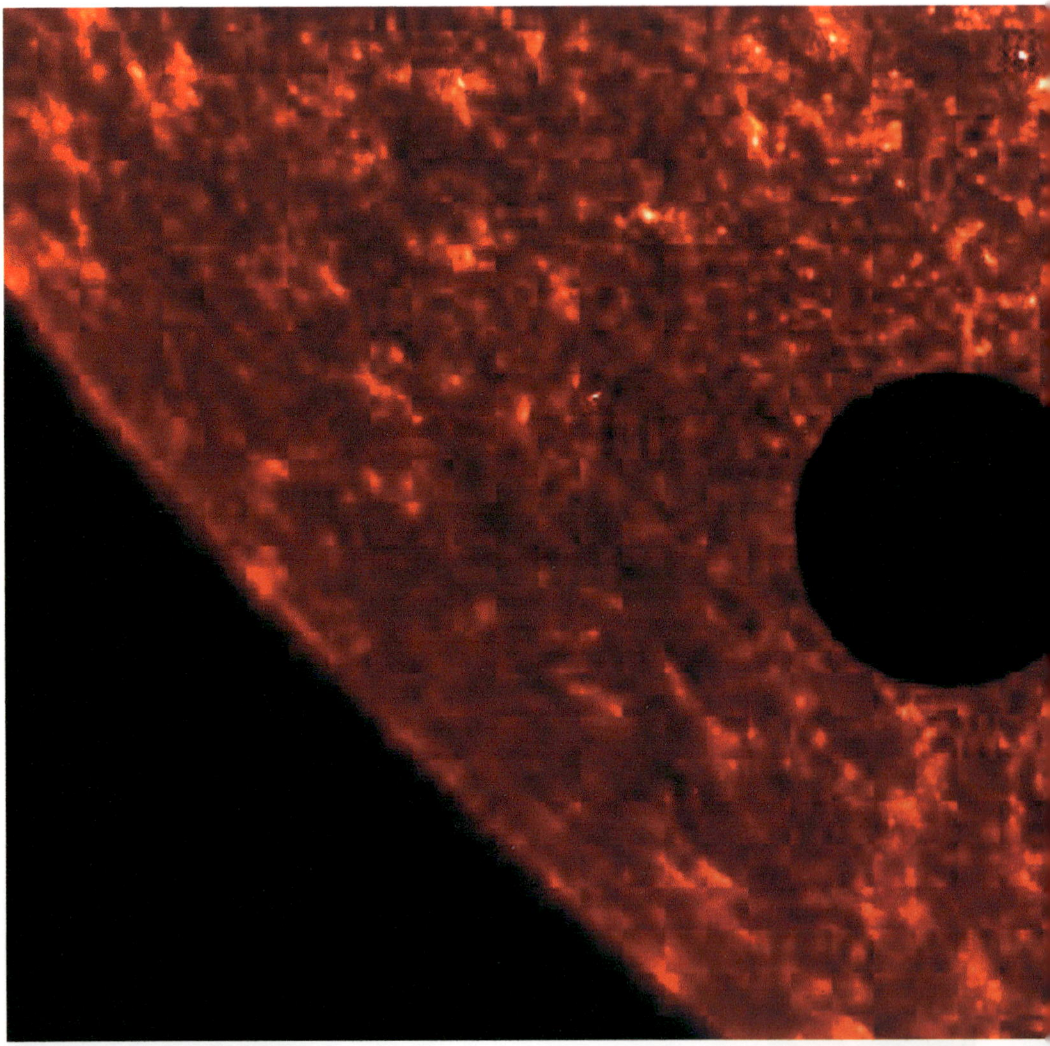

El satélite de exploración solar TRACE captó, el 8 de junio de 2004, al planeta Venus en una de las raras ocasiones en que su trayectoria se cruza entre la Tierra y el Sol. Durante todo el siglo XXI, este raro fenómeno astronómico solo volverá a producirse el 6 de junio de 2012. Después, habrá que armarse de paciencia y esperar más de cien años, hasta el 11 de diciembre de 2117, para que los instrumentos científicos del futuro vuelvan a tener la ocasión de fotografiarlo. (Foto: NASA.)

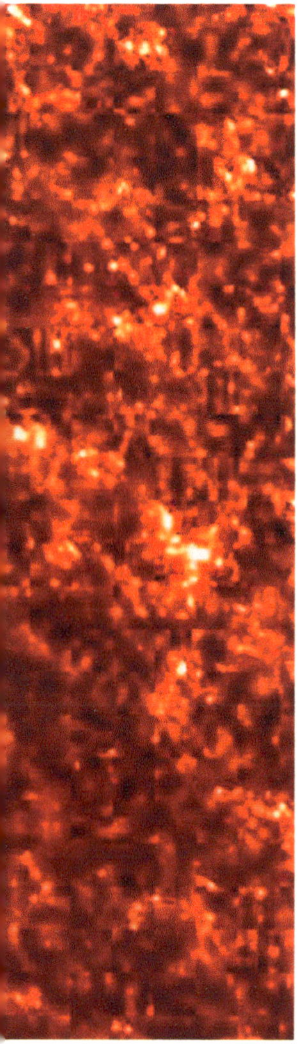

Tras esta dramática fase de expansión, el Sol comenzará de nuevo a contraerse, ya que la gravedad irá ganando lentamente terreno a medida que el núcleo de helio se vaya consumiendo. Las características de la fusión nuclear del helio lo hacen, además, mucho menos duradero que el hidrógeno de la etapa anterior. Este hecho, unido al mayor tamaño de la estrella (y a la consiguiente necesidad de quemar más cantidad de combustible), hará que las reservas de helio se agoten rápidamente, quizá en unos pocos centenares de millones de años. Nuestra estrella regresa, pues, a la secuencia principal, aunque en una posición diferente a la que ocupó en su juventud. Y por un tiempo muchísimo más breve.

El residuo de la combustión nuclear del helio es el litio, el tercer elemento de la tabla periódica, y su cantidad ha ido aumentando en el núcleo de nuestra estrella a medida que el helio se agotaba. Cuando esto sucede, el horno de la estrella vuelve a apagarse, la gravedad vuelve a comprimir el núcleo y a calentarlo cada vez más, hasta que el litio, a su vez, se enciende. Así, en una cadena de «encendidos y apagados» sucesivos y cada vez más rápidos, la estrella va generando en su núcleo elementos cada vez más pesados y difíciles de quemar. Dicho de otra manera, nuestra estrella se vuelve «variable», como las cefeidas que citamos en el capítulo anterior y que sirvieron a los astrónomos para medir las distancias entre galaxias. En este proceso, la lucha contra la gravedad adquiere tintes dramáticos, ya que en cada «ciclo» la resistencia que puede poner la estrella es cada vez menor.

Durante esta fase cíclica de contracciones y expansiones, las capas más externas de la estrella pueden incluso llegar a separarse de su cuerpo principal, formando a su alrededor algo parecido a enormes anillos de brillo difuso cuyas tonalidades varían según su composición. Los primeros astrónomos que vieron estos bellos objetos se refirieron a ellos como «nebulosas planetarias» y, a pesar de lo poco acertado de este nombre, es el que ha perdurado hasta la actualidad.

El fin de la energía

El límite de este proceso cíclico de combustión nuclear sobreviene cuando la estrella alcanza la llamada «fase del hierro», aunque solo llegan hasta aquí las estrellas que, en origen, tenían una masa varias veces superior a la del Sol.

Los astros más pequeños, sencillamente, no disponen de suficientes reservas de energía como para llegar a este punto, y su trayectoria se detiene mucho antes, como le sucederá a nuestra estrella, que terminará sus días convertida en una pequeña enana blanca. Elemento a elemento, pues, el horno nuclear de las estrellas muy masivas ha ido recorriendo

El astronauta F. Story Musgrave, anclado al transbordador «Endeavour», se dispone a efectuar tareas de mantenimiento en la primera misión de servicio al Telescopio Hubble, en 1993. (Foto: NASA.)

La estrella más brillante de nuestro cielo, Sirio A, aparece en esta imagen junto a su diminuta compañera, Sirio B, una pequeña enana blanca que se ve, como un simple punto, debajo de su enorme compañera, a la izquierda. (Foto: NASA.)

desde el principio (hidrógeno) y en riguroso orden (helio, litio, berilio, boro, carbono...) los diferentes elementos de la tabla periódica. Y dicho horno, aunque con dificultad creciente, ha podido seguir funcionando con materiales cada vez más pesados y generando energía suficiente para mantener a raya a la gravedad. Pero de la fusión del hierro ya no es posible extraer más energía.

Llegados a este punto, nuestra estrella estará compuesta por numerosas capas (tantas como los materiales que ha ido fabricando) que la envuelven como una cebolla. En el exterior, las capas con los elementos más ligeros. En el centro, un núcleo de hierro que ya no puede arder. Esta vez, lo que ocurre a continuación sí que es observable en nuestra escala temporal. De hecho, todo sucede en unos pocos minutos.

Sin una fuente de energía capaz de oponerse, ya nada puede detener a la gravedad que, literalmente, aplasta a la estrella, cuya masa se contrae muy rápidamente, hasta convertirse en una compacta mezcla de varios materiales, muy densa y caliente. Es lo que los astrónomos llaman una «enana blanca», un astro que, sin nuevos materiales de los que extraer energía, se va apagando lentamente, convirtiéndose con el paso del tiempo en una «enana amarilla», después marrón y, finalmente, negra.

De esta forma terminará sus días nuestro Sol y el resto de las estrellas semejantes a él. El tiempo necesario para que una enana blanca se apague es enormemente largo, incluso más que la edad total del universo desde su nacimiento hasta ahora. Por eso, porque aún no ha dado tiempo, es muy poco probable que alguna estrella haya llegado ya a la fase de «enana negra».

Otra perspectiva de la nebulosa del Águila, esta vez tomada desde el observatorio de Kitt Peak, en Arizona.

Muertes violentas

Sin embargo, no todas las estrellas se rinden tan fácilmente.

Puede suceder, por ejemplo, que durante su colapso la enana blanca consiga recoger un suplemento «extra» de materia de una estrella vecina (los sistemas binarios son muy comunes en el universo) y que dicha materia, principalmente hidrógeno (que es el material que hay normalmente en las capas externas de cualquier estrella, aunque en su núcleo se haya agotado) se vea sometida de pronto a fuerzas gravitatorias que la sobrecalientan en poco tiempo, incluso hasta llegar a su punto de fusión.

Cuando esto sucede, la energía liberada por esta reacción provoca un gran estallido de luz y una explosión que proyecta violentamente hacia el exterior parte de este ardiente envoltorio. Desde la Tierra, esta clase de estallidos se conocen como «novas». Puede suceder que, con el paso del tiempo, la materia expulsada vuelva a ser atraída por la estrella, repitiéndose de nuevo el fenómeno. Después de algunas de

estas explosiones repetidas, la estrella habrá terminado por expulsar al espacio una parte considerable de su masa, hasta llegar a convertirse en una enana blanca realmente pequeña, de tamaño comparable al de la Tierra o, incluso, al de la Luna.

Aunque ese no será el caso del Sol, ya que nuestra estrella no forma parte de un sistema binario y cuando se colapse no tendrá de dónde obtener la materia extra que necesita para convertirse en una nova. Nuestro Sol terminará sus días en soledad, y con el paso del tiempo irá transformándose en un gran bloque de materia fría y apagada, enormemente densa. Se habrá convertido, para siempre, en una enana negra.

La nebulosa del Cangrejo es lo que queda de la supernova que se detectó en China y Japón en el año 1054. (Foto: NASA.)

Supernovas

Las estrellas mucho más masivas que el Sol, sin embargo, se enfrentan a un destino bien diferente. Y especialmente cuando esa masa es, por lo menos, once veces superior a la del astro que ilumina la Tierra.

Otra supernova, Casiopea A, fue registrada hace ya 325 años por los astrónomos, pero hubo que esperar al telescopio espacial Spitzer para poder ver sus restos con toda claridad. (Foto: NASA.)

En esos casos, nada podrá evitar que ese final sea dramático, violento y espectacular. De hecho, en lugar de expulsar poco a poco su envoltorio exterior a través de «pequeñas» explosiones sucesivas, las estrellas de gran tamaño lo hacen de una sola vez y por medio de una única y gigantesca explosión que lanza de golpe al espacio la mayor parte de su materia. Se trata de uno de los fenómenos más violentos del universo: una supernova.

Cuando llega el momento final, en el núcleo de la estrella se produce una pérdida devastadora de energía. El resultado es catastrófico. El centro de la estrella se colapsa, no poco a poco, ni siquiera en el transcurso de varios años, sino de repente, en apenas unos pocos segundos. El núcleo, que ya era sumamente compacto, se desploma, literalmente, bajo su propio peso, generando una serie de poderosísimas ondas de choque que disipan la energía en forma de ingentes oleadas de neutrinos. En condiciones normales, una estrella cualquiera sería transparente a los neutrinos, partículas muy energéticas pero con masas cercanas a cero y que, por lo tanto, penetran en la materia como si esta no existiera.

Miles de millones de neutrinos procedentes del Sol atraviesan, por ejemplo, nuestro planeta (y a nosotros mismos) sin que siquiera nos demos cuenta de ello. Los neutrinos son tan livianos que pasan entre las partículas que forman los átomos igual que una nave pasaría entre los planetas del Sistema solar. Pero el núcleo de nuestra estrella agonizante es demasiado denso incluso para los neutrinos, que apenas si pueden viajar unos metros antes de ser absorbidos. Una simple cucharada de la densa sopa que es ahora el núcleo de la estrella pesaría millones de toneladas. Los átomos que la componen están tan apretados que apenas si queda algún espacio entre ellos.

Como consecuencia, una poderosísima marea de neutrinos transporta, metro a metro, la energía generada por la implosión de la estrella hasta sus capas externas, causando una explosión cataclísmica. La energía es tal que durante varios días la estrella que muere brilla con mayor intensidad, incluso, que la galaxia que la contiene. La materia exterior, expulsada al espacio con una violencia inusitada, forma una brillante nebulosa de gas ardiente y cuya luz es tan brillante que puede ser detectada fácilmente incluso desde otras galaxias. Si la estrella más cercana a nuestro Sistema solar se convirtiera en una supernova, su brillo en el cielo sería, a pesar de la distancia, superior al del propio Sol.

Cuando las estrellas tienen una masa superior a las once masas solares, nada en el universo puede evitar que se colapsen sobre sí mismas y se conviertan en supernovas.

Estrellas de neutrones

La producción masiva de neutrones es una de las consecuencias de la fase explosiva de la estrella. Y este hecho es, precisamente, el que da pie a la formación de materiales más pesados que el hierro que, como hemos visto, no existen durante la vida «normal» de las estrellas.

El proceso de captura de neutrones en estos momentos de gran violencia se conoce como «proceso r» y lleva a la formación de núcleos pesados, aunque excesivamente ricos en neutrones y, por lo tanto, muy inestables. Algunos de ellos, sin embargo, consiguen estabilizarse emitiendo electrones y transformando una parte de los neutrones en protones. De esta forma nacen los elementos con núcleos más masivos, incluidos los radiactivos y los más pesados que el uranio.

Quizá la más famosa de las supernovas detectadas por el ser humano fue la que observaron astrónomos chinos en el año 1054. Su intensidad fue tal que fue visible, durante varios meses, a pleno día. Se la llamó «estrella nueva» («nova» en latín), y sus restos han sido localizados por los astrónomos modernos en la constelación de Tauro, a unos 65 millones de años luz de distancia de nosotros. Con un telescopio (el Hubble ha proporcionado impresionantes imágenes) es posible ver, aún hoy, los restos de aquella supernova, que conocemos como la Nebulosa del Cangrejo, una brillante nube de restos estelares que aún se expanden a una velocidad de varios kilómetros por segundo.

Pero echemos un vistazo a lo que le sucede al núcleo de la estrella después de la explosión. Cabría esperar encontrar, en el centro de la nebulosa, un residuo extraordinariamente denso y compacto, mucho más que cuando comenzó el proceso de implosión, durante el que la densidad superaba ya el millón de toneladas por centímetro cúbico. Pero encontrar esta clase de objetos no es tarea fácil. Los primeros restos de una supernova fueron descubiertos de forma accidental en 1967, cuando un grupo de astrónomos de Cambridge, capitaneados por Anthony Hewish, trabajaba en la puesta a punto de un equipo de radio que fuera capaz de detectar oscilaciones producidas en radiofuentes lejanas.

Mientras probaba varias antenas, una de las estudiantes de su grupo, Jocelyne Bell, descubrió una señal diferente a todas las demás. Se trataba de una traza grabada en sus registros, una simple línea en un trozo de papel. Poca cosa, pero suficiente como para despertar su curiosidad y buscar esa misma traza en los registros de otros días. Y llegó la sorpresa. La señal se producía siempre en el mismo instante del día astronómico, que no dura lo mismo que un día terrestre, sino unos cuantos minutos (cuatro, para ser exactos) menos. La joven estudiante quedó muy sorprendida por el hecho de que cada una de esas señales estaba, además, formada por una secuencia regular de pulsos. Para Hewish, la explicación más plausible era que se encontraba frente a señales de radio de alguna clase, pero de origen humano. Señales artificiales y cuya pauta regular sugería tras ellas la inequívoca presencia de seres dotados de inteligencia.

Sin embargo, todos los contactos de Hewish con otros equipos de científicos dedicados a la radioastronomía no dieron resultado alguno. Nadie estaba emitiendo esa clase de señales. La otra posibilidad, en la que casi ni se atrevía a pensar, era que la señorita Bell hubiese detectado el primer mensaje radio procedente de una civilización extraterrestre. Tras el estupor inicial, Hewish optó, muy acertadamente, por no hacer ningún anuncio que pudiera comprometerlo. Y siguió investigando, hasta encontrar otra fuente pulsante de simila-

El brillo de una supernova es tal que consigue eclipsar al de todas las estrellas que tiene a su alrededor.

Cúmulos de jóvenes estrellas como el de la imagen, que corresponde a la Gran Nube de Magallanes, no existen en nuestra propia galaxia, la Vía Láctea. (Foto: NASA.)

res características, solo que procedente de otra región del universo muy alejada de la primera. Era lo que necesitaba para demostrar el origen estelar de las señales. Habría sido mucha casualidad que dos civilizaciones extraterrestres estuvieran transmitiendo el mismo tipo de señal al mismo tiempo y desde dos zonas del espacio tan distantes entre sí...

En febrero de 1967 Hewish anunció su descubrimiento y dio lugar a un enigma que no pudo ser resuelto del todo hasta varias décadas más tarde. La pista sobre el origen de las señales de Hewish, sin embargo, la dio poco después de su anuncio otro astrónomo, Thomas Gold, que propuso el modelo de una estrella muy densa y compacta con un potente campo magnético en su interior. La estrella giraría rápida-

mente y, al hacerlo, arrastraría en su giro al campo magnético. Al girar, la estrella emitiría un haz que se convertiría en un pulso de radio al interactuar con una nube de plasma cercana. Esos objetos extraordinarios se conocen hoy con el nombre de púlsares. Sabemos que para que un pulsar «funcione» en su centro debe haber una estrella muy densa y pequeña, y con la gravedad suficiente para impedir que la materia de su superficie salga disparada durante su rápida rotación, que puede producirse varias veces por segundo.

Los cálculos demuestran que una estrella de estas características tiene apenas unos pocos kilómetros de diámetro, pero con una masa equivalente a la del Sol. La gravedad de un objeto así sería tan grande que si se acercara a la Tierra, a

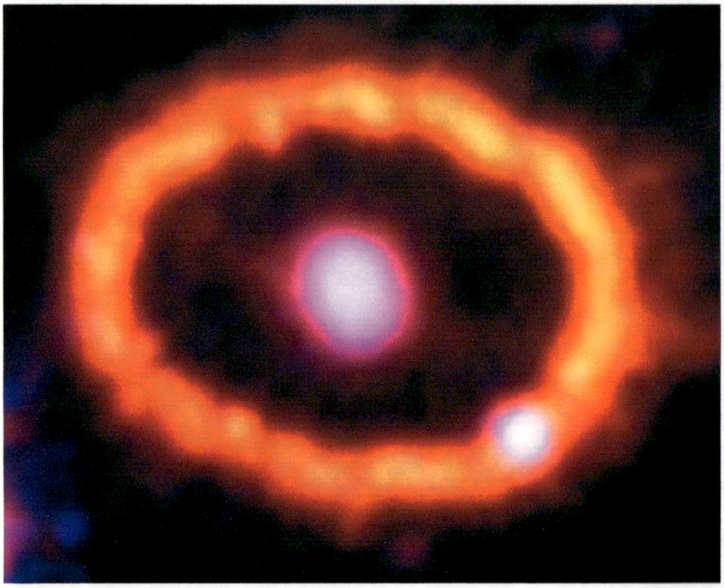

También en la Gran Nube de Magallanes, galaxia satélite de nuestra Vía Láctea, se detectó una supernova en 1987. En la imagen, los restos de la explosión. (Foto: NASA.)

pesar de ser mucho más pequeña que ella (no mayor que el diámetro de una ciudad como Londres o París), la engulliría en pocos instantes y la comprimiría de tal forma que nuestro planeta entero quedaría reducido a una fina capa de poco más de un centímetro de espesor pegada a la superficie de la diminuta estrella. En tales condiciones, tampoco los átomos que componen la estrella serían capaces de aguantar el grado de aplastamiento al que están sometidos y se quebrarían, transformándose en neutrones. Esa estrella sería, por lo tanto, parecida a un gigantesco núcleo atómico que estuviera formado solo por neutrones: una estrella de neutrones.

Los límites de la materia

Para comprender este proceso, ayudará saber que los átomos, como se sabe desde las primeras décadas del siglo XX, son estructuras fundamentalmente hechas de vacío.

La materia que contienen, en forma de un núcleo central de protones y neutrones rodeado de una nube de electrones, resulta insignificante si se compara con las dimensiones globales de un átomo completo. Un núcleo atómico es, en efecto, unas cien mil veces más pequeño que la totalidad del átomo del que forma parte. Si imaginamos un átomo del tamaño de una plaza de toros, su núcleo podría compararse, en tamaño, a una naranja en el centro del albero; y sus electrones, a una simple lenteja que diera vueltas alrededor de la plaza recorriendo la barrera.

Dadas estas proporciones, resultaba hasta cierto punto razonable suponer que los átomos del interior de estrellas muy pequeñas y masivas, sujetos a presiones enormes, pudieran ser literalmente aplastados hasta el punto de que se redujeran sensiblemente los espacios entre los núcleos centrales y los electrones de la periferia. La materia que se somete a estas durísimas condiciones recibe el calificativo de «degenerada», y el proceso en sí se conoce como el de «degeneración de la materia». Sin embargo, y por mucho que la gravedad degenere la materia y la aplaste, la cantidad de «degeneración» a la que pueden someterse protones, neutrones y electrones tiene un límite, según demostró en 1925 el físico austriaco Wolfang Pauli con su conocido «principio de exclusión».

Dos partículas (por ejemplo electrones) no pueden ocupar simultáneamente el mismo estado cuántico y sus distancias deben ser superiores a unos límites que la física no permite cruzar. Esto es así debido a la existencia de una fuerza, conocida como la «energía de Fermi», que obliga a los electrones a ocupar exactamente los «estados de energía» que les corresponden, y no otros. Así, en cualquier sistema que posea varios electrones, estos ocuparán niveles de energía cada vez mayores a medida que los niveles inferiores se vayan llenando. Si un electrón fuera expulsado como consecuencia de una fuerza externa, jamás pasaría a compartir posición con otro electrón. Su espacio vacío, por el contrario, sí que sería ocupado por el electrón del nivel inmediatamente superior al suyo.

Fue un científico indio, Subrahmanyan Chandrasekhar, quien se dio cuenta en la década de los treinta de que basta con que los restos de una supernova tengan una masa equivalente o inferior a 1,4 veces la del Sol para que ese colapso gravitatorio nunca llegue a producirse, ya que es impedido por la energía de Fermi. En estos casos, la presión gravitatoria comprimiría la materia del núcleo estelar, pero no hasta el punto de violar el principio de exclusión de Pauli, por lo que la estrella terminaría por alcanzar una situación de equilibrio. Es el caso de las enanas blancas. Los núcleos de sus átomos estarían, sí, más próximos entre ellos de lo que es normal, pero nunca llegarían a tocarse directamente.

Sin embargo, si la masa de la estrella que se está colapsando superara el límite de Chandrasekhar, entonces no habría fuerza capaz de resistir a la presión gravitatoria, y los electrones, cuya carga eléctrica es negativa, acabarían incrustándose «contra natura» en los protones del núcleo (que tienen

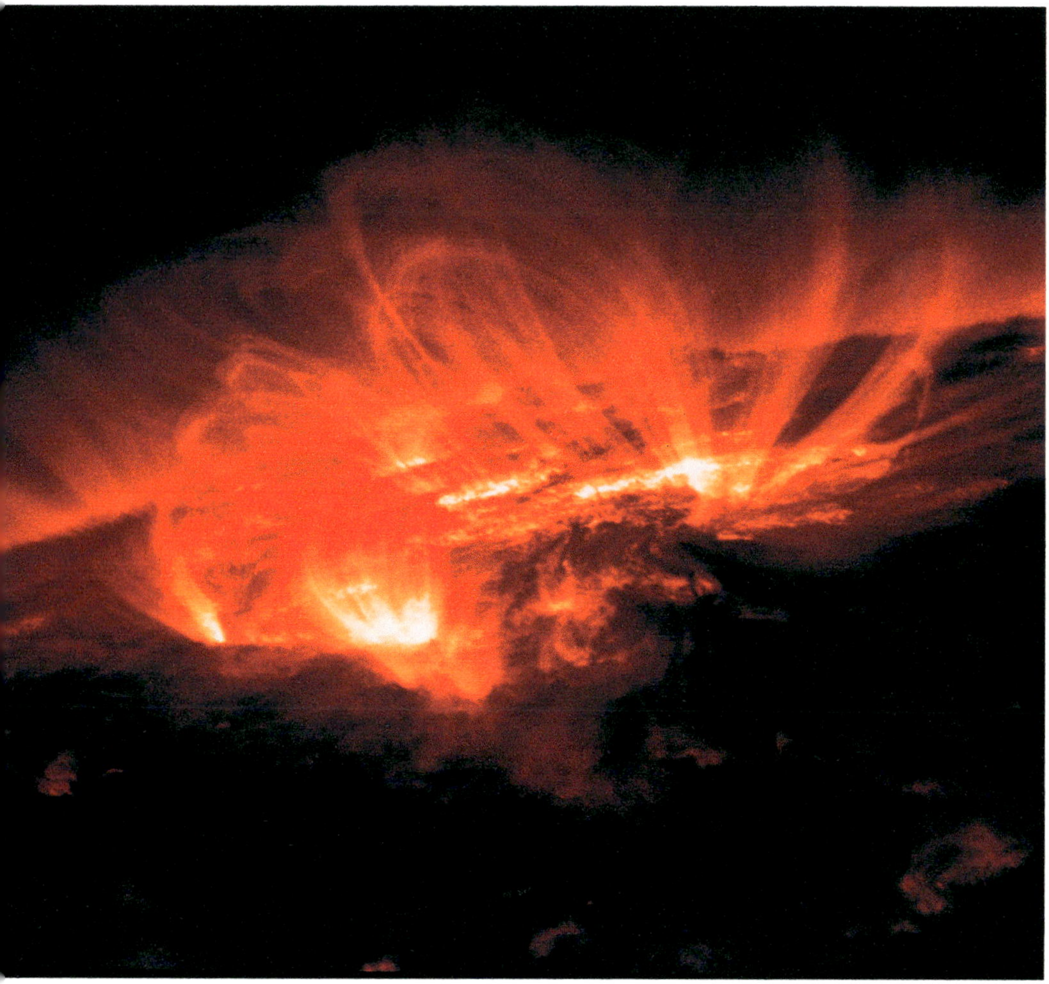

El satélite de observación solar TRACE fotografió, en abril de 1998, la superficie del Sol.

cargas positivas), dando como resultado partículas eléctricamente neutras, neutrones, que se sumarían así a los que ya existen de forma natural en todo núcleo atómico. Los neutrones se aplastarían unos contra otros, dando lugar a cuerpos de extraordinaria densidad como el detectado en agosto de 1967 por Joceline Bell.

Pero una estrella de neutrones no es más que el residuo de la explosión de un cuerpo celeste de dimensiones mucho mayores y que terminó sus días en forma de supernova. La estrella original, entonces, la que sufrió la explosión, tenía que ser lo suficientemente grande como para que, a pesar de la enorme pérdida de materia sufrida durante su fase explosiva, sus residuos aún superaran en casi una vez y media la masa del Sol. Y esa clase de gigantes no es algo que se vea todos los días, aunque el número global de estrellas en el cielo es tan alto que bastaría con que una de cada mil tuviera esas características para que, solo en nuestra galaxia, pudieran verse millones de supernovas. Muy pronto, a ese primer hallazgo de 1967 siguieron otros. Las estrellas de neutrones se habían convertido en realidad.

La presión a la que la gravedad puede someter la materia no tiene límite. Cuanto más masiva sea una estrella en su origen, más fuerte será su gravedad y mayor será el aplastamiento que sufra. Solo el horno nuclear de su centro puede resistir temporalmente. Después, la fuerza de la gravedad se impondrá definitivamente y será la responsable de la muerte de la estrella, en varias formas distintas que dependen casi por completo de su cantidad de masa inicial.

Agujeros negros

La magnitud de las catástrofes necesarias para que una estrella que ha brillado durante muchos millones de años se convierta en una masa casi apagada, oscura, pequeña e increíblemente densa como es una estrella de neutrones, no es, en absoluto, garantia de que las cosas no puedan empeorar.

De hecho, también las estrellas de neutrones sufren de lo que podríamos llamar «problemas de equilibrio». Una vez más, ello depende de cuál sea la masa de la estrella despues de convertirse en supernova. Como hemos visto, si esta se encuentra por debajo del límite calculado por Chandrasekhar (1,4 masas solares), su destino final será el de convertirse en una

Existen varias formas de que una estrella termine sus días. Como una enana blanca, un pequeño rescoldo muy masivo que se irá apagando lentamente durante decenas de miles de millones de años; como una estrella de neutrones, aún más densa y masiva, con sus átomos aplastados uno contra otro y sin espacio entre ellos; como supernova, reacción última que se produce en estrellas muy masivas; o como agujero negro, victoria absoluta de la gravedad sobre la materia.

enana blanca que se irá apagando lentamente en el tiempo. Si, por el contrario, la masa de la estrella está entre 1,4 y 3,2 masas solares, entonces nada puede evitar que la gravedad la comprima hasta convertirla en una estrella de neutrones.

Pero vayamos más allá. Imaginemos ahora que nos acercamos hasta la Nebulosa del Cangrejo. En su centro, como sabemos, hay una estrella de neutrones tan densa que, en unos pocos kilómetros, reúne una masa equivalente a la del Sol. Son los restos de la supernova que registraron los astrónomos chinos en el año 1054. Supongamos también que estamos en condiciones de ir añadiendo más y más neutrones a esa estrella. Es decir, que seguimos incrementando su masa. Si pudiéramos llevar a cabo este experimento, veríamos que, una vez más, el diámetro de la estrella vuelve a encogerse.

De hecho, cuanta más materia añadamos, más y más pequeña se hará nuestra ya muy comprimida estrella neutrónica. Y esto es así porque, como ya sabemos, un aumento de masa conlleva inevitablemente el aumento de la fuerza de la gravedad, ya enormemente alta en una estrella de estas características. ¿Pero hasta dónde puede aplastar la gravedad a la materia? En una estrella de neutrones, las partículas están prácticamente en contacto las unas con las otras. ¿Qué más puede hacerles la gravedad? Lo sabremos si seguimos aportando materia hasta que nuestra estrella alcance, digamos, las tres masas solares. En ese momento, el proceso de contracción se acelerará hasta tal punto que un observador no podría percibirlo a simple vista. Sencillamente, la estrella desaparecería, como tragada por un sumidero, en cuestión de apenas unas décimas de segundo.

Toda la materia de la estrella quedaría así comprimida en un cuerpo muy pequeño y de incalculable densidad. A su alrededor, la fuerza de la gravedad seguiría siendo tan intensa que ni siquiera la luz, a pesar de su enorme velocidad, conseguiría escapar de su atracción. Los rayos luminosos que

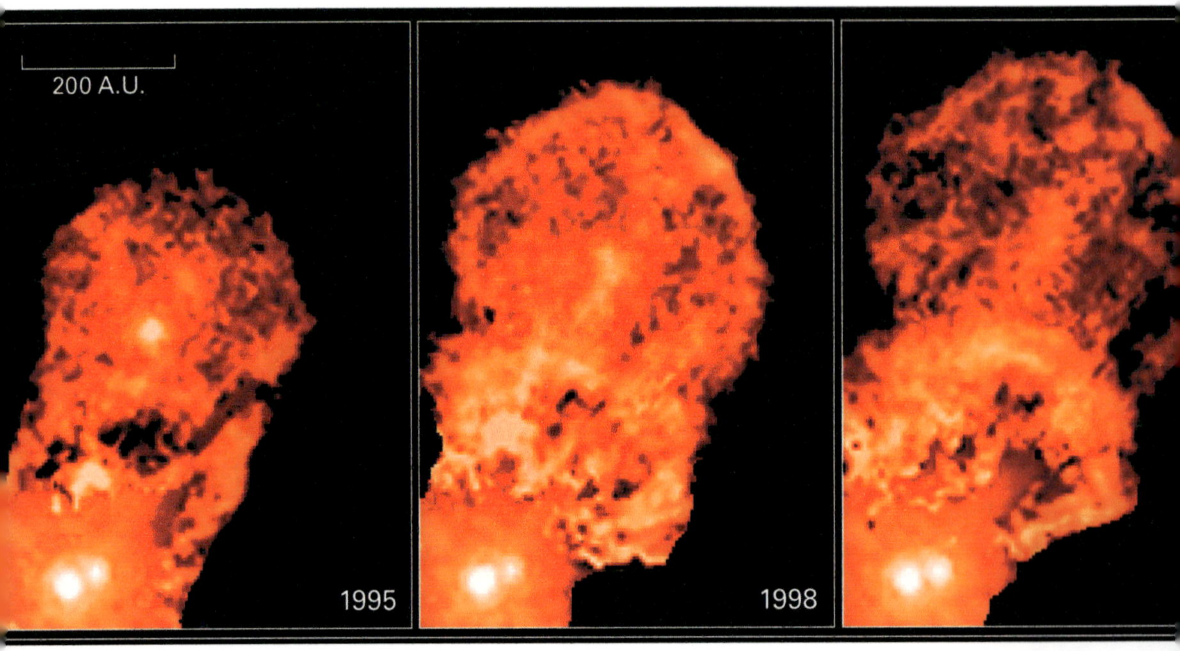

Evolución de burbujas de gas incandescente emitidas por el joven sistema binario de estrellas XZ Tauri. (Foto: NASA.)

intentaran salir de la estrella se curvarían y sus trayectorias, como las de un cohete que de pronto se quedara sin energía, los precipitaría de nuevo hacia su centro. La luz volvería a caer sobre la estrella como lo hacen las piedras que lanzamos al aire aquí, en la Tierra. Un cuerpo así ya ni siquiera merece el nombre de estrella. Se ha formado lo que los científicos conocen como agujero negro.

Ya en el año 1939, el físico norteamericano J. Robert Oppenheimer, el mismo que es considerado como el «padre» de la bomba atómica, calculó que un cuerpo con más de tres masas solares podría colapsarse sobre sí mismo sin que nada pudiera impedirlo, incluso hasta reducirse a cero. En este escenario, es posible imaginar que el colapso de la estrella vaya incluso más allá del estado de estrella de neutrones. La presión ejercida por la gravedad podría, de hecho, doblegar incluso la energía nuclear y pulverizar, literalmente, a los neutrones que forman la estrella. De esta manera, se formaría un cuerpo extremadamente denso y capaz de generar un campo gravitatorio del que absolutamente nada pudiera escapar.

Detengámonos un momento en este punto y analicemos con más detalle lo que esto significa. Para que un objeto pueda abandonar un cuerpo al que esté ligado gravitatoriamente, es necesario que posea una velocidad inicial superior a la llamada «velocidad de escape» de ese cuerpo. Volvamos a la imagen de una persona lanzando una piedra al aire: la piedra se eleva deprisa al principio, pero su ascensión se va haciendo cada vez más lenta, hasta que se detiene y empieza, de nuevo, a caer. La fuerza de la gravedad ha vencido. Si tiramos la piedra más fuerte, lograremos que suba un poco más alto antes de que vuelva al suelo, pero no evitaremos que caiga.

Sin embargo, no resulta imposible conseguir que la piedra siga subiendo, cruce la atmósfera y se pierda en el espacio. Para conseguirlo, solo hay que lanzarla al aire con la fuerza suficiente como para que alcance una velocidad igual o superior a 11,2 kilómetros por segundo. Esa es la velocidad que deben alcanzar los cohetes si pretenden abandonar nuestro planeta. Si fueran solo un poco más lentos, volverían a caer, igual que cae la piedra; 11,2 kilómetros por segundo es la velocidad de escape de la Tierra o, lo que es lo mismo, la velocidad a la que debe viajar un objeto que esté en la Tierra para vencer la atracción gravitatoria que sobre él ejerce nuestro mundo.

Cada planeta, cada estrella, tiene su propia velocidad de escape, y esa velocidad depende directamente de cuál sea su masa. La Luna, con una sexta parte de la masa terrestre, tiene una velocidad de escape mucho menor, de apenas 2,4 kilómetros por segundo, lo cual explica, entre otras cosas, los grandes saltos que allí pueden dar los astronautas, imposibles de conseguir aquí. La velocidad de escape de Marte es de 5,04 kilómetros por segundo, dato que será de enorme utilidad cuando queramos que una nave con colonos humanos despegue de allí para regresar a la Tierra. En todo el Sistema solar, la mayor velocidad de escape corresponde, naturalmente, al mayor de los planetas, Júpiter, donde alcanza los 59,5 kilómetros por segundo. Nada, si se compara a los 617,7 kilómetros por segundo que se necesitarían para escapar del Sol.

Fijémonos ahora en los objetos más veloces de todo el universo, los rayos de luz, que tienen establecido su récord en 300.000 kilómetros por segundo. Que sepamos, esa es la máxima velocidad a la que es posible desplazarse en el espacio. Imaginemos, ahora, un cuerpo tan denso y masivo que su velocidad de escape fuera superior a los 300.000 kilómetros por segundo. Nada, ni siquiera la luz, podría huir de su atracción gravitatoria. Esa clase de cuerpos existe. Son los agujeros negros.

Ya a finales del siglo XVIII, el matemático francés Pierre Simon Laplace imaginó la existencia de estrellas enormes, tan grandes que habrían sido capaces de atraer hacia sí cualquier cosa, incluida la luz. Laplace calculó que una estrella que tuviera la misma densidad que el Sol, pero con un radio quinientas veces mayor (y por lo tanto un volumen cien millones de veces superior), generaría en su superficie una fuerza gravitatoria de tal magnitud que ni siquiera la luz sería capaz de vencer. Laplace realizó estos cálculos llevando a sus extremas consecuencias la teoría de la gravitación universal recientemente formulada por Isaac Newton. En aquellos momentos, se pensaba que la luz tenía una estructura corpuscular, y no ondulatoria, como se postuló después. Cuando prevaleció esta última visión, el propio Laplace descartó su genial intuición, ya que estaba convencido de que una onda no es un objeto material y, por tanto, no está sometida a las fuerzas gravitatorias.

En la actualidad sabemos que la clase de estrellas imaginadas por Laplace no pueden existir, ya que se colapsarían sin remedio bajo su propio peso. Sin embargo, las posibilida-

Los gases expulsados por la gigante roja V838 Monocerotis, normalmente oscuros, empezaron a brillar a principios de 2002, en lo que los astrónomos llaman «ecos de luz». Tras varias semanas, todo volvió a la normalidad. (Foto: NASA.)

des de que existieran objetos tan masivos que ni siquiera la luz pudiera escapar de ellos se mantuvieron intactas. Solo había que encontrar cuerpos celestes mucho más pequeños que los propuestos por el matemático francés. Pequeños, pero muy pesados. Por otra parte, nuestra idea sobre la luz, que después de Newton siguió siendo considerada como una onda durante largo tiempo, cambió radicalmente con la llegada de la mecánica cuántica a principios del siglo XX. Hoy sabemos que la luz viaja en pequeños paquetes o «cuantos», los fotones, que solo tienen energía (y por lo tanto, masa) cuando se mueven.

La gran búsqueda

El término «agujero negro» fue acuñado en el año 1967 por el físico norteamericano J. Archibald Wheeler, en uno de esos golpes de genialidad idiomática que, en ocasiones, consiguen popularizar los conceptos más complicados a través de una evocadora imagen, sencilla y al alcance de todo el mundo.

Desde luego, la idea de que existan «agujeros negros» en el espacio, invisibles para todos y al acecho de planetas y estrellas para devorarlos, es, sin duda, una imagen que llama la atención. Wheeler buscaba una definición más asequible para el concepto de «objeto masivo colapsado por efecto de la gravedad». Y la encontró. En realidad, no existe ningún «agujero» en el centro de un agujero negro, sino un objeto pequeño, de enorme masa y densidad, derivado del colapso gravitatorio y la contracción de un cuerpo celeste mucho mayor. Wheeler, sin embargo, jugó, al idear su expresión, con la visión einsteiniana del espacio, que se representa siempre con la imagen de una retícula deformada por los objetos que hay sobre ella.

Para Einstein, en efecto, el espacio es un todo continuo que sufre deformaciones en presencia de la materia, igual que lo haría una sábana tensa y sobre la que se fueran colocando esferas de diferentes tamaños. La materia, podríamos decir, deforma la sábana, llenándola de depresiones y valles justo en los puntos en que se encuentran las esferas. Por las pendientes ruedan las esferas más ligeras, alrededor de los cuerpos más grandes, que parecen atraerlas hacia sí. Si una de esas esferas fuera lo suficientemente pesada, podría incluso llegar a romper la sábana, desapareciendo de su superficie a través de un (esta vez auténtico) agujero. Después, cualquier otra esfera que pasara por las cercanías rodaría sin remedio hacia ese agujero y también desaparecería a través de él. Y eso es exactamente lo que, para Einstein, sucedería con los objetos en el espacio. Los planetas y las estrellas provocarían, según su masa, depresiones y valles de diversos tamaños en el tejido espaciotemporal, hundimientos capaces de capturar objetos más pequeños y obligarles a dar vueltas a su alrededor. Un objeto lo suficientemente masivo podría provocar una «rotura» en el espacio tiempo, esto es, el «agujero» de Wheeler. Un agujero que sería «negro», evidentemente, porque ni siquiera las radiaciones electromagnéticas, como la luz, conseguirían escapar de él.

En concreto, para que una estrella se convierta en un agujero negro debe tener, en su origen, muchas veces la masa del Sol. Tantas como para permitir que sus restos, después de explotar como supernovas, superen aún las 3,2 masas solares. Y basta con mirar a nuestro alrededor para comprobar que, sin ni siquiera tener que salir de nuestra galaxia, existen numerosas estrellas que son decenas de veces más pesadas que el Sol. Muchas de ellas acabarán sus días como supernovas y sus restos se convertirán en estrellas de neutrones, pero las que superen esa masa crítica acabarán dando lugar a un agujero negro. Lo cual lleva a los físicos a pensar que, aunque no podamos verlos, los agujeros negros son muy numerosos. Ahora bien, ¿cómo localizar algo que no puede verse en medio de la negrura del espacio?

Durante muchos años, los físicos se han enfrentado a esta cuestión. La observación directa mediante telescopios queda descartada, ya que los agujeros negros no emiten luz, ni tampoco cualquier otro tipo de radiación electromagnética que pueda ser detectada por algún instrumento desde la Tierra. Si nuestro Sol se convirtiera de pronto en un agujero negro (cosa que sabemos que no es posible), sencillamente «desaparecería» de nuestra vista. Sin embargo, su fuerza gravitatoria seguiría existiendo y los planetas, incluido el nuestro, continuarían en órbita alrededor de esta estrella invisible. Por eso, los científicos decidieron centrar su búsqueda de agujeros negros en los efectos que su poderoso campo gravitatorio puede producir en el entorno.

Esta decisión, en principio, no soluciona el problema, ya que, en general, las estrellas se encuentran a grandes distancias las unas de las otras y el campo gravitatorio de un agujero negro, aunque muy intenso, no lo es tanto como para influir de manera apreciable en estrellas que se encuentran a varios años luz de distancia... a no ser, claro, que se estudien los sistemas binarios, muy numerosos en el universo. Un gran número de estrellas dentro de nuestra propia galaxia tienen «compañeras» muy cercanas, hasta el punto de que ambas orbitan alrededor de un centro común de gravedad. Y entre una multitud de sistemas de este tipo, no debería ser raro encontrar alguna estrella que haya formado pareja con un agujero negro. En estos casos, la presencia de este último podría deducirse a partir de la perturbación gravitatoria ejercida sobre su compañera visible. Llamativo, pero aún no suficiente para demostrar que es un agujero negro, y no otra cosa, como una estrella de neutrones, lo que provoca tales perturbaciones.

Solo se conoce un centenar de galaxias como esta, NGC 4650 A. Se cree que son fruto de la colisión de dos galaxias y constan de un denso núcleo central de estrellas viejas y un anillo de estrellas más jóvenes. Fue seleccionada y fotografiada por el Hubble, tras obtener 8.000 votos en una consulta pública por Internet. (Foto: NASA.)

Sin embargo, en algunas ocasiones, las intensas fuerzas desatadas por el agujero negro podrían llegar a «romper» la superficie de la estrella visible, arrancándole materia. Esta materia caería sin remedio hacia el agujero negro, pero el propio movimiento orbital de la estrella haría que los gases «robados» se fueran disponiendo alrededor del ladrón, formando un disco cuyas regiones interiores, más cercanas al agujero, serían empujadas gradualmente hacia él, calentándose de forma violenta al hacerlo. Los cálculos de los astrónomos indican que la temperatura de esta materia sería lo suficientemente elevada como para emitir rayos X. Los astrónomos, pues, se dispusieron a estudiar con detalle cualquier fuente de rayos X que pudieran detectar. Especialmente las asociadas a sistemas binarios de estrellas. Debido a que los rayos X no son capaces de atravesar la atmósfera de la Tierra, los instrumentos para medirlos (telescopios de rayos X) tuvieron que ser instalados fuera de ella, a bordo de satélites en órbita. El procedimiento dio resultado y se han detectado ya numerosas fuentes de rayos X, de muchos tipos y con características muy variadas. Y entre ellas, algunas procedentes de sistemas binarios.

El más famoso de estos sistemas es el constituido por Cygnus X-1, un potente emisor de rayos X localizado en 1965. Está situado en la constelación del Cisne, a más de dos mil años luz de la Tierra. Cygnus X-1 tiene una enorme compañera, una supergigante azul llamada HDE 226868, más de treinta veces mayor que el Sol y con una temperatura superficial cercana a los 30.000 grados. La candidata ideal para que Cygnus X-1 le sustraiga grandes cantidades de materia. Se ha podido calcular que Cygnus X-1 tiene cerca de siete masas solares, demasiado grande para ser una estrella de neutrones, por lo que se cree que se trata del primer agujero negro detectado por el hombre.

En la actualidad, existen por lo menos otros diez sistemas binarios fuertemente sospechosos de albergar agujeros negros en su interior. El primero de ellos, A0620-00, fue descubierto en 1975 y la masa de su estrella más compacta, la que podría ser un agujero negro, es superior a las 3,5 masas solares. Sin embargo, el mejor candidato a agujero negro que existe hasta el momento es V404 Cygni, uno de cuyos miembros es una estrella compacta de, por lo menos, diez masas solares.

No son tan negros

En 1974 Stephen Hawking, el físico británico, sorprendió al mundo con el descubrimiento de que era posible, por lo menos en teoría, que los agujeros negros estuvieran perdiendo lentamente su masa.

Y lo harían en virtud de un proceso cuántico que predice la gradual evaporación de los agujeros negros, lo cual parece contradecir, a primera vista, la naturaleza misma de estos aún misteriosos objetos. ¿Cómo puede emitir energía un objeto del que ni siquiera los rayos de luz escapan? Según la física clásica, un agujero negro no puede emitir energía alguna, y sin embargo esa sería la única manera en que sería posible una disminución de su masa. Pero la mecánica cuántica permite otra posibilidad: en lugar se ser energía «normal» la que escapa del agujero, podría tratarse de energía «negativa» que entrara en el agujero negro e hiciera disminuir su masa. De esta forma, la radiación al exterior se produciría fuera del agujero negro, justo en el límite conocido como «horizonte de sucesos», a partir del cual ya no es posible regresar. Si así fuera, la radiación podría escapar al mundo exterior y quedar compensada al mismo tiempo por un flujo de energía negativa que iría restando masa al agujero negro de forma lenta, pero constante. La energía negativa existe, incluso, alrededor de los objetos ordinarios, como estrellas y planetas, aunque es extraordinariamente pequeña y sus efectos no resultan apreciables.

A medida que pasara el tiempo, la masa y el volumen de un agujero negro sometido a esta sangría continuada disminuiría sensiblemente, hasta llegar a un punto en que se consumiera completamente. De todas formas, el proceso sería increíblemente largo. Se ha calculado que un agujero negro que tuviera la masa del Sol tardaría 10 elevado a 66 años (un 1 seguido de 66 ceros) en desaparecer por completo. Sin embargo, un agujero negro mucho menor, incluso microscópico, podría evaporarse a una velocidad suficiente como para emitir una considerable cantidad de rayos X.

Algunos físicos, con Hawking a la cabeza, consideran probable que exista un gran número de «miniagujeros negros», es decir, agujeros negros con muy poca masa y cuyas dimensiones no superarían a las de un protón. Estos diminutos agujeros se habrían formado en el inicio de los tiempos, cuando las condiciones ambientales eran muy diferentes de las que podemos ver en la actualidad.

Los agujeros negros que se forman en el presente son grandes porque derivan de estrellas de gran masa. Pero los pequeños, que Hawking bautizó en su día como «agujeros de gusano», podrían ser el fruto del colapso gravitatorio de objetos mucho más pequeños, quizá planetas o asteroides, que hoy en día ya no encuentran las condiciones necesarias para comprimirse hasta el punto de tener densidades excepcionales. Esta clase de compresiones, sin embargo, sí habrían tenido lugar en el universo primitivo, recién salido del *big bang*. Hoy, 13.700 millones de años después, muchos de estos pequeños agujeros de gusano se habrían evaporado. Otros habrían explotado. Hawking realizó la demostración matemática de que un agujero negro se evapora en tiempos que se hacen más breves a medida que los agujeros son más pequeños. En los casos en que el agujero negro fuera de dimensiones nucleares, su evaporación se completaría a través de una explosión que liberaría una energía comparable a la de millones de bombas atómicas. Sin embargo, la existencia de estos agujeros microscópicos queda, por ahora, en el campo de las teorías aún por demostrar, ya que nadie ha conseguido encontrar uno.

Además de los enormes agujeros negros del centro de las galaxias, teóricos como Stephen Hawking creen posible la existencia de otros mucho más pequeños, incluso microscópicos, llamados «agujeros de gusano».

Pero existen otros lugares donde mirar, y en ellos los astrónomos sí que han encontrado evidencias de la existencia de otra clase de agujeros negros, justo en el extremo opuesto de la escala de tamaños. No se trata, esta vez, de objetos microscópicos, ni de otros con masas comparables a planetas o estrellas, sino de cuerpos monstruosos, millones de veces más masivos que el Sol. En el núcleo central de muchas galaxias anidan descomunales colosos espaciales que atraen con una fuerza impensable todo lo que hay alrededor. Gigantes oscuros capaces de tragar miles de estrellas y que siguen creciendo. Su existencia, una vez más, debe ser deducida por los efectos gravitatorios que provocan en sus alrededores. Efectos, en estos casos, tremendamente catastróficos.

Por el momento, las mayores evidencias de que estos agujeros supermasivos existen realmente proceden del centro de la Vía Láctea, nuestra propia galaxia. Observaciones en las bandas del infrarrojo, radio y rayos X (tres maneras diferentes de mirar el universo y de ver a través de la densa y oscura nube de polvo que revelan los instrumentos ópticos) demuestran, sin lugar a dudas, que en el centro de nuestra galaxia existe una enorme y compacta fuente de radiación que no procede de estrella alguna, aunque está rodeada de grandes cúmulos de estrellas. Midiendo los movimientos de estos enjambres estelares alrededor del gran objeto central, se ha podido determinar que su masa equivale a más de cuatro millones de masas solares. Decenas de galaxias cercanas han sido analizadas durante los últimos años y han arrojado evidencias de que también sus centros albergan agujeros negros supermasivos, millones de veces mayores que el Sol y alimentados por miles de estrellas cercanas que contribuyen con sus masas a hacerlos cada vez más grandes. A pesar de los avances, sin embargo, sigue siendo mucho más lo que ignoramos que lo que sabemos sobre estos gigantes, especialmente sobre si jugaron, o no, algún papel en la formación de las galaxias y, por lo tanto, en la actual estructura del universo en que vivimos.

La formación de las estrellas. Diagrama HR

LAS ESTRELLAS

Formación de una estrella

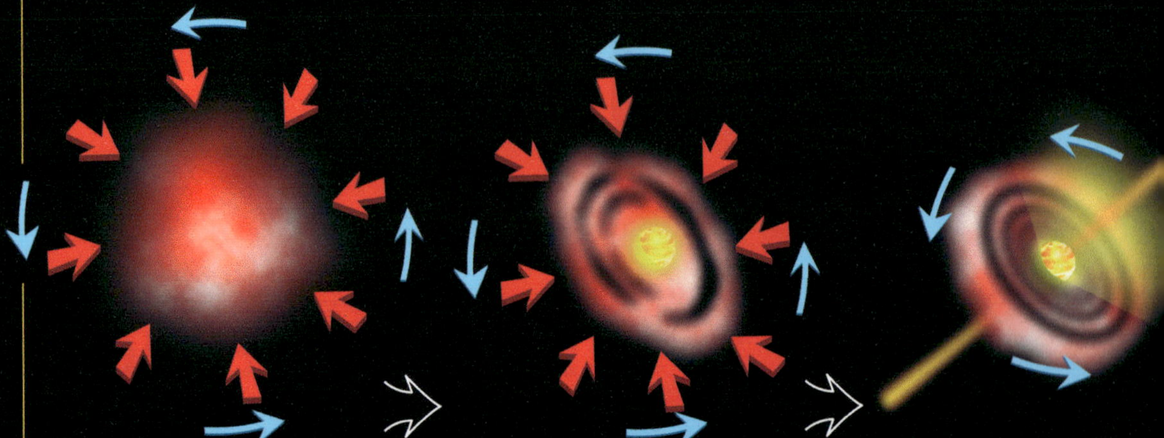

El hidrógeno comienza a acumularse a causa de la gravedad. Se forman nubes cada vez más densas.
A medida que la masa crece, la fuerza gravitatoria aumenta.

Después de millones de años los átomos de hidrógeno son una multitud que puede extenderse a lo largo de millones de kilómetros. En el centro de la nube, la densidad y la temperatura aumentan.

Cuando la temperatura alcanza los millones de grados, los átomos de hidrógeno entran en combustión n y la estrella empieza a brillar. Y así mientras le quede hidrógeno por q

El sol

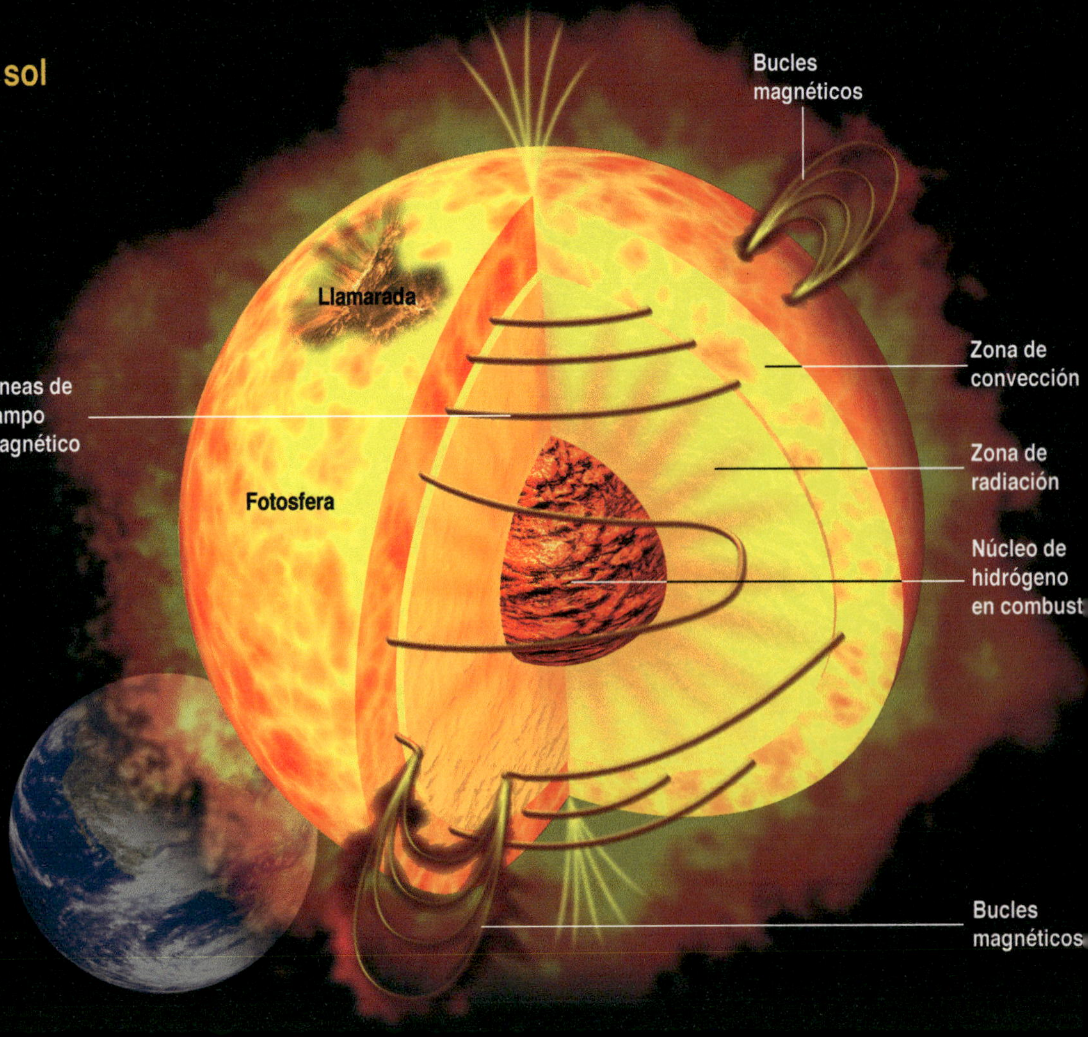

Diagrama HR

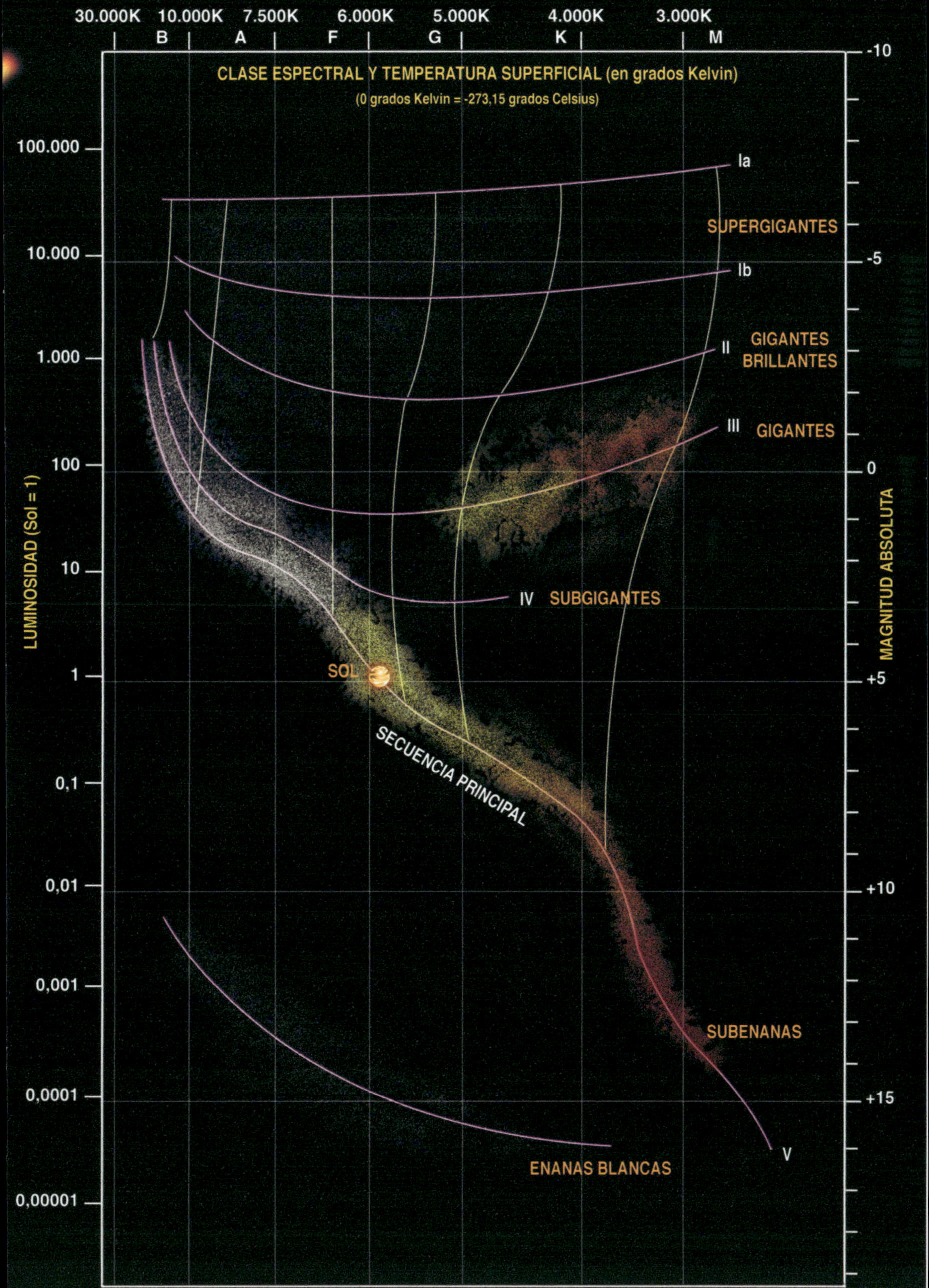
30.000K
10.000K
7.500K
6.000K
5.000K
4.000K
3.000K
B
A
F
G
K
M
CLASE ESPECTRAL Y TEMPERATURA SUPERFICIAL (en grados Kelvin)
(0 grados Kelvin = -273,15 grados Celsius)
100.000
10.000
1.000
100
10
1
0,1
0,01
0,001
0,0001
0,00001
LUMINOSIDAD (Sol = 1)
-10
-5
0
+5
+10
+15
MAGNITUD ABSOLUTA
Ia
SUPERGIGANTES
Ib
II
GIGANTES BRILLANTES
III
GIGANTES
IV
SUBGIGANTES
SOL
SECUENCIA PRINCIPAL
SUBENANAS
V
ENANAS BLANCAS

Capítulo 3

La Tierra

Algunos hombres observan el mundo y se preguntan ¿por qué?. Otros observan el mundo y se preguntan ¿por qué no?

George Bernard Shaw

Dentro del Sistema solar, nuestra propia casa, las cosas no están mucho mejor que en el espacio exterior en cuanto a nuestra capacidad para responder preguntas.

Existen, por ejemplo, varias teorías pugnando por explicar el origen de la Tierra y de los demás planetas que la acompañan en su órbita alrededor del Sol.

Y a pesar de que, como suele suceder en muchas disciplinas, hay una idea claramente mayoritaria, tampoco se pueden descartar totalmente otras propuestas que en la actualidad gozan de menos aceptación.

En este caso, una vez más, lo que hoy creemos saber con firmeza puede convertirse en aire mañana mismo, a la luz del último descubrimiento.

En realidad, resulta lógico que un modelo basado en la observación de un único caso (nuestro propio mundo) dé como resultado una teoría, cuando menos, frágil. Habrá que esperar a tener más ejemplos para que los astrónomos puedan compararlos con nosotros y obtener conclusiones. La comparación es, de hecho, la base misma del método científico.

Planetas extrasolares

Es una de las últimas revoluciones de la astronomía y, a la vez, la realización de un sueño que hasta hace poco más de una década parecía inalcanzable.

Una vez más, es la tecnología que se halla a disposición de los estudiosos del cielo (junto a enormes dosis de imaginación e ingenio) la que está consiguiendo convertir en realidad lo aparentemente imposible. Hoy, en efecto, hemos conseguido «ver» lo que sucede alrededor de otros soles, estudiar decenas de sistemas planetarios en plena formación y observar cientos de mundos individuales alrededor de estrellas lejanas. Desde el año 1993, unos 200 planetas externos al Sistema solar han sido localizados, estudiados y clasificados por los astrónomos. El más cercano a nosotros, Epsilon Eridani, gira alrededor de la estrella del mismo nombre a una distancia de 10,4 años luz. El más lejano, OGLE-TR-56b, está bastante más lejos, a 17.000 años luz de la Tierra.

Todo comenzó en 1993, cuando el astrónomo polaco Alexander Wolszczan anunció el descubrimiento de tres grandes objetos en órbita del pulsar PSR 1257+12. Un pulsar es lo que queda de una estrella después de que explote en forma de supernova, un denso núcleo de neutrones que gira a gran velocidad y que emite, de ahí su nombre, «pulsos» electromagnéticos a intervalos regulares. Como auténticos «faros espaciales", estos objetos fascinan a los científicos desde hace décadas. Para Wolszczan, los cuerpos que descubrió alrededor de PSR 1257+12 también podían atribuirse a la explosión estelar que originó el pulsar. Por supuesto, no se trataba de planetas como el nuestro, sino de objetos de grandes dimensiones, de tamaños comparables al de estrellas pequeñas, formados, además, durante un episodio catastrófico y girando alrededor de una estrella moribunda. Un primer paso para la Ciencia, pero que no tenía nada que ver con un sistema planetario como el nuestro. La carrera, sin embargo, había empezado y ya no volvería a detenerse.

El primer planeta descubierto alrededor de una estrella del tipo de nuestro Sol fue anunciado el 6 de octubre de 1995 por los astrónomos suizos Michel Mayor y Didier Queloz. Se trataba de un gigante gaseoso, cientos de veces mayor que Júpiter, localizado en una órbita muy cercana a 51 Pegasi, una estrella que está a 47,9 años luz de distancia de la Tierra. El planeta fue bautizado como 51 Pegasi b. Al mismo tiempo, otro equipo científico, esta vez norteamericano, trabajaba febrilmente en su propio descubrimiento planetario, pero no logró adelantarse al grupo suizo. Liderado por Geoffrey Marcy, de la Universidad de California, el equipo anunció dos nuevos planetas extrasolares apenas unos meses después de que lo hicieran Mayor y Didier.

La ilustración muestra el planeta extrasolar 51 Pegasi B en órbita de su sol, a 42 años luz de nosotros. Con una masa equivalente a la mitad de Júpiter, tiene dos lunas y fue descubierto en 1995. La proximidad a su estrella (apenas 7 millones de km) hace que su superficie rocosa esté parcialmente fundida.

Los nuevos descubrimientos no se hicieron esperar. A un ritmo cada vez mayor, astrónomos de todo el mundo empezaron a buscar, y a encontrar, nuevos mundos alrededor de estrellas lejanas. La resolución de los instrumentos y la puesta a punto de nuevas técnicas de detección han ido permitiendo, además, afinar la búsqueda y localizar planetas cada vez más parecidos, en cuanto a características físicas, a nuestro propio hogar en el espacio. Sin embargo, hubo que

esperar hasta junio de 2005 para que los científicos anunciaran el primer «planeta terrestre», es decir, no gaseoso y sólido, fuera del Sistema solar. Se trata de Gliese 876 d, recuerda a Neptuno, es unas ocho veces mayor que la Tierra y es el tercer mundo que se descubre alrededor de la estrella Gliese 876, una enana roja (más pequeña y fría que el Sol) que se encuentra en la constelación de Acuario, a 15 años luz de distancia. Los otros dos planetas de este sistema (Gliese 876 b y Gliese 876 c) están más lejos de la estrella y son gigantes gaseosos.

Para quien se esté preguntando cómo es posible «observar» planetas que se encuentran a distancias tan enormes, aclararemos que no se trata de observaciones directas, como las que podemos hacer de Marte o la Luna. Para que un telescopio pudiera «ver» directamente un mundo más allá de

nuestro Sistema solar, su espejo principal debería ser enormemente grande, mayor incluso de cien metros, lo cual resulta inimaginable con la tecnología actual. Pero existen otras formas para darse cuenta de la presencia de estos ansiados mundos exteriores. Una de ellas, gracias a la cual se realizaron los primeros hallazgos, se basa en la mutua atracción que dos cuerpos ejercen uno sobre otro. Cuerpos que, en este caso, serían el planeta que se quiere ver y la estrella alrededor de la cual gira. Los primeros «cazadores de planetas» midieron, en efecto, las pequeñas perturbaciones gravitatorias sufridas por las estrellas que poseen planetas gigantes. Los cálculos permiten saber, a partir de dichas perturbaciones, el tamaño del planeta en cuestión y su posición en relación con la estrella a cuyo sistema pertenece. El método, sin embargo, aunque efectivo, solo es capaz de identificar a los mundos más grandes. Jamás se podría encontrar así un planeta como la Tierra.

Más reciente y sofisticado es el método que consiste en medir la luminosidad de las estrellas, que disminuye cuando un planeta «cruza» por delante y se sitúa entre esas estrellas y nuestra propia posición. Estos «tránsitos planetarios» permiten, si son lo suficientemente precisos, determinar la masa de los planetas a base de la disminución del brillo de sus estrellas cuando pasan por delante de ellas. Tampoco se podría encontrar así un mundo como el nuestro. Se ha calculado que un planeta del tamaño de Júpiter, el gigante de nuestro Sistema solar, solo provocaría una disminución de un 1% del brillo de una estrella similar al Sol.

La ilustración muestra el planeta extrasolar HD 149026. Con un periodo orbital de 2,88 días, su año dura lo que un fin de semana terrestre. Es un gigante gaseoso, mucho mayor que Júpiter. (Ilustración: Lynette Cook.)

Por ahora, el último paso hacia la búsqueda de planetas como el que nosotros habitamos fue dado a principios de 2006, cuando un consorcio internacional de astrónomos anunció el descubrimiento de un mundo helado, mucho más pequeño que Neptuno, localizado en la región central de nuestra galaxia. Cada vez más investigadores opinan que muy pronto estaremos en condiciones de comparar nuestro mundo con otros similares, y de establecer teorías mucho más sólidas sobre nuestros orígenes. A ello ayudará sin duda toda una flotilla de telescopios espaciales que serán lanzados tanto por Estados Unidos como por Europa con el objetivo principal de encontrar planetas como el nuestro.

Un hogar en el espacio

Las características propias de cada sistema planetario pueden ser muy variables, y dependen de un extenso abanico de procesos químicos y físicos, la intensidad

de los campos magnéticos, las turbulencias y la composición de las nubes originales de polvo y gas...

La Ciencia no dispone aún de datos definitivos que permitan predecir la frecuencia con la que se produce la formación planetaria o la manera en que los planetas, cuando existen, distribuyen sus masas y sus órbitas alrededor de las estrellas.

Este límite en nuestras posibilidades de conocimiento se debe, naturalmente, al hecho de que la mayor parte de los modelos científicos de que disponemos se basan en el estudio del único ejemplo conocido, nuestro propio Sistema solar. Y hasta que no podamos compararlo con otros similares, ni siquiera estaremos en condiciones de saber si el nuestro es un sistema planetario corriente o si, por el contrario, presenta alguna característica que lo convierte en único y excepcional. Por eso resulta tan importante la búsqueda de mundos parecidos al nuestro.

Si la Ciencia encontrara algún planeta potencialmente habitable, o varios, o un gran número de ellos, podríamos establecer las características que la clase de mundos que los humanos podemos ocupar deben tener. Telescopios espaciales como el Kepler, el TPF (Terrestrial Planet Finder), ambos de la NASA, o misiones europeas como el observatorio Eddington contribuirán sin duda a responder estas preguntas.

Ahora bien, ¿qué es exactamente lo que hace que un planeta sea habitable?, ¿qué factores entran en juego y qué condiciones deben darse para que un mundo sea capaz de albergar vida? Los astrónomos, por ejemplo, parecen estar de acuerdo en la necesidad de que exista agua en estado líquido sobre la superficie de un planeta para que este pueda ser considerado habitable. Y esa es una característica que depende en gran medida del tipo de estrella alrededor de la que ese planeta gire.

Alrededor de cada estrella, según cuál sea su tamaño y su temperatura, existe lo que los científicos llaman «zona habita-

HD 23079, a 113 años luz de la Tierra, aparece en esta ilustración en órbita de su lejano sol. Es un planeta del tipo de Júpiter, cuyo descubrimiento se anunció en octubre de 2001.

ble", es decir, el área concreta alrededor de la estrella en la que sería posible que se formara un planeta con agua en estado líquido. Los mundos que se encuentran fuera de esta zona quedan, en principio, descartados como candidatos. Si están más cerca de la estrella, estarán tan calientes que cualquier resto de agua se evaporaría al instante, como es el caso de Mercurio. Si están más lejos, serán tan fríos que el agua solo sería posible en forma de hielo, como sucede en el planeta Marte. Para nuestro Sol, la zona habitable se encuentra exactamente entre las órbitas de Venus y Marte. Órbita que está ocupada por nuestro propio mundo, la Tierra.

Alrededor de esta joven estrella binaria fotografiada por el Hubble gira el primer planeta extrasolar del que tenemos una imagen directa. Su tenue brillo puede verse debajo, a la izquierda. (Foto: NASA.)

El segundo factor a tener en cuenta es, por supuesto, el tamaño y la masa del planeta candidato. Los mundos que se forman con menos de la mitad de la masa terrestre no tienen la gravedad suficiente como para retener una atmósfera bajo cuyo abrigo pueda desarrollarse la vida, como sucede, una vez más, con Marte. Y al otro extremo, los planetas que se forman con una masa superior a diez veces la de la Tierra tienen la gravedad suficiente como para seguir atrayendo gases y elementos abundantes en el espacio, como hidrógeno y helio, y terminan por convertirse en gigantes gaseosos, como es el caso, en nuestro sistema, de Júpiter, Saturno, Urano y Neptuno. En resumen, un instrumento científico que sea capaz de encontrar planetas habitables debe estar en condiciones de localizar mundos que tengan una masa que oscile entre la mitad y diez veces la de la Tierra y que se encuentren, por supuesto, en las zonas habitables de las estrellas exploradas.

Rocas y fuego

La idea más extendida sobre la formación de la Tierra dice que la historia, nuestra historia, comenzó hace alrededor de 4.500 millones de años, en el interior de una vasta nube «protoestelar» constituida de gas, partículas de hielo, roca y metal.

Estos últimos elementos eran, como no puede ser de otra manera, restos de la muerte violenta de otras estrellas. Recordemos aquí que todos los elementos más pesados que el hidrógeno se forman en el interior de los tórridos hornos estelares. La existencia misma de dichos elementos en la nube que originó nuestro Sistema solar implica, por lo tanto, que la nuestra es una estrella, por lo menos, de segunda generación, esto es, formada a partir de materiales reciclados, restos procedentes de otras estrellas que terminaron sus días como supernovas.

Sea como fuere, la gravedad fue comprimiendo esta nube, en cuyo interior la temperatura fue aumentando rápidamente a causa de los cada vez más numerosos choques de sus partículas. Hasta que la nube entera se volvió incandescente. En apenas un puñado de millones de años, el centro de la nube se convirtió en una estrella, el Sol, cuya energía interna se liberó violentamente al espacio en forma de un «viento solar» de rayos ultravioleta que, literalmente, barrió los restos de la nube.

Sin embargo, de este auténtico huracán primigenio algunos restos consiguieron salvarse: las partículas que ya habían podido condensarse en cuerpos mayores, de varios metros o quizá de algunos kilómetros, no fueron arrastradas. Son lo que los científicos han llamado «planetesimales». Colisionando entre sí, estos planetesimales fueron fundiéndose y

Gliese 876b está a solo 15 años luz de distancia. Fue descubierto en 1998 y su masa es el doble que la de Júpiter. (Ilustración: SPL.)

creciendo de tamaño, formando objetos cada vez mayores que se fueron distribuyendo en sus «huecos» orbitales alrededor del Sol. Los continuos impactos debieron hacer del Sistema solar primitivo un auténtico espectáculo de fuego y violencia. Los científicos han calculado que, durante su fase de crecimiento, los embriones planetarios estaban lo suficientemente calientes como para fundirse. Se trataba de auténticas bolas de fuego en las que los metales, más pesados, se iban acumulando en el centro.

Un detalle curioso, y de trascendental importancia, es el hecho de que de nuestra propia nube protoestelar haya surgido una sola estrella, y no dos, como resulta habitual en nuestro entorno. En efecto, la mayor parte de las estrellas de nuestra galaxia forma parte de sistemas dobles o incluso triples, es decir, formados por dos o tres estrellas íntima y gravitatoriamente implicadas en una danza orbital que solo a veces permite el nacimiento de planetas.

Protuberancia solar fotografiada por el satélite SOHO en 2003. (Foto: SPL.)

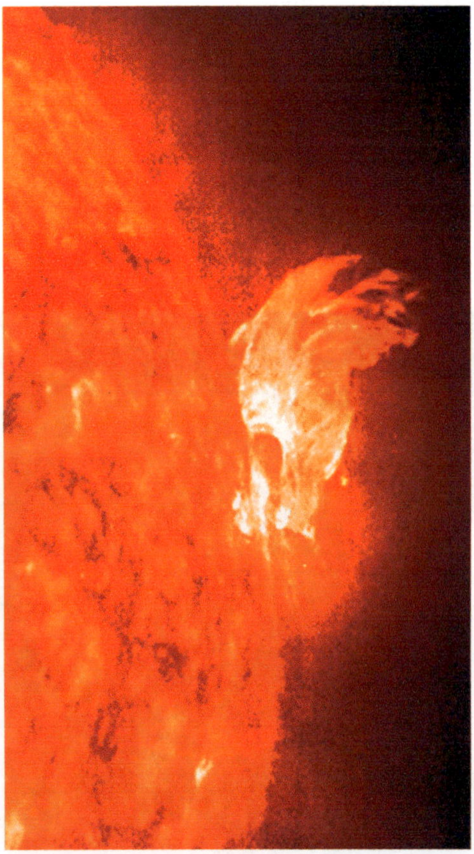

El hecho de que una nube protoestelar origine una sola estrella o más de una es algo que depende, en gran medida, de la velocidad de rotación de la nube original. Si la rotación es muy rápida, la nebulosa tiende a romperse en fragmentos más pequeños que pueden formar, cada uno, una estrella. Si la velocidad de rotación es más lenta, entonces el material que forma la nube puede orbitar más ordenadamente, formando un único cuerpo estelar. También lo que sucede en las vecindades de la nube primigenia puede afectar a su futuro. Una supernova, por ejemplo, que explote lo suficientemente cerca, puede alterar, con su tremenda onda expansiva, lo que sucede en el sistema en formación.

En la nube protoestelar que dio origen a nuestro Sol, por lo tanto, se dieron las condiciones necesarias para que se formara una sola estrella, y no más. Las mayores temperaturas se dan, evidentemente, en el centro, donde el horno nuclear acaba de encenderse. En los alrededores inmediatos, sometidos a temperaturas menores, aunque aún extraordinariamente elevadas, tienden a condensarse los materiales más pesados, como las rocas y los metales. Más lejos, en las regiones menos calientes, son los gases los que se condensan, a menudo alrededor de núcleos más densos.

Por eso, tanto en nuestro propio Sistema solar como en otros observados, los planetas sólidos son los más cercanos a la estrella, mientras que en las regiones más alejadas reinan los gigantes gaseosos. La regla, por supuesto, se cumple a rajatabla en nuestro propio sistema: Mercurio, Venus, la Tierra y Marte (los así llamados «planetas terrestres») forman el «círculo interior» de la corte planetaria del Sol. Entre Marte y Júpiter, precisamente en el espacio en el que podría haber otro planeta, encontramos en su lugar un denso anillo de fragmentos rocosos de todos los tamaños, desde cientos de kilómetros a pocos centímetros. Es el cinturón de asteroides. Se ha calculado que la masa total de los objetos que forman este enorme anillo habría sido suficiente para formar, por lo menos, un cuerpo de las dimensiones de la Luna. Aún nos estamos preguntando por qué no sucedió así.

El planeta que sobra

A partir de este punto, y a medida que nos vamos alejando del Sol, entramos en el reino de los planetas gigantes, compuestos en su mayor parte de gas: Júpiter, Saturno, Urano, Neptuno... y Plutón, que como veremos enseguida es un caso aparte.

Los planetas terrestres suelen estar más cerca de sus estrellas. Las órbitas exteriores suelen ser el reino de los gigantes gaseosos.

De hecho, hubo que esperar hasta 1930 para que el astrónomo estadounidense Clyde William Tombaugh diera cuenta de la existencia de este objeto relativamente pequeño y sólido, si se le compara con su enorme y gaseoso vecino Neptuno. Sea como fuere, desde entonces y hasta agosto de 2006 Plutón ha sido considerado como el noveno (y más pequeño) planeta del Sistema solar. Muchos, sin embargo, siguieron pensando desde el momento mismo de su «nombramiento» que este pequeño mundo helado era más un asteroide que un planeta propiamente dicho, y que no tenía por tanto derecho a pertenecer al selecto club de mundos del que también nosotros formamos parte.

Quizá el motivo de la «errónea» inclusión de Plutón fue que los instrumentos de la época arrojaron para este cuerpo un tamaño muy superior al que realmente tiene. En todo caso, el «error» fue subsanado durante la reunión que los 2.500 astrónomos miembros de la Unión Astronómica Internacional mantuvieron en Praga en agosto de 2006. Tras un intenso debate de varios días de duración, el «noveno planeta» fue finalmente degradado a la condición de «planeta menor» y el Sistema solar pasó de nueve a tener solo ocho mundos reconocidos. La UAI puso así fin a un paréntesis que había durado 76 años.

Con una distancia media al Sol de 5.906 millones de kilómetros, un diámetro de 2.302 km y tres satélites principales (el mayor de ellos, Caronte, fue descubierto en 1978 y los

La ilustación muestra un frío y remoto escenario: desde la superficie de Plutón, el Sol lejano brilla débilmente sin que sus rayos consigan calentar el gélido paisaje. En medio, uno de los dos satélites de Plutón, Caronte. Desde que fue descubierto en 1930, Plutón ha sido considerado un planeta, el noveno del Sistema solar. Sin embargo, después de 76 años, fue «degradado» a «planeta menor» en 2006 por la Unión Astronómica Internacional, que volvió así a reducir a ocho el número de socios de nuestro selectivo club planetario.

Muchos, sin embargo, creen que Plutón debería ser readmitido.

(Ilustración: Chris Butler.)

Entre las órbitas de Marte y Júpiter, el cinturón de asteroides ocupa el hueco de un mundo que nunca llegó a formarse. (Ilustración: SPL.)

otros dos en otoño de 2005 gracias al telescopio espacial Hubble), Plutón ha dejado, por lo tanto, de ser considerado un planeta de pleno derecho. Cosa que ignoraban por completo los responsables de la NASA cuando, en enero de 2006 (siete meses antes de la exclusión de Plutón), lanzaron la nave «New horizons» al encuentro del único mundo del Sistema solar que aún no había sido visitado por una sonda espacial. La sonda no llegará a su destino hasta 2015, fecha en que enviará a la Tierra las primeras fotografías de un objeto que ha dejado oficialmente de ser un mundo para pasar, según la definición dada el 7 de septiembre de 2006 por el Centro de Planetas Menores (MPC) a ser conocido simplemente como «asteroide 134.340».

La puntilla a la condición planetaria de Plutón fue el hallazgo de un objeto aún más grande y alejado que él, el misterioso 2003 UB313, descubierto en enero de 2005 a partir de imágenes tomadas en 2003 y al que algunos astrónomos llegaron incluso a otorgar el título de «décimo planeta". De hecho, si la Unión Astronómica Internacional no hubiera adoptado su histórica decisión de excluir a Plutón, también este nuevo objeto, bautizado por su descubridor como Xenna (y rebautizado también en la reunión de Praga como Eris, la diosa griega de la discordia), habría merecido la definición de planeta, igual que por lo menos otros dos objetos recientemente descubiertos en las regiones exteriores del Sistema solar. Un sistema que, de este modo, habría pasado a tener doce o más miembros...

Puede que el principal motivo para la «errónea» inclusión de Plutón en la categoría de «planeta» se debiera a que la escasa precisión de los instrumentos en la década de los 30, cuando fue descubierto, hizo pensar que era mucho mayor de lo que es en realidad.

Aunque pueda parecer extraño a estas alturas, la auténtica raíz del «asunto Plutón» radica en el hecho de que, aún hoy, los astrónomos no terminan de ponerse de acuerdo sobre lo que es y lo que no es un planeta. La nueva definición votada en Praga y que, como hemos visto, ha tenido el efecto de reducir el número de planetas a ocho, incluye varias características «nuevas» que cualquier mundo que aspire a ser considerado como tal debe cumplir a rajatabla: que gire alrededor de una estrella, en nuestro caso, el Sol; que tenga la masa suficiente como para que la gravedad tenga la fuerza necesaria para obligar al cuerpo a asumir una forma prácticamente esférica (con más precisión, de «equilibrio hidrostático"); y que sea el objeto dominante de su órbita, es decir, que haya conseguido despejar su zona orbital de la influencia de otros cuerpos. Es precisamente esta tercera condición la que Plutón, ni el resto de los planetas menores recientemente descubiertos, puede cumplir. Su órbita, en efecto, cruza la del gigante Neptuno, auténtico señor de toda aquella región del espacio.

La cuestión, sin embargo, sigue abierta. Numerosos astrónomos se han manifestado ya en contra de la decisión de la Unión Astronómica Internacional y piden que se impugne la votación, readmitiendo a Plutón en el selecto club del que ha sido excluido. Las voces más discordantes han llegado incluso a calificar la decisión como «una farsa», ya que fue adoptada el último día de la conferencia, cuando solo 424 de los 2.500 astrónomos que acudieron a Praga estaban presentes para votar...

«Más allá» de estos pequeños mundos de la periferia solo están los así llamados «objetos transneptunianos», es decir, los que están más allá de la órbita de Neptuno y de los cuales, para muchos, el propio Plutón y el ya citado 2003 UB313 forman sin duda parte. Dos grandes familias de «transneptunianos» son el cinturón de Kuiper y la más lejana y densa nube de Oort. Se cree que esta última puede contener entre uno y cien billones de objetos y es el origen de la mayor parte de los cometas que podemos observar en la actualidad. El proceso funciona igual que si se tratara de una gigantesca mesa de billar: los objetos de todos los tamaños y formas que integran la nube chocan continuamente entre sí. Rebotan, se rompen y salen disparados en todas direcciones. Algunos se ven impulsados de esta manera en trayectorias que les aproximan al Sol. A medida que se acercan y son calentados por los rayos solares, estos cuerpos helados empiezan a perder

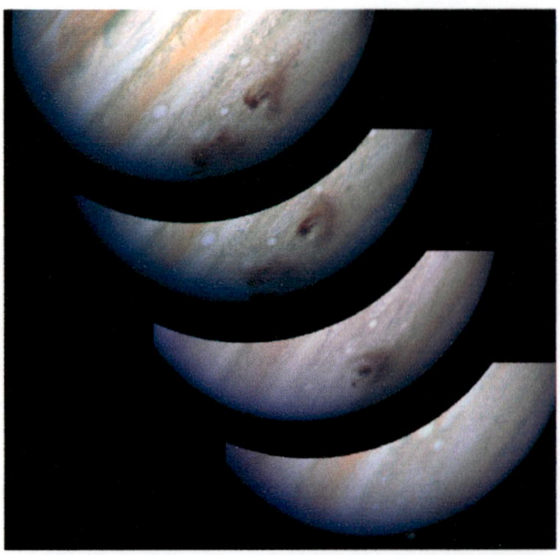

En julio de 1994, el cometa Schoemaker Leyy impactó contra Júpiter. El telescopio espacial Hubble fotografió las señales dejadas por algunos de los fragmentos. Algunas de las que se ven en la imagen superan en tamaño al planeta Tierra. (Foto: HST/NASA.)

parte de su masa, en forma de la larga cola que ha maravillado a los observadores de todos los tiempos y que siempre se despliega en dirección diametralmente opuesta al lugar en que se encuentra el Sol mismo.

Nadie sabe con exactitud qué es lo que podríamos encontrar en el cinturón de Kuiper o en la nube de Oort. Plutón y 2003 UB313 podrían ser solo el principio de lo que nos espera en las fronteras exteriores de un sistema planetario que está demostrando ser mucho más grande y complejo de lo que cabía imaginar.

En 1772, el astrónomo alemán Johan Titius descubrió una secuencia de números que refleja fielmente la posición que ocupa cada planeta de nuestro sistema con respecto al Sol.

El planeta que falta

Pero volvamos nuestra mirada de nuevo al «interior», al espacio aparentemente «vacío» que existe entre Marte y Júpiter.

El cinturón de asteroides antes mencionado, o mejor dicho, su masa casi equivalente a la de nuestra Luna, soluciona el viejo problema del «planeta que faltaba", ese que todos los cálculos predecían pero que nadie consiguió jamás encontrar. Para entender el origen de este «misterio» es necesario saber que los mundos de nuestro sistema no ocupan sus posiciones al azar, sino que se sitúan en órbitas muy concretas y cuyas distancias al Sol quedan determinadas por una fórmula matemática descubierta en 1772 por el astrónomo alemán Johann Titius. Él encontró una serie numérica que tenía la propiedad de reflejar las distancias que separan los planetas (hasta el último entonces conocido, Urano) de nuestra estrella particular.

Dichas distancias eran múltiplos (o fracciones) de la distancia que existe entre el Sol y la Tierra, una Unidad Astronómica (UA, equivalente a 150 millones de kilómetros). La

Ningún planeta o satélite del Sistema solar se libra de sufrir los impactos de asteroides y cometas, como atestiguan los numerosos cráteres que se pueden apreciar sobre sus superficies. La Tierra no es una excepción. Sin embargo, debido a la acción de nuestra atmósfera, la mayor parte de esas huellas han sido borradas de nuestro mundo.

secuencia de Titius (0,4 – 0,7– 1,0 – 1,6 – 2,8 – 5,2...) se obtiene sumando el número cuatro al resultado de ir doblando cantidades a partir del 3, teniendo en cuenta el cero (0, 3, 6, 12, 24, 48, 96...) y dividir después cada una de esas sumas por diez. Los resultados coinciden con las posiciones orbitales de los planetas de nuestro entorno. Así, Mercurio se encuentra del Sol a una distancia que es 0,4 veces la que hay entre la Tierra y el astro rey. Venus, a 0,7 veces esa distancia, la Tierra exactamente a esa distancia (1,0), Marte a 1,6 veces esa distancia, Júpiter a 5,2 veces... El problema surgía con el quinto número de la serie. De hecho, no existe planeta alguno entre Marte y Júpiter, a una distancia del Sol de 2,8 veces la de la Tierra. Lo que hay es un «hueco» justo donde ese mundo debería estar.

El misterio no se resolvió hasta que, casi treinta años después de que Titius formulara su serie numérica, otro astrónomo, el italiano Giuseppe Piazzi, descubriera un nuevo cuerpo, que bautizó como Ceres y que ocupaba exactamente el «hueco» entre Marte y Júpiter. Ceres, con sus casi mil kilómetros de diámetro, fue el primer asteroide descubierto por los astrónomos. Hasta ese momento, solían confundirse con estrellas. Hoy conocemos más de cien mil de estos cuerpos, aunque solo un puñado de ellos (veintiséis, para ser exactos) tienen tamaños superiores a los 200 kilómetros. Y la lista, gracias a la creciente precisión de los instrumentos de observación, aumenta cada año. Se ha calculado que podría haber más de un millón de rocas con tamaños alrededor de un kilómetro.

Al principio, los astrónomos pensaban que los asteroides eran los restos de ese «planeta perdido", un mundo desgraciado que, en algún momento de su historia, fue víctima de una catástrofe que lo hizo, literalmente, pedazos. Hoy, sin embargo, los científicos han descartado esa hipótesis. Nunca hubo un planeta entre Marte y Júpiter. Y los fragmentos que podemos ver allí deberían considerarse, según la idea mayoritaria, como «restos» del material original a partir del que se formó el Sistema solar. Una especie de «material sobrante» que nunca consiguió unirse para formar un cuerpo mayor. Los astrónomos piensan también que a lo largo de la dilatada historia de nuestra familia planetaria, el cinturón de asteroides ha perdido ya a la mayor parte de sus miembros. Aún en la actualidad, las continuas colisiones entre rocas de todos los tamaños hacen que numerosos fragmentos salgan despedidos del cinturón y bombardeen constantemente a los demás planetas, en una suerte de «carambolas cósmicas» que han dejado sus marcas bien visibles desde Mercurio hasta los mundos de la periferia. El número actual de miembros del cinturón, según los expertos, podría ser incluso inferior al diez por ciento del original.

Un mundo azul

Dirijamos ahora la mirada al tercer planeta, el nuestro, y al principio de su ajetreada existencia.

Sabemos ya que nuestro mundo forma parte del selecto círculo interior de «planetas terrestres» de nuestro sistema. Y que es, además, el único que se formó en la «zona habitable» de nuestro Sol. Y sabemos también cuál es el resultado final de ese proceso, un resultado del que podemos disfrutar cada día con solo abrir los ojos por la mañana y mirar a nuestro alrededor. Pero las cosas no siempre fueron así. Durante los primeros cientos de millones de años, la Tierra no mostraba ninguna de las características que nos son familiares en la actualidad. Su superficie, hecha de ardiente roca, no conocía aún la presencia de agua.

El Sol, una estrella joven, no era tan brillante como lo es hoy y no calentaba el planeta con la intensidad a la que estamos acostumbrados. Un planeta, por cierto, que giraba más rápidamente que ahora, y cuyos días y noches eran más cortos de lo que son en la actualidad. El inmenso calor de la Tierra primitiva no venía, pues, del Sol, sino que procedía de su propia energía interna, la de su propia formación y, también, de los continuos y tremendos impactos de meteoritos y otros restos sólidos de nuestro Sistema solar en pleno nacimiento.

Los cálculos realizados sobre la cantidad de energía que nuestro mundo (y también los demás que estaban formándose) llegó a acumular durante este violento periodo indican que la temperatura reinante era suficiente como para fundir la roca. Durante su formación, la Tierra fue una gran masa semisólida de roca y metal, sometida continuamente al bombardeo de otros objetos de todos los tamaños. La energía de estas colisiones provocaba más calor y contribuía a mantener las elevadas temperaturas.

La nueva generación de satélites de observación de la Tierra permite obtener imágenes detalladas de los cambios estacionales que ocurren sobre su superficie. Con una resolución de 500 m. por pixel, las imágenes muestran el aspecto de nuestro mundo en febrero (arriba), mayo (centro) y agosto (debajo). (Fotos: Reto Stockli. NASA Earth Observatory.)

Las cosas, sin embargo, se fueron calmando poco a poco. El magma se fue enfriando y sus capas superficiales fueron convirtiéndose en la fina envoltura de roca sólida que hoy rodea el corazón de nuestro mundo, la litosfera. Una envoltura, por cierto, agrietada y dividida en grandes fragmentos que los geólogos llaman, muy acertadamente, placas. Sobre esas enormes balsas de roca sólida a la deriva sobre un mar aún ardiente de minerales incandescentes, la superficie terrestre fue adquiriendo el aspecto que tiene hoy en día, y en ella se fueron dando las condiciones para el desarrollo de millones de especies vivas. De aquella época remota apenas si queda prueba física alguna. Al principio, los frágiles fragmentos de la corteza primitiva no duraban mucho tiempo y se hundían de nuevo en los océanos de magma al poco de formarse. Al hacerlo, volvían a convertirse en rocas derretidas, al mismo tiempo que en otros lugares se daba el proceso inverso y el magma se volvía temporalmente sólido.

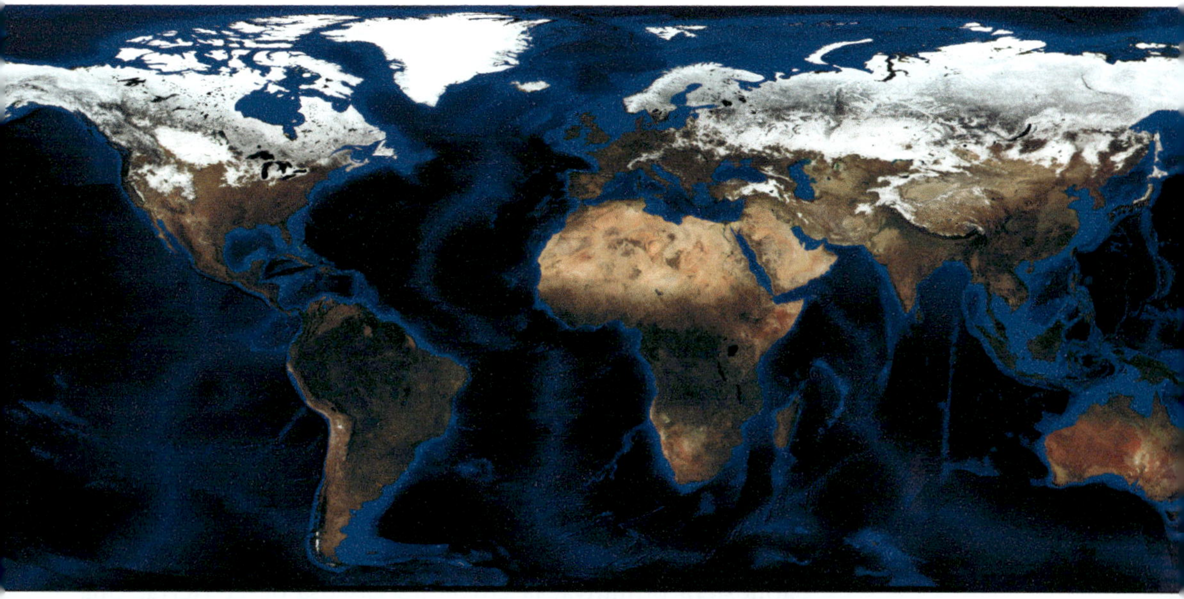

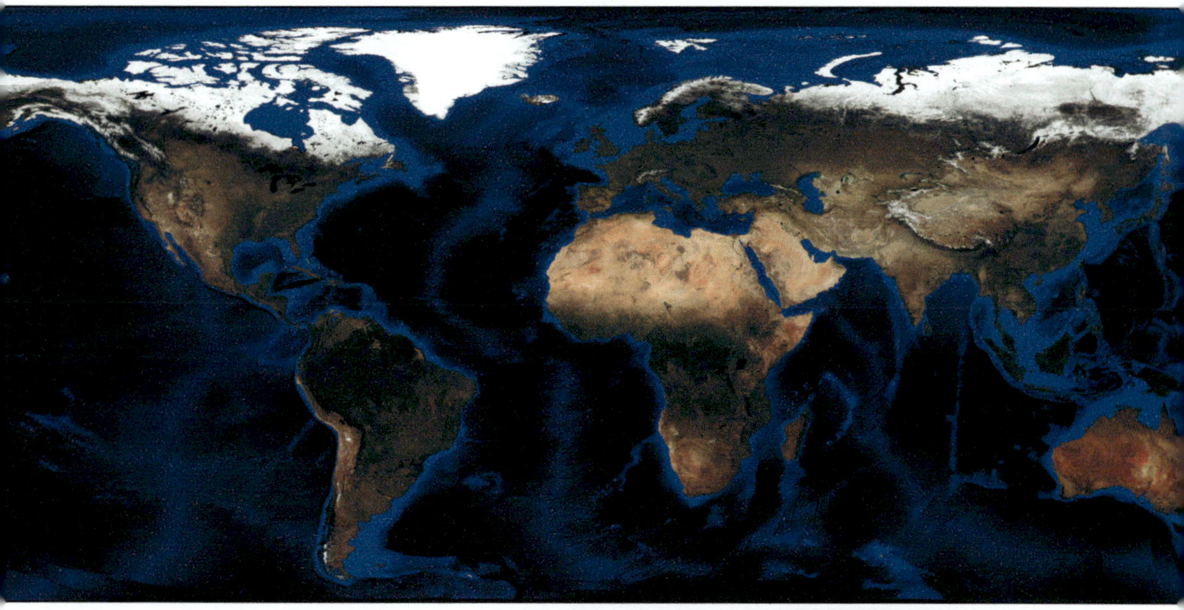

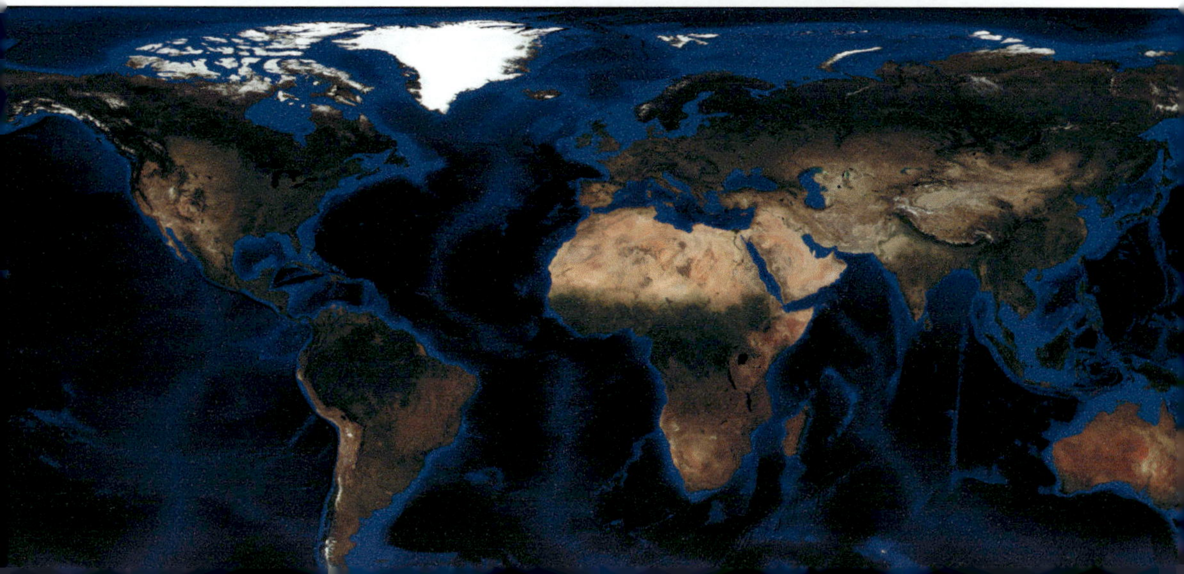

La superficie, medio sólida y medio fundida, estaba plagada de cráteres y de chimeneas volcánicas de las que emanaban, procedentes del interior de la Tierra, sustancias volátiles. Algunos de los gases arrojados, como el hidrógeno, demasiado ligero, se escapaban para siempre al espacio exterior; otros, como el amoniaco, eran descompuestos por las radiaciones solares.

A partir de los gases resultantes, más pesados, que la gravedad mantuvo pegados al planeta, se fue formando la atmósfera primitiva: la envoltura gaseosa de la Tierra. Una atmósfera que era bastante diferente a la actual, carecía de oxígeno, era reductora, densa, caliente y tóxica. Cargada de electricidad y afectada por continuas tormentas. Muy húmeda y con un cielo permanentemente sucio. Una atmósfera oscurecida por las nubes sulfurosas que emitían los vol-

canes y por el polvo levantado tras la colisión incesante de meteoritos.

Pero esos choques de meteoritos dejaron de ser continuos y fueron espaciándose en oleadas cada vez más separadas en el tiempo. Aquí y allá la superficie terrestre se fue enfriando. Con el enfriamiento, el agua líquida fue ganando la partida al agua evaporada. Las lluvias, que caían cada vez menos calientes, fueron anegando las hondonadas de la litosfera, creando los primeros océanos. Aún, de vez en cuando, el calor de los impactos hacía hervir el mar, que aquí o allá podía temporalmente desecarse, pero eso cada vez sucedía con menos frecuencia.

Con menos vapor de agua en la atmósfera —potente gas invernadero—, las temperaturas del aire bajaban. Y una vez que la mayor parte de la masa del agua terrestre estuvo ya en estado líquido, acumulada en unas cuencas oceánicas más estables, la Tierra estuvo lista para que en ella se desarrollara algo que, de momento, la hace única en todo el universo: la vida. Hace unos 3.800 millones de años, incluso antes, aparecieron las primeras bacterias en aquellos océanos primigenios.

El famoso Meteor Crater, en Arizona, tiene cerca de 50.000 años de antiguedad. Sus 1.200 m. de diámetro y 170 m. de profundidad nos sirven para que no olvidemos los efectos que puede tener el impacto de un meteorito.

El satélite singular

Entre todas las cosas que hacen de la Tierra un planeta único se encuentra, también, el hecho de que posee un satélite desproporcionadamente grande, el mayor de todo el Sistema solar.

Cómo llegó ese gigantesco «casi planeta» a ser «capturado» por el nuestro ha constituido un misterio que solo durante los últimos años se está empezando a desvelar. Diferentes teorías se han venido formulando para aclarar el enigma que supone este enorme satélite que, sencillamente, no debería estar allí. Todas ellas, sin embargo, han ido revelando fallos, errores que fueron poco a poco haciendo que se amontonaran en el cajón de las ideas equivocadas. Y al final, lo que los científicos creen actualmente es, en realidad, la que a simple vista parece la más disparatada de todas esas teorías.

Pero vayamos por orden. En primer lugar, la Luna no es un cuerpo ajeno a la Tierra, un planetoide que «pasara por allí» y que, simplemente, quedara atrapado por la gravedad terrestre. La inclinación de su órbita se demuestra incompatible con esta creencia. Según su posición y trayectoria actuales, si nuestro satélite hubiera sido un cuerpo extraño y de paso, habría tenido que continuar su camino y perderse en el espacio, cosa que evidentemente no ocurrió. Tampoco goza

La imagen corresponde al vuelo XVI de la misión Apolo, que llevó hasta nuestro satélite también el rover que aparece al fondo, al otro lado del cráter. (Foto: NASA.)

La Luna, el mayor satélite de todo el Sistema solar, se formó a partir de los restos minerales proyectados al espacio por la colisión contra la Tierra de un cuerpo del tamaño de Marte. (Foto: NASA.)

ya de aceptación la vieja idea (propuesta en origen por el hijo de Charles Darwin, George) de que la Luna sea, en realidad, un fragmento que se desgajó de la Tierra a causa de la fuerza centrífuga producto de la acelerada rotación terrestre durante su proceso de formación. Los defensores de esta idea (conocida como teoría de la fisión lunar) sostenían, además, que las «huellas» de esa monstruosa ruptura siguen siendo visibles en nuestro mundo.

La cuenca del Pacífico sería el «agujero» resultante de la separación del fragmento que dio origen a la Luna (idea que resulta, además, incompatible con las teorías geológicas actuales). Tampoco el modelo de acreción, según el cual la Tierra y la Luna se formaron al mismo tiempo como una especie de sistema planetario doble, resulta capaz de explicar

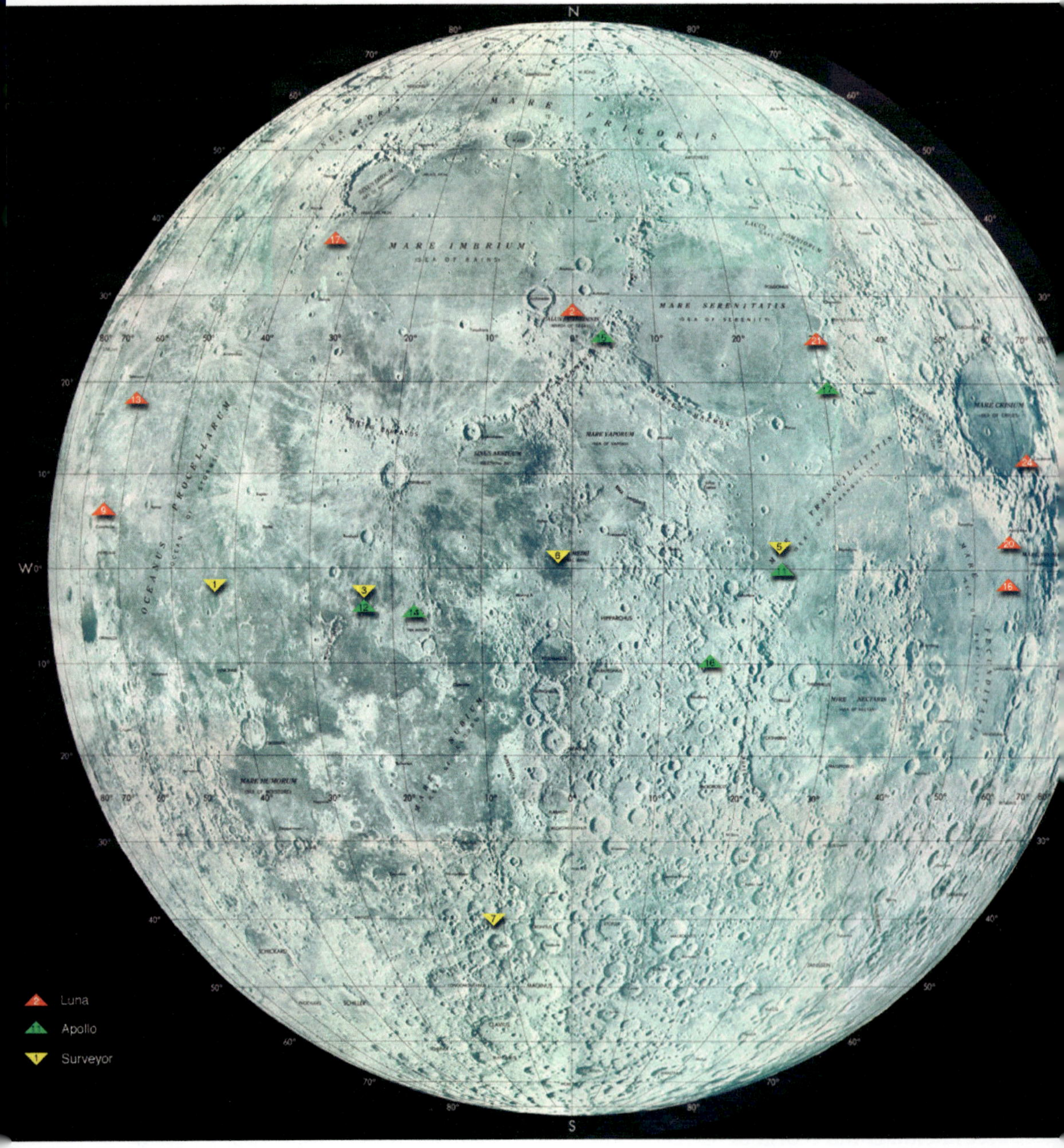

El mapa muestra los lugares de aterrizaje de diferentes misiones lunares.

lo que podemos ver en la actualidad. Las características de la rotación de la Luna alrededor de nuestro planeta no son, opinan los astrónomos, compatibles con esta idea.

¿Qué fue, entonces, lo que pasó? La increíble respuesta comenzó a fraguarse a mediados de la década de los setenta, a partir de las primeras muestras de rocas lunares traídas a la

Tierra por los astronautas del proyecto Apolo. El exhaustivo análisis de esas muestras (los astronautas trajeron, en total, 377 kilos de rocas) sugería, sí, un origen común de la Tierra y la Luna, que tienen los mismos componentes. Los materiales de los que estaba hecha la Luna, en efecto, recordaban enormemente a los que conforman el manto terrestre. Excepto por una cosa: la Luna, a diferencia de la cercana Tierra, carecía por completo de cualquier resto de agua. Era una roca completamente deshidratada. Y en ella, además, tampoco había rastro alguno de minerales pesados, como el hierro. ¿Cómo se podía explicar esta ausencia de elementos tan comunes en la Tierra? ¿Dónde estaban el agua y el hierro lunares?

La respuesta la dio William Hartmann en 1974, durante un congreso de geología planetaria celebrado en Houston (Texas). Según su extraordinaria hipótesis, durante la formación del Sistema solar un enorme objeto de dimensiones planetarias chocó contra la Tierra en el mayor impacto de cuantos haya sufrido nuestro mundo a lo largo de toda su historia. Una ingente cantidad de partículas, polvo y cenizas fueron lanzadas al espacio como consecuencia de este choque excepcional. Muchas de ellas quedaron atrapadas por la gravedad terrestre, formando una especie de anillo que, con el tiempo, se fue condensando hasta formar nuestro satélite.

Las enormes temperaturas reinantes habrían hecho desaparecer la totalidad de los elementos volátiles (y por lo tanto el agua) que pudieran contener estas partículas, mientras que el núcleo sólido del embrión planetario que embistió la Tierra se hundió, a causa de su mayor densidad, en las tórridas entrañas de nuestro mundo en formación. Otro geólogo, Alan Cameron, calculó que la masa de ese fabuloso «impactor» debió de ser, por lo menos, igual a la décima parte de la terrestre, es decir, equivalente a la que tiene Marte.

El planeta se transforma

A medida que nuestro mundo se fue enfriando y la violencia del Sistema solar primitivo fue apaciguándose, las cosas empezaron a tomar el aspecto que conocemos.

El campo magnético terrestre (en azul), actúa como un escudo que protege nuestro mundo de los vientos solares. (Ilustración: SPL.)

El gráfico muestra la estructura interna de la Tierra, con un núcleo de hierro rodeado por capas de diferente espesor.

Los diferentes materiales se fueron disponiendo en orden, los más pesados y calientes en el centro, los más ligeros y fríos en el exterior, hasta conformar una serie de capas, cada una con sus características físicas y químicas bien definidas. En lo más profundo, el núcleo, una bola aún ardiente de hierro y níquel, de 3.475 kilómetros de espesor. Es el corazón de la Tierra, el lugar donde se origina el campo magnético terrestre, y está dividido en dos partes, una sólida (núcleo interno) y otra líquida (núcleo externo). Si seguimos viajando del centro a la superficie nos encontramos con el manto, cuyo espesor alcanza los 2.900 kilómetros.

Por encima y hasta la superficie misma de la Tierra, la litosfera, de apenas 250 kilómetros y cuya capa más superficial, la corteza, sirve de hogar a los seres humanos y demás formas de vida. El espesor de la corteza varía entre los cinco y los setenta kilómetros. Una fina capa sólida, pues, es todo lo que nos separa del magma y la roca fundida. La temperatura, en el núcleo, puede superar los 5.000 grados centígrados, suficiente para licuar incluso los metales más pesados. El único motivo por el que el núcleo interno se mantiene sólido es la extrema presión a la que está sometido. Tanta, que no permite a sus átomos la «libertad» necesaria para convertirse en líquido.

Y así, mientras que la Tierra iba adquiriendo el que sería su aspecto definitivo, una serie de poderosos procesos internos llevaron, según la corriente científica más extendida, a la configuración de la parte externa del planeta. Debido al intenso calor procedente del interior, la frágil corteza superficial se rompió en pedazos. Entre ellos, el material fluido del manto pudo fluir con libertad y salir a cielo abierto. Este material, más pesado, empujó a las placas, más ligeras, obligándolas a apartarse y a montarse unas encima de las otras. Y ese mismo material se acumuló en el fondo de las hondas depresiones que, en el futuro, albergarían los mares y océanos de la Tierra.

El mineral fundido que procedía del interior era mucho más denso que el que se hallaba en la superficie, y estaba constituido fundamentalmente por rocas basálticas, mientras que en la corteza predominan los granitos. En la actualidad, una de las características principales de la corteza terrestre es precisamente la diferencia que existe entre la composición química de las placas continentales y los fondos oceánicos. Al mismo tiempo, los vapores que desde el principio del proceso habían quedado atrapados en el interior de las rocas empezaron a liberarse, lanzados al aire a través de numerosas bocas volcánicas, que se abrían entonces por toda la superficie terrestre con una frecuencia muy superior a la actual.

Este hecho contribuyó a la formación de una atmósfera primitiva. Una atmósfera venenosa, densa y enormemente inestable en la cual, gracias a la acción de numerosas tormentas eléctricas y de los rayos ultravioleta emitidos por el Sol, empezaron a formarse los primeros compuestos orgánicos, los ladrillos necesarios para que, más tarde, surgieran los primeros organismos vivos.

Continentes a la deriva

Dicen que a Wegener se le ocurrió la teoría de placas en Groenlandia, mientras observaba sobre su mar helado las colisiones entre bloques de hielo.

Dicen que a Alfred Wegener la idea se le ocurrió en uno de sus viajes a Groenlandia, aunque no dejó testimonio escrito alguno de que fuera así.

Debió de ser después de una jornada de trabajo, en esos momentos de paz en los que los hombres observan, como si no formaran parte de él, el mundo que les rodea. Y piensan. Ante Wegener, destinado a morir en esos mismos parajes durante la trágica expedición que emprendió en 1930, se

abría el inmenso y helado océano, cubierto de placas de hielo que navegaban a merced de las corrientes. El hielo, a veces, chocaba, se agrietaba o se rompía. Y los fragmentos, en ocasiones, se alejaban los unos de los otros.

Fue entonces, dicen, cuando tuvo la primera visión de que los continentes que forman las tierras emergidas de nuestro mundo podrían comportarse de la misma manera; que se encuentran sobre grandes placas que navegan a la deriva sobre el magma líquido del interior de la Tierra; que esas placas se juntan y se separan cambiando por completo, cada cierto tiempo, el paisaje de nuestro planeta. Alfred Wegener, el padre de la teoría de la deriva continental, probablemente no se dio cuenta en ese momento de que estaba a punto de cambiar el curso de la Ciencia. Su idea, en efecto, junto a las teorías de la evolución de Darwin y de la relatividad de Einstein, se encuentra entre las que más profundamente han conseguido cambiar nuestra visión del mundo que nos rodea.

Los continentes se encuentran sobre una serie de placas tectónicas que interaccionan entre sí y cambian continuamente el aspecto de la superficie de la Tierra.

Durante mucho tiempo, se pensó que las montañas y demás irregularidades de la superficie terrestre se formaron al «arrugarse» la corteza del planeta a medida que esta se enfriaba. En la imagen, una colada de basalto.

Todo empezó, sin embargo, dos años antes de que Wegener hablara por primera vez de sus ideas en una conferencia en la Sociedad Geológica de Fráncfort, cosa que hizo el 6 de enero de 1912. En efecto, otro ilustre científico, F. B. Taylor, había publicado en 1910 un artículo en el que se intentaba por primera vez una formulación coherente de la deriva continental. En su escrito, Taylor criticaba con dureza las ideas dominantes, especialmente la hipótesis de la contracción de la corteza terrestre, que no conseguía explicar ni la distribución ni las diferentes edades de las cordilleras montañosas. Taylor habló de un «deslizamiento» de la corteza en el sentido norte-sur, aunque no dijo qué es lo que podría provocar ese movimiento. Sus ideas, tachadas de «fantasiosas», fueron un contributo importante a las teorías elaboradas por Wegener. Pero antes de sumergirnos de lleno en las revolucionarias y atrevidas ideas de este meteorólogo que sentía pasión por la geología, veamos cuáles eran, en aquellos años de principios del siglo XX, las teorías más aceptadas sobre la estructura y el funcionamiento de nuestro mundo.

El mundo, antes de Wegener

Hasta bien entrado el siglo xx, los geólogos estaban convencidos de que la Tierra vivió, después de su violenta génesis, un largo proceso de enfriamiento que llevó a la masa original de materia fundida a comenzar a solidificarse.

En ese proceso, las capas superficiales, más frías, habrían ido acumulando los materiales más ligeros, que se habrían visto, a su vez, sometidos a violentas contracciones provocadas por el descenso de las temperaturas. Esas contracciones darían como resultado el nacimiento de depresiones y cordilleras. El fenómeno puede compararse a lo que le sucede a una manzana olvidada durante días sobre una mesa: su piel, al deshidratarse, se llena de arrugas.

La capa exterior de la corteza terrestre, sin embargo, no es continua, y los continentes podrían considerarse como enormes balsas de rocas ligeras que flotan sobre un estrato (este sí) continuo de basalto, mucho más pesado, y que se extiende por todo el planeta formando también los fondos oceánicos. Este segundo estrato, justo bajo la corteza continental, también es, según se pensaba, sólido, aunque con determinadas capacidades elásticas que le permiten deformarse bajo la acción de fuerzas y presiones, como pueden ser los movimientos sísmicos o el propio peso de los continentes situados encima.

El movimiento de los continentes es el único fenómeno que consigue explicar, por ejemplo, la existencia de fósiles de animales idénticos a ambas orillas del Atlántico. Para que esto sea posible, resulta imprescindible que, en algún momento, Africa y América hayan estado unidas.

Por lo tanto, la capa sólida y ligera que forma los continentes se encuentra, según estas teorías, en un estado de equilibrio «isostático» sobre el material sólido, pero deformable, que tiene justo debajo. El fenómeno se explica con el famoso principio de Arquímedes, en virtud del cual el empuje hacia arriba que ejerce un fluido (llamado empuje hidrostático) sobre un cuerpo que flota sobre él equivale al peso de la cantidad de fluido desplazada por el cuerpo flotante. El término científico que se utiliza para indicar la flotación de los continentes sobre el material más denso que hay bajo ellos es «isostasia», que significa precisamente «equilibrio», y que consiste en un movimiento vertical (de arriba abajo) de las placas que varía con el peso de cada una de ellas.

El principio básico se resume en que, para que un cuerpo flote sobre otro, tiene por fuerza que ser más ligero que él. Y el cuerpo más pesado siempre se sitúa debajo. El material flotante permanece hundido en un porcentaje variable, como sucede con un iceberg, pero siempre tiene una parte de él emergido. Su condición de flotabilidad no depende del tamaño, y cuando la parte emergida pierde volumen y peso, la parte sumergida asciende para compensarlo, hasta alcanzar nuevamente el equilibrio.

La consecuencia de la intensidad de ese movimiento determina la altura de colinas y montañas de la Tierra. Cuanto mayor sea la altura, mayor será también la cantidad de material depositado sobre la capa más densa, y mayor el peso que esta deberá soportar. Es el mismo principio que rige el comportamiento de los iceberg, de los que solo una pequeña parte se encuentra sobre la superficie del agua. Cuanto más alto sea un iceberg, mayor será también su parte sumergida. De la misma manera, la parte inferior de una zona continental se extiende hacia abajo, penetrando en el sustrato basáltico, hasta profundidades que están en proporción a la altura que tienen los relieves de la superficie.

Este equilibrio, por añadidura, nunca es definitivo y está sujeto a múltiples variaciones. La acumulación o la desaparición, por ejemplo, de grandes cantidades de material rocoso en una región concreta (erosión de las montañas, grandes deshielos, etc.) altera el equilibrio, de forma que las zonas que se han «librado» de peso tienden a elevarse, mientras que las que reciben nuevas cargas de sedimentos tienden a hundirse. Un ejemplo concreto de este fenómeno se puede observar en la península escandinava, que se está elevando desde hace ya miles de años, justo desde el momento en que se vio liberada de un enorme peso al fundirse los hielos que la cubrieron durante la última era glacial.

Hace 200 millones de años, todas las tierras emergidas estaban unidas en un único supercontinente, Pangea.

Un cambio radical

Y aquí entra, de lleno, la teoría formulada por Wegener. Si los continentes pueden moverse en el sentido vertical, ¿qué les impide hacerlo también lateralmente?

El propio Wegener narra en sus escritos la impresión que le produjo leer sobre la posible existencia de una antiquísima conexión entre África y Brasil, un puente ya desaparecido y que explicaría por qué se encuentran fósiles casi idénticos en ambos continentes a pesar de que, en apariencia, jamás estuvieron en contacto. Sin embargo, la única solución posible a este enigma era (además de la del puente desaparecido) precisamente esa, que África y Brasil, en un pasado remoto, habían llegado a tocarse, y que su contacto cesó al abrirse una profunda fractura que separó ambos continentes.

En los tiempos en que vivió Wegener, sin embargo, la primera de las hipótesis, la del puente, era la más extendida. Y, si lo pensamos bien, no se trataba en absoluto de una idea ridícula. No hace tanto tiempo que Francia y Gran Bretaña estuvieron unidas por una delgada franja de tierra que habría podido recorrerse a pie. E incluso Siberia estuvo una vez conectada con Alaska por un puente de tierra, hoy desaparecido, y que hizo posible la entrada de los primeros humanos en el continente americano. Sin embargo, en este caso las cosas no eran tan sencillas. La «conexión» perdida entre África y Brasil, de existir, nunca habría podido consistir en una estrecha franja de tierra de miles de kilómetros de longitud. El ancho de ese «puente» habría debido estar en concordancia con su longitud, y entonces no estaríamos hablando de un simple puente, sino de un auténtico continente. Y eso no es posible.

Las rocas que forman los continentes son completamente distintas (mucho más ligeras) de las que hay en los fondos oceánicos y, por tanto, la idea de que existieron otros continentes en los lugares en que hoy hay océanos choca frontalmente con el modelo del equilibrio isostático descrito líneas atrás. Sencillamente, un continente constituido en su mayor parte de materiales ligeros no puede hundirse en un material más pesado que él (los fondos basálticos de los océanos). Y si una poderosa y desconocida fuerza externa lo hubiera obligado a hacerlo de todas formas, ese continente habría tenido que regresar a flote, del mismo modo en que un trozo de madera hundido regresa a la superficie del agua en cuanto se lo suelta. Descartada, pues, la idea de una conexión terrestre entre Africa y América, no quedaba más remedio que retomar la segunda hipótesis.

Para hacerlo, Wegener decidió atacar por donde menos se esperaba. Y así, en lugar de referirse directamente al hecho de que los perfiles de África y América del Sur encajan casi a la perfección (basta con mirar un mapa para darse cuenta), hecho que apoyaría la idea de una unión continental previa, el científico alemán prefirió ir dinamitando, una a una, las

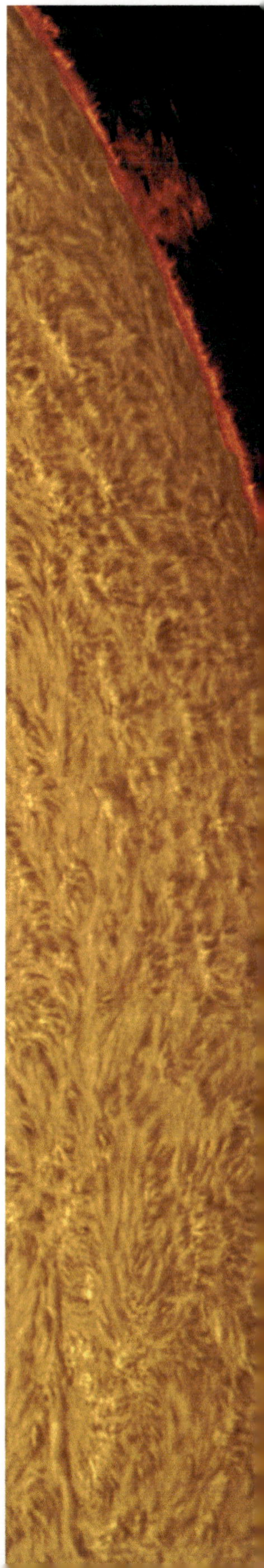

más firmes creencias de la geología de su época. En primer lugar, subrayó los puntos débiles del modelo de una Tierra caliente que se contrae al enfriarse. No quedaba nada claro el motivo por el cual las «arrugas", es decir, las cordilleras montañosas, no solo no se reparten más o menos uniformemente por todo el planeta (como sucede con las que se forman en la piel de las manzanas secas), sino que se limitan a una serie de franjas muy estrechas.

Por no hablar de la cuestión de la edad de esas cordilleras. Si se hubieran formado como consecuencia de la contracción de una Tierra que se enfriaba, las montañas del planeta deberían haberse elevado casi al mismo tiempo. Sin embargo, tanto el estudio de los fósiles como la datación de estas montañas revelan grandes diferencias en sus tiempos de formación, aunque se encuentren geográficamente próximas. Los Apalaches, por ejemplo, son mucho más antiguos que las Montañas Rocosas, aunque las dos formaciones se encuentren en América; y las cordilleras del norte de Europa nacieron mucho antes que los Alpes.

Otro motivo de contradicción se centraba en el descubrimiento de enormes masas rocosas halladas en los Alpes y que se superponían, contra toda lógica, sobre materiales geológicamente mucho más recientes. El mismo fenómeno, muy difícil de explicar con el modelo de la «superficie arrugada", fue observado después en otras cordilleras del mundo. ¿Cómo habían llegado las rocas a ocupar esas posiciones tan peculiares? Un movimiento lateral de las placas, más que la formación de arrugas en la superficie terrestre, podía ofrecer una explicación más convincente del fenómeno. Por último, el descubrimiento de materiales radiactivos que, con su calor interno, compensaban de sobra la dispersión del calor terrestre al espacio, demostraban que nuestro planeta no se estaba, ni mucho menos, enfriando.

Para solucionar estas contradicciones, Wegener propuso una hipótesis excepcional. Al principio de la era Mesozoica, hace alrededor de 200 millones de años, existió un «supercontinente", un único bloque que reunía a la totalidad de las tierras emergidas, al que llamó Pangea (que en griego significa «toda la tierra") y que estaba rodeado de un océano enorme al que bautizó como Pantalasa (que significa «todos los mares"). Según Wegener, el supercontinente inicial se rompió en fragmentos a causa de la fuerza de la rotación terrestre. Fragmentos que se fueron alejando unos de otros. Eso explicaría, por ejemplo, la razón por la que continentes como Africa o América, hoy separados por el océano Atlántico, comparten numerosos fósiles de animales y plantas que, por sus propios medios, jamás habrían podido atravesar esa barrera natural de agua. Si en la actualidad esos continentes son habitados por animales y plantas diferentes entre sí, es porque la evolución y el paso del tiempo han desarrollado

criaturas que se han ido adaptando a condiciones ambientales que, tras la separación, dejaron de ser las mismas.

Wegener daba mucha importancia a un pequeño reptil marino, el Mesosaurus, que vivió entre finales del Carbonífero y principios del Pérmico (entre hace 320 y 280 millones de años) y cuyos fósiles han sido encontrados tanto en América del Sur (Brasil, Uruguay y Paraguay) como en África (Namibia). Parecía un pequeño caimán, y la mayor parte de los restos encontrados pertenecen a ejemplares que no llegaron al medio metro de longitud, aunque se conoce por lo menos uno que alcanzó los dos metros. Para Wegener, era muy poco probable que esa criatura se hubiera desarrollado al mismo tiempo en zonas tan alejadas del planeta. Era mucho más lógico pensar que Mesosaurus surgió en un área concreta. Un área que después se fracturó y se separó.

Reconstrucción de Mesosaurus, pequeño reptil que vivió entre finales del Carbonífero y principios del Pérmico (entre hace 320 y 280 millones de años) y cuyos restos han sido encontrados tanto en América del Sur (Brasil, Uruguay y Paraguay), como en Africa (Namibia). (Ilustración: Ksandr.)

Además del reptil prehistórico, existe un orden de plantas, las Glossopteridales (cuyo género mejor conocido es Glossopteris), que tuvo una gran difusión en el mismo periodo tanto en América del Sur como en África y la India, es decir, en el bloque de continentes antiguos que, ya a finales del XIX, el geólogo Eduard Suess llamó «Gondwana» en honor de la región de la India central donde se hallaron por primera vez fósiles comunes a todo el hemisferio sur de la Tierra.

Todos contra Wegener

En favor de las ideas de Wegener había argumentos geológicos, centrados en la evidente similitud de determinadas formaciones rocosas en ambas orillas del Atlántico y que sugerían fuertemente la

posibilidad de que alguna vez hubieran estado unidas.

Y no solo las rocas, sino también las elevaciones que podían observarse en ambas orillas del Atlántico mostraban una indudable continuidad. Las cordilleras más antiguas de Europa, por ejemplo, tenían su equivalente en las que existen en la parte oriental de América del Norte. Resultaba evidente que en el pasado las dos formaban parte de una única cordillera, que se partió cuando los continentes se separaron. Para ilustrar este concepto, el geólogo alemán usaba el ejemplo de un periódico roto.

Para recomponerlo, no había que limitarse a hacer que coincidieran los bordes del papel roto, sino también las líneas impresas, de manera que al final pudieran leerse frases con sentido. En favor de su teoría estaban también las mediciones que el propio Wegener realizó durante sus expediciones a Groenlandia y que demostraban que esa zona seguía separándose de Europa a una velocidad que, según sus cálculos, estaba entre los 20 y los 30 centímetros anuales. Hoy sabemos que ese movimiento, aunque no tan rápido, existe. Sudamérica y Asia, por ejemplo, se separan en la actualidad a una velocidad de tres centímetros cada año.

El punto débil de su teoría, y el propio Wegener lo sabía, se centraba en el hecho de que no conseguía explicar de una manera convincente en virtud de qué fuerzas podían moverse los continentes. Su propuesta de que las placas continentales se desplazaban sobre el manto igual que uno desplaza una alfombra sobre el piso de una habitación no era razonable, ya que las enormes fuerzas de fricción impedirían esta clase de movimiento. Por eso su idea se enfrentó enseguida a las más duras críticas.

Wegener intentó algunas otras explicaciones, como una «fuga de los polos», que justificaría el movimiento hacia el

La Tierra no es el único lugar en el que hay volcanes. Sirva como ejemplo el Sapas Mons, de Venus, de más de mil metros de altura. La imagen ha sido generada a partir de los datos de las sondas soviéticas Venera 13 y 14 por técnicos del Jet Propulsion Laboratory, de la NASA.

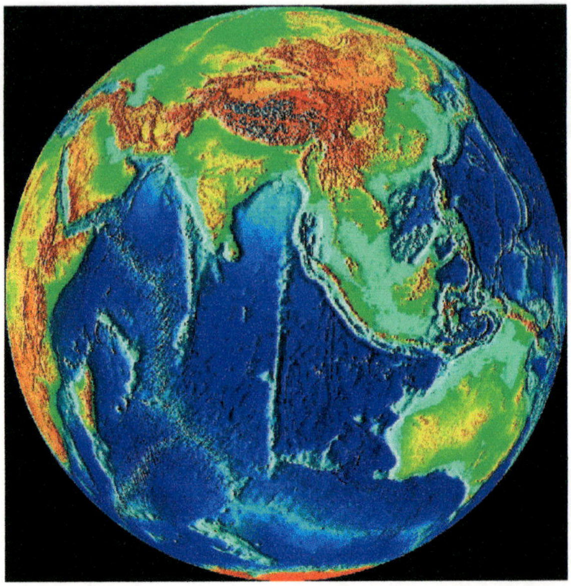

Todos los océanos del mundo están cruzados por gigantescas cordilleras, las dorsales oceánicas, a lo largo de las que se registra una intensa actividad volcánica. Es aquí, en las dorsales, donde el planeta genera continuamente nueva corteza terrestre.

Ecuador, y la fuerza centrífuga provocada por la rotación de la Tierra, que justificaría el movimiento este-oeste de las dos Américas. Las montañas se formarían porque los continentes, en su desplazamiento, acabarían antes o después encontrándose con la resistencia de los fondos oceánicos, lo que provocaría las elevaciones de la misma manera que sucede cuando una hoja de papel que movemos sobre una mesa se encuentra con un obstáculo que no puede apartar.

Casi todos los geólogos de su tiempo se lanzaron contra él sin contemplaciones. Su teoría no solo fue rechazada, sino que se intentó ridiculizarla. Wegener fue acusado de alargar, distorsionar y retorcer a su antojo los perfiles de los continentes para hacerlos coincidir. El geofísico británico Harold Jeffreys, conocido por haber formulado, junto a James Jeans, una hipótesis sobre el origen del Sistema solar, atacó la teoría justo en su punto más débil: su dependencia de la rotación terrestre y de las fuerzas gravitatorias. Con cálculos sencillos y demoledores, Jeffreys demostró que la corteza terrestre era demasiado resistente para ceder ante las fuerzas propuestas por Wegener, y que una fuerza capaz de mover los continentes habría conseguido, también, detener la rotación terrestre en menos de un año.

Tras hacer públicas sus teorías, la mayor parte de los geólogos del mundo se lanzaron contra Wegener. No solo intentaban negarlas, sino ridiculizarlas.

Además, si los continentes pueden desplazarse sobre el manto con tanta libertad, ¿cómo es posible que ese mismo manto los frene hasta el punto de hacer que se eleven montañas? ¿Cómo es posible que el material que forma el fondo de los océanos sea, al mismo tiempo, más débil y más fuerte que la corteza continental? Muchos otros sostenían que la erosión, cuyos efectos cambian continuamente el aspecto externo del planeta, habría alterado en gran medida, tras el paso de muchos millones de años, el perfil original de los continentes, que hoy sería completamente diferente del que podía verse en el pasado. La coincidencia entre los bordes de África y Sudamérica era solo eso, pura coincidencia.

No solo las teorías de Wegener fueron puestas en tela de juicio, sino también su propia condición de científico. Se le acusó de utilizar solo los datos que favorecían sus planteamientos, ignorando todos los demás. A la hostilidad que suscitaron sus ideas también contribuyó el hecho de que Wegener no era geólogo ni paleontólogo ni biólogo. Y, a pesar de ello, se permitía elaborar teorías que entraban de lleno en estos campos y que, además, iban descaradamente en contra de las ideas dominantes. Si Wegener tuviera razón, casi un siglo de labor científica en estas disciplinas habría tenido que tirarse, directamente, a la basura.

A pesar de ello, algunos, pocos, no desecharon sus ideas, como el geólogo suizo Emile Argand, el norteamericano Reginald Daly, el británico Arthur Holmes (que reforzó la teoría al sugerir un mecanismo mucho más plausible para explicar el movimiento continental) o el sudafricano Alex du Toit, que aportó nuevas pruebas en favor de Wegener y cuya contribución fundamental fue la de proponer dos continentes originales en lugar de la Pangea única de Wegener. Du Toit llamó al «supercontinente» septentrional Laurasia, y al meridional, Gondwana. Ambos estaban separados por un mar, Thetis. Las ideas de Wegener, sin embargo, no empezaron a gozar de una aceptación significativa hasta bien entrada la década de los cincuenta.

Un vistazo al fondo del mar

Pequeñas chimeneas humean en la base del volcán submarino Nikko, en los mares del Japón. Los científicos estudian con detalle esta zona, especialmente activa, para comprender la evolución del planeta. (Foto: NOAA.)

La razón por la que en los años treinta y cuarenta la idea de que los continentes iban a la deriva suscitó tantas polémicas era, principalmente, que no se sabía nada, o casi nada, de lo que existe en el fondo de los océanos, y eso a pesar de que las dos terceras partes de la superficie terrestre están cubiertas de agua.

Pero ese desconocimiento estaba a punto de solucionarse gracias a una nueva ciencia que tomó impulso precisamente durante la década de los treinta: la Sismología. Analizando los sismogramas de explosiones provocadas en distintas clases de sedimentos, los científicos aprendieron a leer en ellos la naturaleza y la composición de los terrenos. Y lo que es más, también sus estructuras. Esta era precisamente la especialidad de un joven físico norteamericano recién licenciado, Maurice Ewing, que en 1935 recibió el encargo de estudiar la naturaleza de las tierras cercanas a la costa en diversos puntos de Estados Unidos. Ewing, que hoy es considerado como uno de los padres de la geofísica, descubrió que aquellos fondos marinos estaban cubiertos por gruesas capas de sedimentos que podían tener hasta varios kilómetros de espesor y que esas «mantas de roca» no eran, como se pensaba hasta entonces, formaciones geológicas de carácter permanente.

Las exploraciones se fueron sucediendo y pronto se extendieron hasta mar abierto, donde las nuevas técnicas de explosiones submarinas permitieron recoger una larga serie de datos e informaciones completamente nuevas e insospechadas. Las mediciones mostraban, por ejemplo, que en aguas profundas los depósitos sedimentarios eran más delgados que en las costas, justo al revés de lo que se pensaba.

Por lógica, la acumulación de sedimentos en el transcurso de los miles de millones de años de historia de la Tierra habrían tenido que formar, al contrario de lo que sucedía, capas de muchos kilómetros de espesor en los fondos marinos. En lugar de eso, las mediciones arrojaban apenas unos pocos cientos de metros de grosor, lo que sugería una edad de no más de cien o doscientos millones de años. Eso nos lleva al principio de la era conocida como Mesozoico. ¿Qué había sucedido en los fondos oceánicos?

La cosa se volvió del todo incomprensible cuando las investigaciones llegaron a la altura de la dorsal mesoatlántica, la gran cordillera submarina que se extiende desde el Polo Norte hasta la Antártida. Allí ni siquiera existía una capa sedimentaria bien definida. Los sondeos sísmicos señalaban en su lugar la presencia de un estrato inconsistente formado por materiales diversos; y el resultado de dragar algunos kilómetros de fondo trajo a la superficie, para colmo, fragmentos de lava de muy reciente formación. Los estudios, además, revelaron que la corteza terrestre era completamente distinta en los océanos que en las tierras emergidas, y que en ambos casos por debajo se extendía una amplia zona de materiales más densos, que a partir de entonces recibió el nombre de «manto», en sustitución del término «sustrato» utilizado hasta ese momento.

El estallido de la Segunda Guerra Mundial significó la brusca interrupción de las investigaciones. Pero los años de conflicto no se echaron en saco roto, sino que se usaron para poner a punto toda una nueva generación de instrumentos científicos. Cuando los mares volvieron a ser transitables, los trabajos se retomaron con renovado vigor. Y las recompensas no se hicieron esperar. Se descubrió, por ejemplo, que la corteza oceánica, formada por materiales basálticos, tenía, en algunos puntos, un espesor de apenas cinco kilómetros, a diferencia de la corteza continental, de composición granítica, cuyo espesor medio ronda los 40 kilómetros.

Mientras, otro geólogo, llamado Bruce Heezen, del Observatorio Geológico de la Universidad de Columbia, descubría en medio del Atlántico la existencia de una misteriosa depresión (en ingles, *rift*, que significa falla), de unos 15 kilómetros de largo y varios cientos de metros de profundidad, que corría en paralelo a la cresta dorsal, de norte a sur. El equipo de Heezen interpretó que esta fisura, que además mostraba una intensa actividad sísmica y emitía lava casi continuamente, era una rotura, una profunda grieta en la superficie de la corteza oceánica.

Pero las sorpresas no terminaron ahí. Pronto se descubrió que existían otras cordilleras submarinas en cada uno de los océanos del planeta y que, además, no se trataba de estructuras independientes, sino que todas ellas estaban unidas, formando una gigantesca cadena montañosa de más de 60.000 kilómetros de longitud (una vez y media el perímetro de la Tierra), alrededor de los continentes. Enseguida se extendió la suposición de que todas estas dorsales podían tener un origen común: en las proximidades de todas, sin excepción, se registraban numerosos terremotos; y todas estaban segmentadas por profundas fracturas. La existencia de estas fallas partiendo las dorsales por su eje permitía a cada fragmento moverse de forma independiente de su vecino inmediato. La mayor parte de estas fracturas permanecen ocultas bajo las

En la fotografía, varios miembros de la expedición «Anillo de Fuego 2006» se preparan para una nueva inmersión del submarino Jason, cuyo objetivo es estudiar la geología de las dorsales oceánicas. Los medios que la moderna tecnología pone a disposición de los científicos hace posible realizar observaciones y recopilar datos impensables hace apenas unas décadas. Esta clase de exploraciones comenzaron en la década de los cincuenta y se realizaban a base de medir con un sismógrafo los efectos provocados por la explosión de potentes cargas submarinas.

aguas, pero en ocasiones atraviesan también las tierras emergidas, como la famosa falla de San Andrés, en California, que surge del agua a la altura de San Francisco y penetra en tierra firme a lo largo de cientos de kilómetros, causando en su recorrido numerosos y violentos terremotos.

La Tierra, pues, guardaba bajo las aguas de sus océanos un extenso sistema montañoso. Enormes cordilleras cortadas en varios puntos por grietas profundas y sacudidas por una intensa actividad sísmica. De ellas, además, surgía una gran cantidad de material fundido que, en todos los casos, terminaba por formar volcanes y chimeneas. Todo ello llevaba a la conclusión inevitable de que nuestro mundo se estaba dilatando, y no contrayéndose como siempre se había creído. Y dado que resulta evidente que la Tierra no crece de tamaño con el tiempo, había que admitir también que al mismo ritmo que las dorsales emiten nuevos materiales, que después se trasladan lateralmente, tienen que existir, también, zonas en las que suceda exactamente lo contrario. Zonas en las que, en lugar de crearse, la corteza terrestre se estuviera destruyendo.

La existencia de esas zonas fue anunciada por el geólogo norteamericano Harry Hess. Se trataba de las fosas oceánicas que se abren a lo largo de los bordes continentales. En esos lugares, la corteza oceánica se hunde, literalmente, debajo de los continentes, deslizándose a lo largo de la llamada «zona de Benioff » (en honor del sismólogo ruso que por primera vez señaló su presencia en 1955). Dicha zona se caracteriza por su brusco descenso hacia las profundidades, con una inclinación que varía entre los 30 y los 70 grados con respecto a la superficie de la Tierra. Hess expuso por primera vez su teoría en 1960, durante la asamblea anual de la Sociedad Geológica norteamericana.

Bajo la corteza terrestre, dijo, existen enormes corrientes de material fundido, que aflora hasta la superficie a lo largo de las dorsales oceánicas. Al salir, la lava entra en contacto con el agua fría y se solidifica, alejándose después de la dorsal como si estuviera sobre una gigantesca cinta transportadora. Las grietas centrales, de esta manera, se van llenando siempre con nuevo material magmático procedente de las profundidades del planeta. Este proceso, para Hess, originaba la litosfera oceánica y conseguía además dar una explicación lógica al hecho de que los fondos marinos fueran cada vez más antiguos a medida que se alejaban de la dorsal y se aproximaban a las costas. Allí, todo ese material desaparecía, deslizándose por el citado plano de Benioff hacia las fosas abisales, por debajo de las placas continentales.

Los continentes mismos, en lugar de ser como enormes rompehielos abriéndose camino en una sima poco resistente, como supuso Wegener, pasaban ahora a ser considerados como enormes bloques de rocas ligeras transportados de un lugar a otro por el movimiento de las corrientes de magma que tenían debajo. Hacían falta, sin embargo, nuevas pruebas para terminar de atar la teoría de Hess. Pruebas que no tardaron mucho en llegar.

Un planeta magnético

A pesar de que hace ya cuatrocientos años que William Gilbert publicó su *De Magnete,* en el que se consideraba a la Tierra como un gigantesco imán, el origen del campo magnético terrestre sigue estando, hoy, envuelto en el misterio.

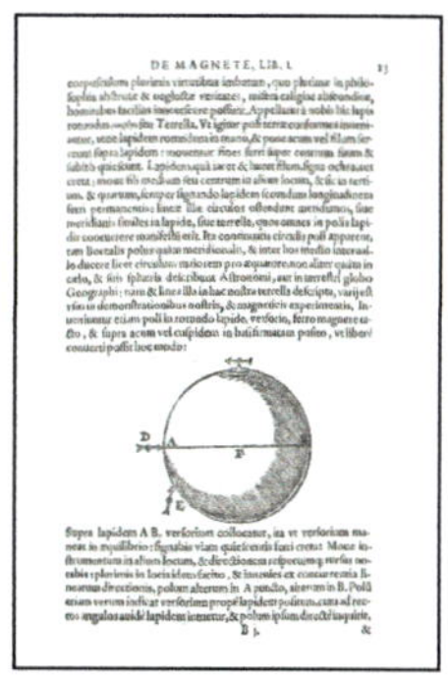

Una página de De Magnete, la obra en la que William Gilbert, hace ya cuatrocientos años, enunció sus teorías sobre el magnetismo terrestre.

Consecuencia del movimiento de partículas cargadas eléctricamente en el centro metálico de nuestro mundo o fruto de las poderosas corrientes convectivas que mueven los metales

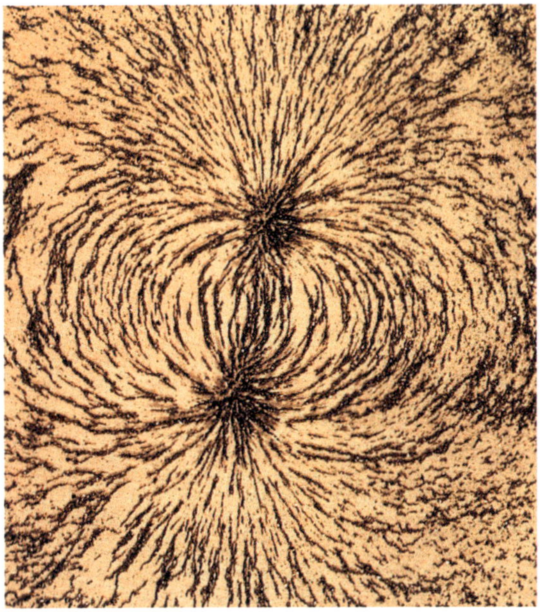

en las profundidades, el campo magnético terrestre ha sido aprovechado con profusión por el hombre, incluso antes de conocer su existencia, como demuestra la historia de la navegación. Los marineros saben desde hace mucho, en efecto, que una aguja imantada apunta siempre al Polo Norte en el hemisferio septentrional, y al Sur en el meridional. Y esta característica ha permitido, durante siglos, que las embarcaciones fueran capaces de mantener el rumbo en sus desplazamientos, en lugar de perderse sin remedio en la inmensidad del mar.

También en la Naturaleza existen rocas que, de forma natural, se comportan como imanes, aunque hasta la década de los cincuenta no se encontró a este hecho ninguna utilidad práctica. En aquel momento, sin embargo, en plena revolución geológica, descubrir que por la magnetización de las rocas volcánicas se podía determinar el movimiento de los continentes supuso que se generara un súbito interés por una nueva disciplina científica, el paleomagnetismo. La cosa funciona así: cuando la lava sale a la superficie durante una erupción, algunos de los minerales de hierro que contiene se magnetizan y, convertidos en pequeños imanes, se disponen en la dirección que tuviera el campo magnético en ese momento.

Cuando las rocas se enfrían, la magnetización se hace permanente y se conserva sin variaciones durante millones de años, incluso si el campo magnético de la Tierra cambia durante ese tiempo. Conociendo la edad de la roca magnetizada, los científicos podrían, pues, determinar la posición que ocupaban los polos magnéticos (que no coincide con la de los polos geográficos) en la época en que esa roca se formó. Y la orientación magnética de algunas de estas rocas se desviaba de forma evidente de la posición actual de los polos magnéticos, lo cual significaba que se habían formado en lugares diferentes a donde fueron encontradas.

Las mismas fuerzas que consiguieron separar Pangea en los distintos continentes actuales, siguen en marcha y volverán a cambiar, en algunas decenas de millones de años, el aspecto de nuestro mundo. Los científicos han encontrado pruebas, además, de que el fenómeno se ha repetido en varias ocasiones a lo largo de la historia de la Tierra.

Pero una sorpresa aún mayor llegó en la década de los sesenta, cuando investigadores norteamericanos y japoneses, navegando cerca de las dorsales atlántica e índica, observaron casi al mismo tiempo un fenómeno que ya se había registrado en alguna ocasión en tierra firme: la inversión total del campo magnético. Rocas a cuatro mil metros bajo la superficie hablaban, sin lugar a dudas, de un tiempo en que el polo norte estaba en el sur, y viceversa. Y todo parecía indicar, además, que esa inversión no fue un fenómeno aislado, sino que tuvo lugar más veces en la historia de la Tierra. Hoy, los científicos saben que durante los últimos cinco millones de años se han producido por lo menos veinte inversiones, la más reciente hace unos 700.000 años.

Para los geólogos, sin embargo, lo más importante era que esas inversiones de campo configuraban una especie de secuencia temporal. Irregular, es cierto, pero que demostraba a las claras que la corteza oceánica no se había formado de una sola vez. Estudiando el magnetismo de las rocas, su disposición con respecto a los campos magnéticos y referenciando después esos datos en la secuencia de inversiones del campo, era posible hacerse una idea de las edades de los fondos marinos. Edades que, como hemos visto, iban creciendo a medida que se avanza desde el centro (las dorsales) a las líneas costeras. Todo estaba preparado, pues, para dar el salto siguiente, el de una teoría que fuera capaz de aglutinar todas estas evidencias dispersas y colocarlas en un único contexto capaz de explicar la dinámica de un mundo entero.

Tectónica de placas

En el año 1967 la maquinaria científica puesta en marcha por las hipótesis de Hess dio sus frutos: una teoría que conseguía representar la actividad presente y pasada de nuestro planeta en un todo coherente.

Terremotos, volcanes, formación de montañas, islas volcánicas y otras estructuras geológicas que podemos ver en la actualidad no eran más que la consecuencia del movimiento y la interacción de fragmentos de la corteza terrestre en diferentes momentos de la historia. Precisamente por su carácter general, la teoría fue bautizada como «tectónica global» (del griego

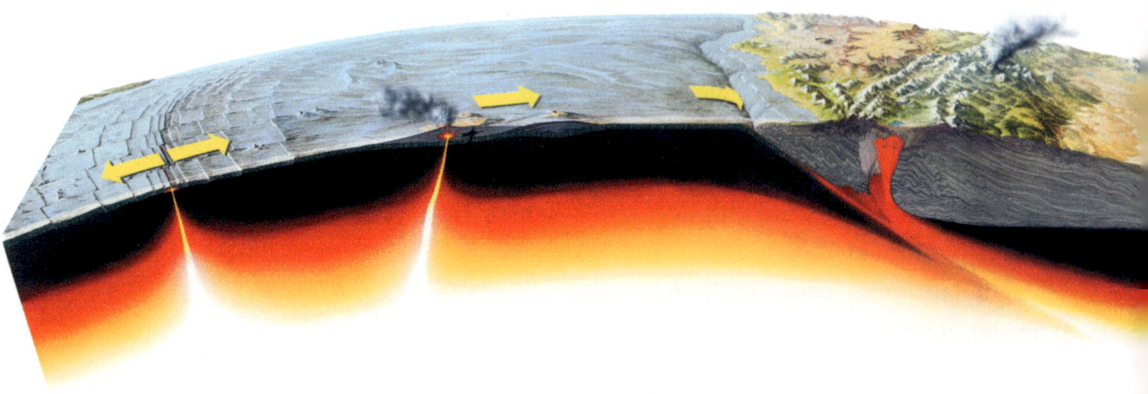

«tekton», que significa «el que construye»), pero recibió también, en virtud de los fragmentos en que había dividido la corteza terrestre, el nombre de «tectónica de placas». Y este fue, precisamente, el nombre con el que ha perdurado hasta hoy.

Después de identificar las áreas de distensión (las dorsales oceánicas), así como las llamadas áreas de subducción (las fosas oceánicas) y las áreas de contacto, la litosfera fue dividida por los investigadores en una veintena de placas bien diferenciadas, es decir, de fragmentos de corteza independientes, generalmente muy extensos y de escaso espesor, y cuyos bordes están sujetos a una intensa actividad, mientras que las áreas centrales permanecen inactivas, si exceptuamos los episodios sísmicos o volcánicos.

Cada una de las placas tiene tres tipos diferentes de bordes: divergentes, es decir, zonas en las que las placas se separan (dorsales oceánicas), y en las que el hueco resultante se rellena con magma de las capas inferiores formando nueva corteza; convergentes, que son los límites en los que una placa choca contra otra (fosas oceánicas), creando una «zona de subducción» en la que una placa se desliza debajo de la otra y la corteza se destruye; y el límite transformante o conservativo, el más peligroso para nosotros, ya que las placas se limitan a rozarse entre sí, generando una tensión gigantesca que suele liberarse en forma de violentos terremotos.

Queda abierta la cuestión del «motor» que hace que todo este gran mecanismo se ponga en marcha. Los detalles del complejo funcionamiento de las placas siguen, hoy, escapando a nuestra comprensión, y los geólogos piensan que esta situación de ignorancia se mantendrá aún durante mucho tiempo. Para saber exactamente lo que hay bajo una placa tectónica, sería necesario realizar perforaciones a profundidades que están tecnológicamente fuera de nuestro alcance.

El mapa imposible

Aun así, y ayudándose con ordenadores cada vez más potentes y modelos informáticos cada vez más precisos, los geólogos han conseguido hacerse una idea bastante acertada de cuáles han sido los cambios en el perfil de las tierras emergidas y la disposición de los océanos en el transcurso de la historia de la Tierra.

Mientras la nueva corteza se forma a lo largo de las dorsales oceánicas, la más antigua se va desplazando hacia los bordes continentales, hundiéndose en profundas simas que la devuelven a las entrañas de la Tierra.

Hace 200 millones de años existía, como ya hemos visto, un solo y enorme continente que Wegener llamó Pangea. Este único y compacto bloque de tierra no tenía, sin embargo, una estructura lisa y monótona, sino que estaba formado por amplias llanuras recorridas por ríos, montañas, desiertos, lagos salados y una rica vegetación formada por prados y bosques que servían de refugio a una gran cantidad de criaturas vivientes, incluidos los primeros dinosaurios.

Contra las costas de Pangea rompían las olas del gran (y también único) océano, Pantalasa. Se calcula que Pangea ocupaba casi el 40% de la superficie del globo, dejando el resto a las aguas. A la altura del Ecuador, Pantalasa penetraba en Pangea formando un enorme golfo, llamado «mar de Thetis". La zona que quedaba al norte de este mar era Laurasia, de la que más tarde surgirían América del Norte, Europa y Asia, mientras que al sur del golfo se encontraba la tierra de Gondwana, cuyos fragmentos formarían después América del Sur, África, India, Australia y la Antártida.

Sin embargo, Pangea no fue el primer supercontinente que se formó sobre la superficie de la Tierra. Los exámenes paleomagnéticos, el estudio de las cordilleras más antiguas y

la distribución de los fósiles muestran que las placas tectónicas llevan vagando por la superficie de la Tierra, juntándose y separándose, desde hace dos mil millones de años. En ese tiempo, se tiene constancia de por lo menos tres supercontinentes anteriores a Pangea.

Unos cincuenta millones de años después de haberse formado Pangea, algunas fracturas profundas comenzaron su lento proceso de demolición. Como ya hemos visto, no queda del todo claro qué es lo que provocó el enorme flujo de magma que, desde las profundidades, fragmentó el supercontinente. Lo único cierto es que el lento ceder de las zonas de sutura permitió que masas de lava cada vez mayores afloraran a la superficie. La primera fractura partió en dos Pangea a lo largo de la línea ecuatorial, separando para siempre Laurasia de la tierra de Gondwana. Pero a esta primera grieta siguieron otras, a través de las cuales las rocas fundidas del interior del planeta fluían copiosamente. La acumulación de tanto material hundía, literalmente, a la corteza bajo su propio peso, creando cuencas que se rellenaban con el agua del

Un fuerte terremoto en Islandia provocó esta larga y profunda grieta sobre el terreno.

gran océano. Hace 100 millones de años, el agua consiguió interponerse entre África y América del Sur, formando un mar largo y estrecho parecido al actual mar Rojo. Fue el origen del océano Atlántico.

Mientras, en el sur, otros fragmentos de litosfera que se habían desprendido de Gondwana emprendieron su propia navegación autónoma: la India, dirigiéndose al norte, y la Antártida y Australia, unidas en un solo bloque, desplazándose hacia el sur. Hace cincuenta millones de años, el mar de Thetis había reducido drásticamente sus dimensiones debido al progresivo acercamiento de los continentes europeo y africano. En sus costas empezaban a adivinarse las formas de varias penínsulas que, mucho después, se convertirían en Grecia, Italia, Portugal y España.

A medida que se acercaba al presente, el planeta iba adquiriendo el aspecto que nos es familiar. El Atlántico se había convertido en un auténtico océano, Madagascar se separó de África, India había alcanzado Asia y se había unido a ella y lo que después sería el Mediterráneo había roto su conexión con el océano Índico, aunque conservaba una abertura hacia el Atlántico.

En unos pocos millones de años más, el mundo habría alcanzado la apariencia que tiene hoy en día. India habría chocado con Asia, levantando la cordillera del Himalaya; Australia se habría dirigido hacia el Ecuador, abandonando a la Antártida a su destino, y África, rotando sobre sí misma, habría cerrado casi por completo el Mediterráneo, cuya única conexión al exterior sería, a partir de entonces, el estrecho de Gibraltar. En el norte, Groenlandia se hacía independiente y rompía definitivamente sus vínculos con Europa, América del Norte y Asia.

La última transformación profunda de la fisonomía terrestre, que además tuvo consecuencias inmediatas en la evolución humana, fue en el Mediterráneo, que hace cinco millones de años se evaporó por completo dejando una costra de sal de un kilómetro de espesor. El fenómeno se produjo como consecuencia de la elevación de Gibraltar, que aisló el Mediterráneo del Atlántico y lo convirtió en un gran lago salado que se fue evaporando sin remedio. Esta situación, que provocó enormes cambios climáticos en toda la cuenca, duró cerca de un millón de años. Después, Gibraltar volvió a bajar y el Atlántico se hizo de nuevo dueño de la situación, volviendo a llenar la cuenca de agua.

Una visión del futuro

Las fuerzas que durante tantos millones de años han cambiado el aspecto de nuestro mundo, siguen funcionando en la actualidad.

En las dorsales oceánicas sigue formándose nueva corteza terrestre, y en las fosas abisales esa corteza sigue desapareciendo. Los continentes siguen moviéndose, y sus velocidades y trayectorias (del orden de centímetros al año) son hoy bien conocidas por los científicos. Si el modelo de la tectónica de placas se revela exacto y no surgen nuevas sorpresas, todo parece indicar que el océano Pacífico se irá haciendo cada vez más pequeño hasta convertirse, en otros cincuenta millones de años, en un simple lago, dejando para el Atlántico el papel de océano mayor de la Tierra.

En unos cinco millones de años, la Península Ibérica habrá girado sobre sí misma. Los Pirineos se fracturarán, el levante español se unirá al norte del continente africano y Portugal estará solo a un paso de la Riviera francesa.

La progresión de la falla africana provocará, a su vez, el nacimiento de un nuevo mar y separará la parte nororiental del resto del continente negro, igual que sucedió con Madagascar. Otros movimientos terminarán por separar California de América del Norte y la convertirán en una solitaria isla en medio del Pacífico. Australia emprenderá viaje hacia Asia y arrasará en su camino toda Indonesia, cuyas numerosas islas, en el mejor de los casos, se convertirán en una nueva cordillera montañosa. Aquí, en el Mediterráneo, la placa africana seguirá empujando hacia el norte, reduciendo el tamaño del Mediterráneo y doblando la península Itálica hasta colocarla casi en paralelo al Ecuador. En apenas cinco millones de años, el movimiento de torsión al que está sujeta la Península Ibérica hará que se separe, fracturándose por los Pirineos, del resto de Europa. En ese plazo de tiempo, las costas levantinas se encajarán en las del norte de África y Portugal será la zona más septentrional de la Península. Grecia, por su parte, desaparecerá casi por completo, uniéndose a Turquía, al mismo tiempo que el mar Egeo se convertirá en un lago. El mar Rojo, por su parte, seguirá ensanchándose hasta cumplir su destino y convertirse en un nuevo océano.

Con el paso del tiempo, África penetrará por completo en Europa, cerrando definitivamente el Mediterráneo y formando, en el norte, un único continente que será la suma del actual continente negro, Europa, Asia y Australia, que se habrá unido a la fiesta. Será el comienzo de una nueva Pangea, un nuevo continente único que después volverá a fragmentarse, un nuevo ciclo en la historia cambiante del mundo en que vivimos.

La Tierra
Tectónica de placas. Evolución de los continentes.

PÉRMICO
225 millones de años

TRIÁSICO
200 millones de años

Tectónica de placas

1- Placa Juan de Fuca
2- Placa de Cocos
3- Placa del Caribe
4- Placa de Nazca
5- Placa Escocesa
6- Placa de las Sandwich del Sur
7- Placa Egea
8- Placa Turca

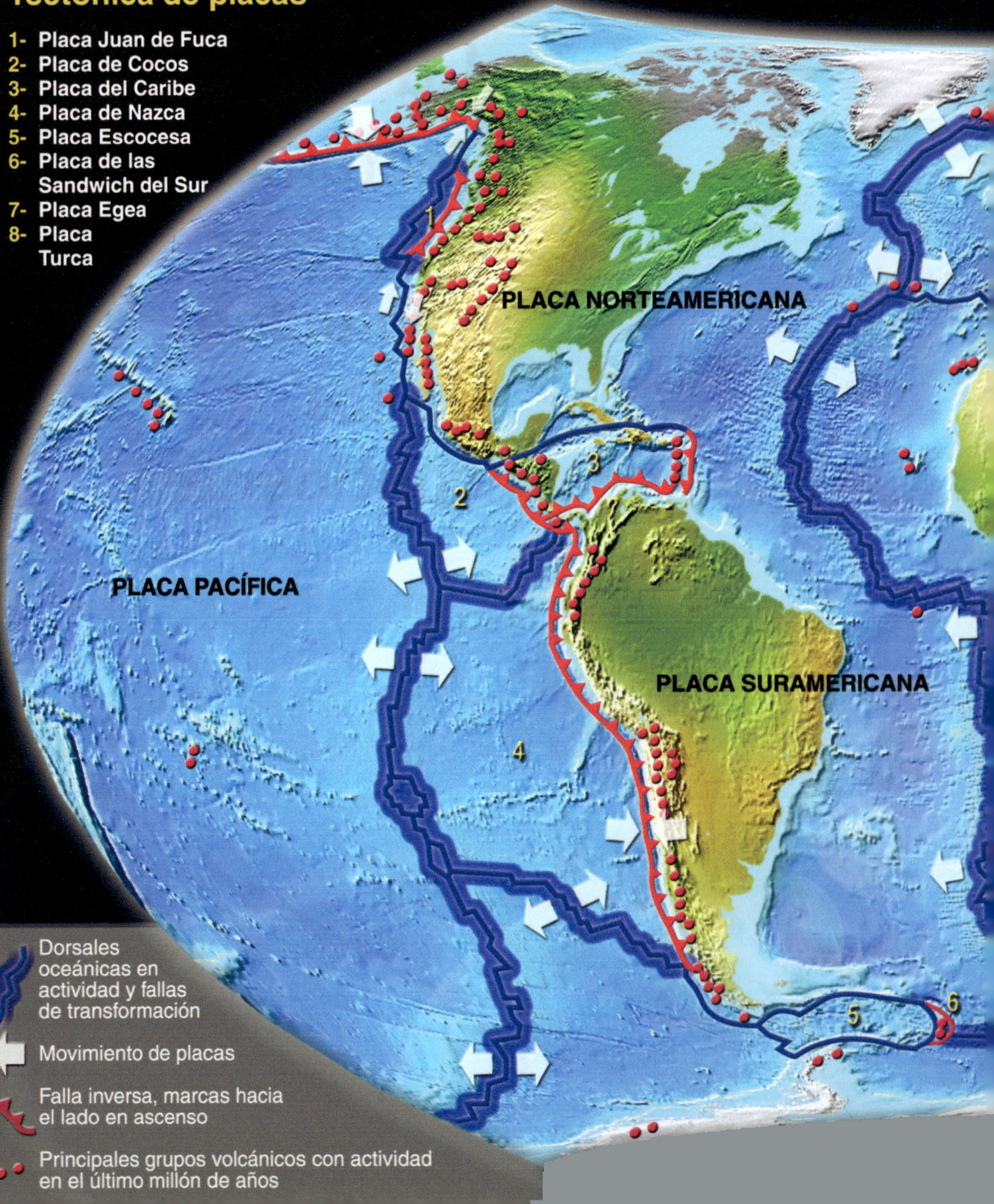

LA TIERRA

Evolución de los continentes

Capítulo 4

La materia

Dios no solo juega a los dados: a veces los tira donde no se pueden ver.

Stephen Hawking

Todo lo que hay a nuestro alrededor, cualquier clase de objeto o criatura que se pueda imaginar, desde esta misma hoja de papel a una montaña, una hormiga, una naranja, su automóvil o usted mismo, tienen en común algo excepcional: todos ellos están constituidos por átomos.

Y ese hecho evidente hoy para cualquiera es, en realidad, un descubrimiento muy reciente, a pesar de que el ser humano se ha esforzado desde siempre en comprender de qué está hecho el mundo que nos rodea.

Ha sido, sin embargo, durante los dos últimos siglos cuando el hombre ha conseguido dar algunas respuestas y demostrar, gracias a experimentos científicos cada vez más sofisticados, que la materia ordinaria está formada por una serie de estructuras muy pequeñas.

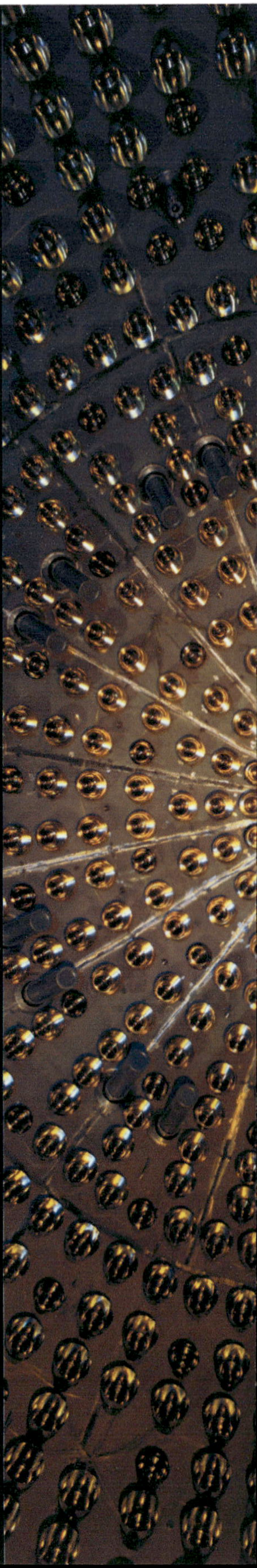

Tanto, que en un simple grano de arena, o en la más pequeña gota de agua, su número se puede contar por miles de millones. Ninguno de nosotros es capaz de distinguir a simple vista un átomo, cuyo tamaño se mide en cienmillonésimas de centímetro. O, dicho de otra forma, para conseguir un solo centímetro de átomos sería necesario poner en fila, uno tras otro, cien millones de ellos. Sin embargo, a pesar de sus reducidas dimensiones (y de su propio nombre, que en griego significa «indivisible»), los átomos no son los «ladrillos» más pequeños, sino que están a su vez constituidos por partículas aún menores. Un átomo es, en realidad, una compleja estructura compuesta de un núcleo central, formado de protones y neutrones, y de una «nube» de electrones, más ligeros, que orbitan alrededor del núcleo como los planetas alrededor del Sol.

Hace ya dos mil años que los griegos intentaron imaginar hasta qué punto era posible seguir dividiendo en partes un único trozo de materia. Rompiendo esa materia siempre por la mitad llegará un momento, pensaban, en que no se pueda dividir más. Llamaron «átomos» a esas piezas diminutas e indivisibles. Hoy, la pregunta es similar, aunque su formulación ha cambiado de manera sutil. Sabemos que también los átomos se dividen. Y queremos averiguar hasta dónde eso es posible. Para ello, la Ciencia se ha ido equipando con instrumentos cada vez mejores. Pero la tecnología necesaria para resolver la cuestión no llegó hasta este mismo siglo.

Los microscopios actuales pueden mostrar objetos realmente muy pequeños, y revelar estructuras mucho menores de las que podemos observar a simple vista. La idea, sin embargo, de que un microscopio solo sirve para ampliar objetos está equivocada. En realidad, su máxima utilidad estriba en que es

Detector de neutrinos en Gran Sasso (Italia). La cámara de detección está situada a 1440 metros de profundidad, en el corazón de una montaña, y se accede a ella a través de un túnel de 10 km.(Foto: SPL.)

capaz de diferenciar individualmente (esto es, «resolver») objetos diminutos que están muy cerca, incluso pegados entre sí, y que de otra forma parecerían entidades únicas. A medida que vayamos construyendo microscopios más y más potentes, iremos siendo capaces de escudriñar distancias cada vez menores. Hasta toparnos con los límites mismos que impone la Naturaleza. No debemos olvidar que un rayo de luz, o un haz de electrones, actúan como si fueran ondas, y para individuar objetos cada vez más pequeños necesitamos rayos cuya longitud de onda sea igual o menor que el objeto que queremos estudiar.

El ojo humano, por ejemplo, solo responde a radiaciones electromagnéticas que se emiten en longitudes de onda muy concretas, las que corresponden a la «luz visible», en cuyos dos extremos, como sabemos, están los colores rojo y violeta. Por eso, cuando nos referimos a radiaciones con longitudes más largas que el rojo, o más cortas que el violeta, las llamamos «infrarrojas» y «ultravioletas». La luz «visible» solo es útil para resolver objetos que no sean mucho menores que una milésima de milímetro. Para captar algún detalle a escalas inferiores necesi-

Estructura molecular del diamante. Cada átomo de carbono (esferas negras), está en el centro de un tetraedro y se une a otros cuatro átomos en sus esquinas. (Foto: SPL.)

tamos luces mucho más potentes, radiaciones invisibles para nosotros. Los microscopios de electrones, por ejemplo, utilizan haces de las mismas partículas de las que toman el nombre en lugar de rayos luminosos. Partículas que se lanzan, sin contemplaciones, contra el objeto que se quiere estudiar. El análisis de lo que sucede cuando los electrones alcanzan su objetivo nos permite hacernos una idea de las propiedades y de las características que el objeto tiene. Cuanta más resolución queramos alcanzar, más energía habrá que suministrar a los electrones antes de realizar la «observación». Y para generar las cantidades cada vez mayores de energía que hacen falta para estudiar objetos cada vez menores, esta clase de instrumentos ha tenido que ir creciendo gradualmente de tamaño.

El panorama inesperado

Con un microscopio de electrones, los científicos han sido capaces de llegar a ver estructuras del tamaño de moléculas, es decir, conjuntos de varios átomos unidos por lazos químicos, aunque apenas si han conseguido percibir átomos individuales.

Cuando se quiere ir más lejos y penetrar en la estructura misma que tienen esos átomos, entonces hay que cambiar de estrategia y sustituir el microscopio por algo todavía mucho más potente: un acelerador de partículas. Los más pequeños de estos instrumentos tienen varios metros de largo y el mayor del mundo, instalado en el CERN (Centro Europeo de Investigaciones Nucleares), es un enorme anillo de 27 kilómetros de diámetro que se encuentra a caballo entre Francia y Suiza.

Para bucear en el interior de la estructura atómica, los físicos utilizan los instrumentos científicos más grandes jamás construidos por el hombre: los aceleradores de partículas.

En su interior, haces de electrones y otras partículas son llevadas a estados energéticos que no se habían visto en el universo desde los lejanos tiempos de su creación, pocos instantes después del ***big bang***.

Gracias a estas herramientas formidables, los físicos han podido cruzar la frontera y entrar en el mundo subatómico, bucear en el núcleo mismo de los átomos y comprobar que lo forman dos clases diferentes de partículas, los protones y los neutrones. Y darse cuenta de que tampoco este es el final. Cada protón y cada neutrón está formado a su vez por tres pequeñas partículas, los quarks. Este es el límite hasta donde se ha podido llegar hasta ahora. Por lo que sabemos, electrones y quarks son, por fin, los «ladrillos» fundamentales de los que toda la materia está hecha.

Pero los físicos se dieron cuenta enseguida de otro hecho desconcertante: existen, por lo menos, dos variedades diferentes de quarks, los así llamados «arriba» y «abajo». Un protón, por ejemplo, está formado por dos quarks «arriba» y uno «abajo», justo al revés que un neutrón, que consta de dos quarks «abajo» y uno «arriba». Basta, pues, con mezclar electrones y quarks en sus varias combinaciones posibles para obtener la inmensa variedad de formas y sustancias que nos rodean, incluyendo también las que, como nosotros, están vivas.

Nada hace sospechar, por el momento, que también los quarks puedan dividirse en componentes aún menores, pero los investigadores, a medida que han ido consiguiendo aceleradores capaces de reacciones más y más energéticas, se han encontrado sin quererlo con toda una variedad inesperada de partículas. Partículas «fundamentales» que aparecían y desaparecían en menos de un instante, pero que revelaban una complejidad que nadie había esperado encontrar. Toda esa «fauna» infinitamente pequeña y efímera fue, poco a poco, ordenada y clasificada según sus características y propiedades.

La primera de estas partículas sorpresa fueron los neutrinos. Detectados por primera vez en laboratorio a mediados de los

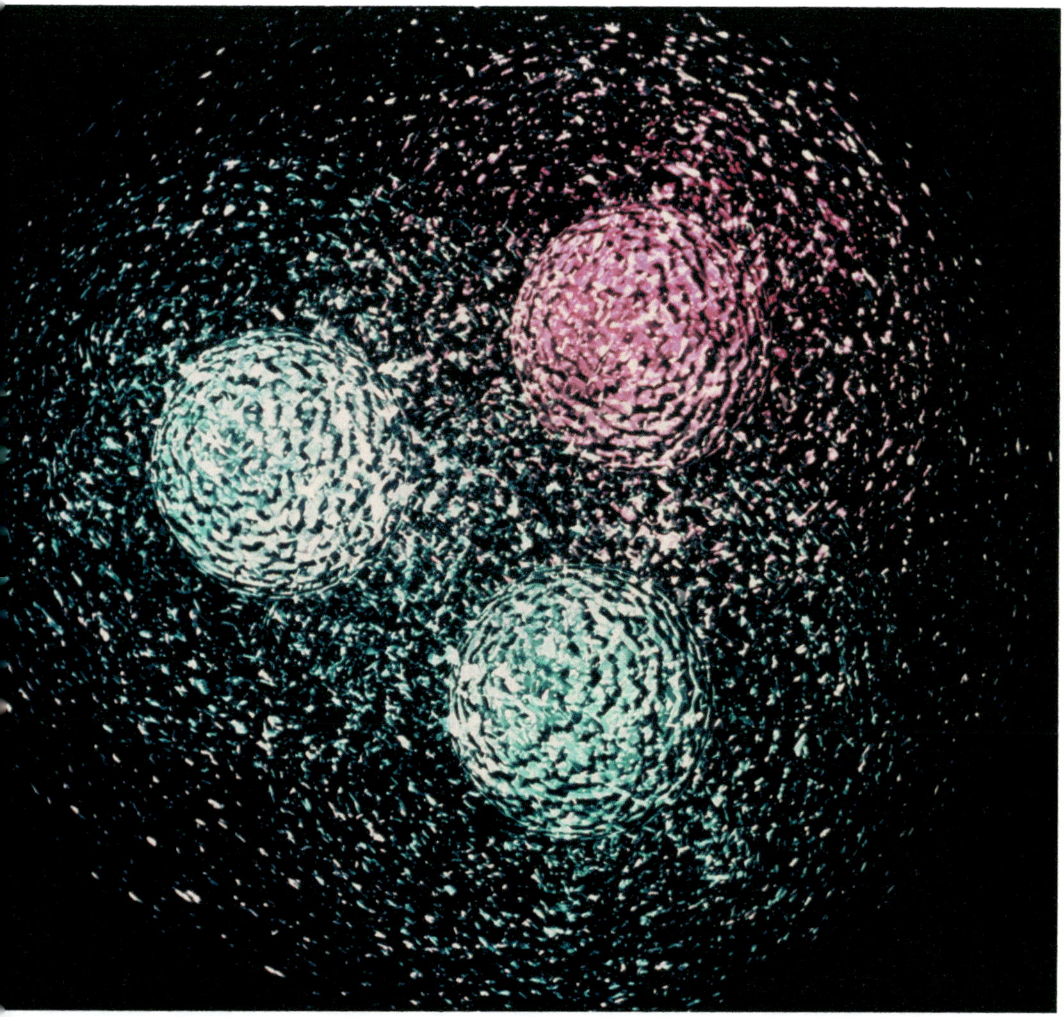

Aunque durante mucho tiempo se pensó que el átomo era la unidad mínima de la que está hecha la materia, el siglo XX demostró que no es así. Cada átomo consta de un núcleo hecho de protones y neutrones, alrededor del cual giran los electrones. Pero los protones resultaron no ser, tampoco, las «piezas» más pequeñas. Cada uno de ellos, en efecto, está constituido por tres quark, tal y como muestra la imagen. Existen, además, varios tipos de quark. En color verde, los quark «arriba» y en rosa, el quark «abajo». (Foto: SPL.)

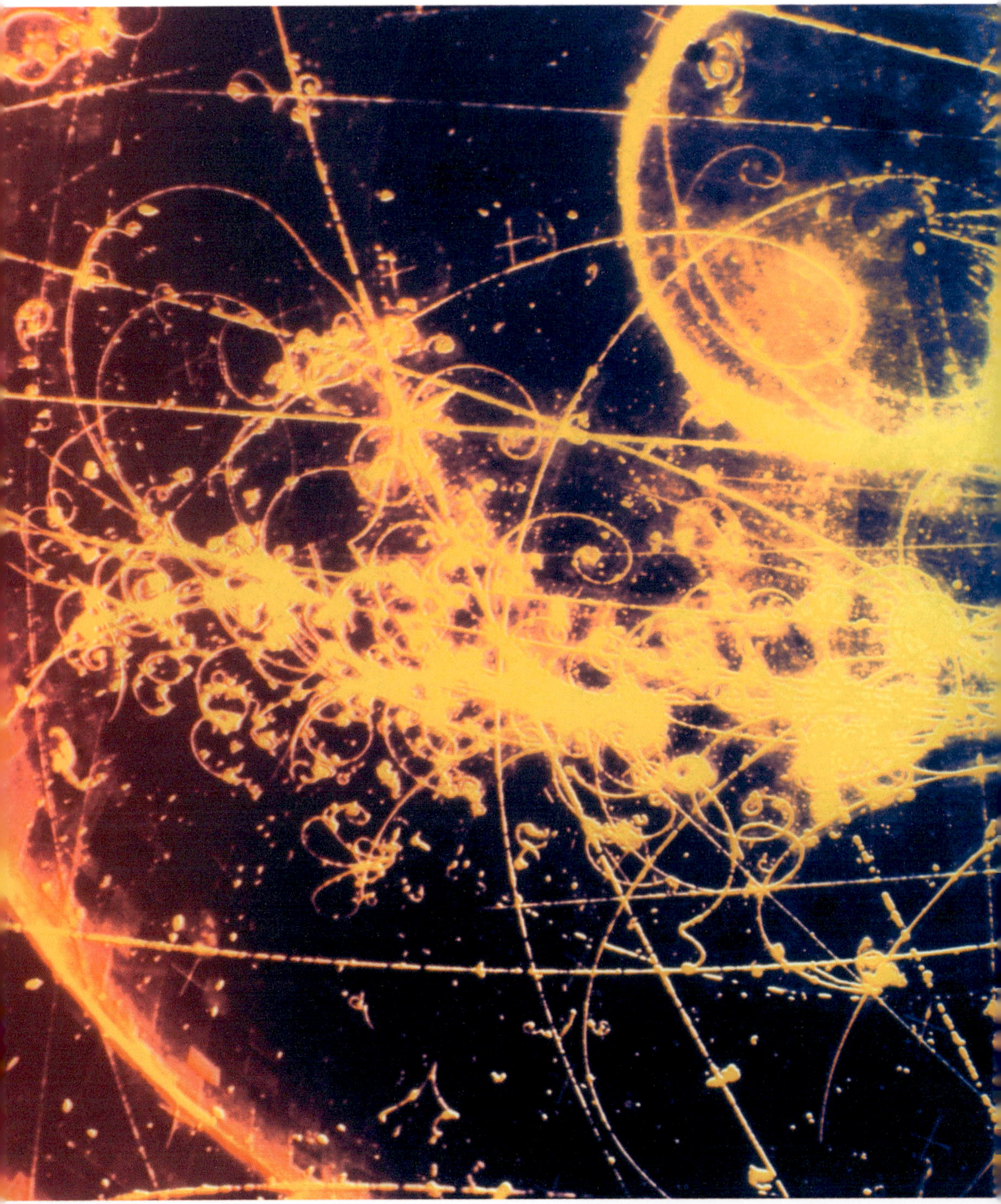

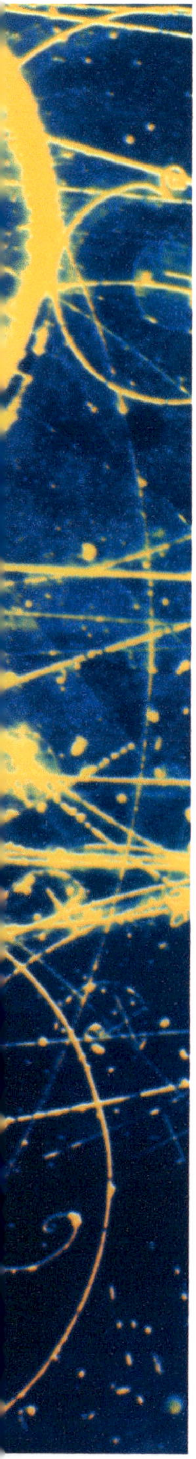

años 50 (por Fred Reynes y Clide Cowan), los neutrinos han resultado ser, al mismo tiempo, las partículas más abundantes del universo y también las más difíciles de ver. Los que llegan hasta nosotros proceden, en su mayoría, del Sol, aunque también son relativamente abundantes los neutrinos que surgen de la interacción de los rayos cósmicos con la atmósfera, los que proceden de explosiones de supernovas o los que se generaron hace miles de millones de años, en el ***big bang***. Tengan uno u otro origen, se trata de auténticos fantasmas subatómicos que bañan el universo entero y lo recorren a la velocidad de la luz sin interactuar apenas con la materia ordinaria.

Es decir, en su loca carrera, los neutrinos no «chocan» con otras partículas, ni siquiera cuando pasan a través de estrellas o planetas. Billones de neutrinos atraviesan la Tierra cada segundo sin que siquiera nos demos cuenta de ello. Se ha calculado que cada centímetro cuadrado de nuestro mundo es bombardeado por mil millones de neutrinos a cada segundo. Entran por un extremo del planeta y salen por el otro como si no existiéramos. Por eso, entre otros motivos, los físicos siempre se han inclinado a pensar que el neutrino debía tener, si es que tenía alguna, una masa insignificante, muy próxima a cero.

Sin embargo, aunque no es lo corriente, algún neutrino que otro rompe la norma y colisiona, esto es, interactúa con otras partículas. Enormes y sofisticados detectores han sido construidos en diversos lugares del mundo (uno de ellos en España, en Canfranc) con el

En la página anterior, las trazas de una colisión de partículas dentro de un acelerador. Se trata, en esta ocasión, de un neutrino, «capturado» en las instalaciones del Fermilab, en Chicago (EE. UU.). El neutrino, que entra por la derecha en la cámara de burbujas del detector, no deja huella alguna hasta que interactúa con un protón, generando una serie de partículas cuyas trayectorias se curvan a causa del campo magnético del instrumento.

único objeto de registrar alguna de estas raras interacciones. La tarea no resulta fácil. Por un lado, el detector tiene que construirse en algún sitio «protegido», al que los rayos cósmicos u otras radiaciones no deseadas no puedan llegar y alterar el resultado de las mediciones. Viejas minas abandonadas, a gran profundidad, suelen ser los lugares escogidos. Por otro, las trampas para cazar neutrinos (grandes piscinas, con millones de toneladas de agua extra pura) están rodeadas por miles de pequeños detectores capaces de captar el débil destello que produce la eventual colisión de un neutrino.

Se sospechaba que, aunque fuera pequeña, los neutrinos debían de tener masa. Pero los esfuerzos por calcularla se demostraron inútiles durante décadas, hasta que el misterio se despejó gracias al detector japonés Superkamiokande, en 1998. Los cálculos, en efecto, revelaron por fin que, aunque casi despreciable, estos «fantasmas subatómicos» tienen masa. Muy pequeña, del orden de una milmillonésima parte de la del electrón, pero no inexistente. La determinación exacta del valor de esa masa es, aún, una cuestión abierta para la Ciencia. Y también una cuestión de la máxima importancia, debido al gran número de neutrinos que existe. Por pequeña que sea su masa individual, la suma de las masas de todos los neutrinos del universo tiene que arrojar cifras enormes, tan grandes como para influir de forma representativa en su comportamiento y evolución.

Otras partículas «fundamentales» se han ido incorporando a la lista. Entre ellas, dos parientes del electrón, idénticos a él pero cientos de veces más pesados: el «muón», descubierto en 1930, y el «tau». A los dos tipos de quark conocidos («arriba» y «abajo») se sumaron otros cuatro, bautizados como «encanto», «extraño», «fondo» y «cima». Y también aparecieron otras dos partículas similares a los neutrinos, pero asociadas al muón y al tau. Por eso fueron llamados «neutrino del muón» y «neutrino del tau". Al neutrino original, para distinguirlo de sus nuevos parientes, pasó a conocérselo como «neutrino del electrón». Ninguna de estas partículas, sin embargo, resulta visible en nuestro mundo diario, sino que surgen como resultado de colisiones de otras partículas a elevadas energías. Su existencia, a menudo, es apenas de una pequeña fracción de segundo. Pero esas, como veremos enseguida, son exactamente las condiciones que se dieron en el universo primitivo, durante el primer segundo después del *big bang*.

El resultado de todas estas investigaciones se resume en el hecho de que existen tres grupos o familias diferentes de partículas elementales, y cada una de ellas contiene dos quarks, un electrón o uno de sus parientes y uno de los diferentes tipos de neutrino. Las características de las partículas de cada familia son, como hemos visto, idénticas, excepto por el hecho de su masa, que crece según vamos pasando de uno a otro grupo. Los miembros de dos de las familias, además, solo se materializan si se dan determinadas condiciones que ya no existen en el universo, pero que se pueden recrear en laboratorio. Es decir, existieron cuando esas condiciones extremas se dieron realmente, cosa que solo sucedió inmediatamente después del *big bang*. Todo lo que existe, y todo lo que alguna vez ha existido, se debe a combinaciones particulares de las partículas de alguna de estas tres familias.

En busca de la superfuerza

A principios de los noventa, durante una entrevista celebrada en su despacho de Cambridge, Stephen Hawking (el físico que muchos consideran como el sucesor de Einstein, además de serlo también de Isaac Newton, cuya misma cátedra, Matemáticas

Laucasianas, Hawking ocupa en la actualidad) me transmitió una idea sorprendente. «En veinte años, aseguró Hawking, la Física habrá dejado de existir como Ciencia porque ya no quedará nada más que explicar.» Hoy, tanto Hawking como el resto de los investigadores han cambiado completamente de idea.

El motivo es que cada nuevo hallazgo, al mismo tiempo que responde a una pregunta, plantea interrogantes nuevos en los que nadie había pensado aún. Y eso fue precisamente lo que sucedió cuando los científicos completaron la lista de las partículas fundamentales de la materia. Se encontraron, sin esperarlo, con mucho más «material» del que, aparentemente, se necesitaba para construir el mundo. ¿Para qué tres familias de partículas cuando una sola de ellas basta para explicar todo lo que podemos ver? ¿Para qué sirven las otras dos? A estas cuestiones se enfrenta una buena parte de la Física actual.

Para que la acción combinada de las varias familias de partículas subatómicas dé como resultado el universo en que vivimos, estas deben «organizarse» de alguna manera, seguir unas normas concretas que les permitan coexistir y, lo que es más importante para nosotros, asociarse para dar forma a las múltiples estructuras macroscópicas que nos rodean. Esas «normas» de la Naturaleza que hacen posible nuestra realidad se expresan en cuatro fuerzas fundamentales que rigen, a diversas escalas, el comportamiento de la materia. Cada una de esas fuerzas tiene un campo muy concreto de actuación, donde reina de forma indiscutible sobre las demás. En el interior del átomo, por ejemplo, encontramos a dos de ellas, las llamadas fuerzas nucleares «fuerte» y «débil». La primera es responsable de que protones y neutrones no vaguen en solitario y permanezcan estrechamente unidos en núcleos atómicos. La segunda permite los procesos de desintegración radiactiva mediante los cuales unas partículas se pueden convertir en otras.

La tercera fuerza, el electromagnetismo, regula tanto las relaciones entre átomos diferentes como la manera en que los núcleos «buscan» electrones de cargas opuestas a la suya para construir átomos estables. Su rango de acción se encuentra a caballo entre los mundos micro y macroscópico. La cuarta, quizá la que nos es más familiar, es la gravedad y actúa a grandes escalas. Sin ella no podríamos mantener los pies en el suelo. Y probablemente ni siquiera existiría un suelo donde poner los pies, ya que sin gravedad la materia jamás se habría unido para formar planetas, estrellas o galaxias.

La comprensión y el progresivo dominio de esas fuerzas es precisamente lo que ha ido permitiendo al hombre ejercer su

Los rayos son una de las manifestaciones más aparentes de la fuerza electromagnética. (Foto: Kent Wood.)

actual control sobre la Naturaleza. Entender las fuerzas electromagnéticas dio como resultado el control de la energía eléctrica sin la que hoy, literalmente, el mundo dejaría de funcionar. Comprender las complejas reacciones de los núcleos atómicos permitió el desarrollo de la energía nuclear. Por cierto, aún no somos capaces de obtener energía del mismo modo en que lo hacen las estrellas, es decir, fusionando núcleos simples (como los del hidrógeno) para obtener otros más complicados. Nuestra «técnica» se limita a bombardear con partículas, hasta romperlos, núcleos muy pesados (como el uranio) y a aprovechar la energía resultante de este violento proceso de fisión.

Fuerzas congeladas

Estudiadas en el rango subatómico, en el reino de las partículas, todas las fuerzas muestran características comunes.

Esquema de la estructura atómica, con un núcleo de protones y neutrones formados a su vez por quarks.

La principal de ellas es que todas pueden reducirse a «unidades mínimas», pequeños paquetes que, en forma de partículas, representan la unidad de medida para cada una de esas fuerzas. Pero explicadas desde el punto de vista de la Mecánica Cuántica, las fuerzas, además, revelan lazos de unión insospechados hasta el momento, hasta el punto de que todas ellas, que en nuestra experiencia percibimos como diferentes, son, en realidad, manifestaciones de una sola fuerza superior. La búsqueda de esas partículas «mensajeras» que transportan la mínima cantidad posible de cada fuerza y que establecen estas relaciones entre ellas ha sido una de las tareas principales de la Física de este siglo. Una tarea que aún no ha podido terminarse, ya que a pesar de los ingentes esfuerzos de investigación realizados, una de esas fuerzas, la gravedad, se sigue resistiendo a ser «cuantificada».

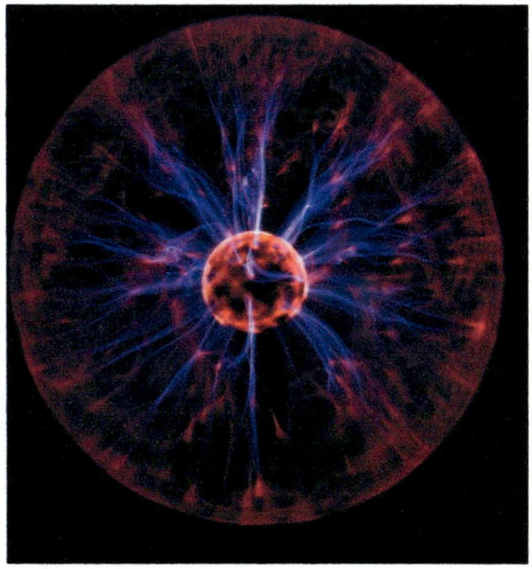

Además de en estado sólido, líquido o gaseoso, la materia puede presentarse en forma de plasma.

La idea que predomina en la actualidad es que, durante los primeros instantes de su existencia, en el universo había una única fuerza capaz de regular por completo el comportamiento de la materia. Esa fuerza «unificada», sin embargo, necesitaba para manifestarse como una unidad de las tremendas condiciones (elevadísimas temperaturas y partículas disociadas moviéndose a altísimas energías) que reinaban en aquellos tiempos lejanos. A medida que el universo se fue expandiendo y enfriando, la «superfuerza» original se fue dividiendo para dar lugar a las cuatro fuerzas separadas que existen hoy en día. El resto de las fuerzas (hasta once, según las teorías actuales) permanecen aún «congeladas» y no provocan efectos perceptibles en nuestro mundo. El proceso puede entenderse mejor si se compara con algo más familiar. El agua, por ejemplo, puede manifestarse en varios estados materiales sin que a nadie le sorprenda lo más mínimo. Todo el mundo sabe que un cubito de hielo, y el vapor que llena el baño cuando nos duchamos, son dos formas diferentes de una única realidad. La clave de que su aspecto sea tan diferente radica en un único factor, la temperatura.

Por debajo de los cero grados, el agua aparece bajo forma de hielo, es decir, en estado sólido. Entre cero y cien grados, se manifiesta en estado líquido, y por encima de esa temperatura se convierte en vapor y cambia, una vez más, su estado, que pasa a ser gaseoso. Existe también un «cuarto estado» de la materia, el de plasma, en el que el agua podría manifestarse si siguiéramos aumentando la temperatura hasta alcanzar las varias decenas de miles de grados.

Con las fuerzas, según la física actual, habría sucedido lo mismo. A miles de millones de grados de temperatura (la que reinaba en el universo recién nacido) se daban las condiciones para la existencia de una única fuerza, de la que fueron cristalizando las demás a medida que el entorno se enfriaba. Así, en una serie de «congelaciones» sucesivas, de la superfuerza inicial se fueron separando primero la gravedad, después las dos fuerzas nucleares y finalmente el electromagnetismo. Justo en el orden contrario al que nosotros estamos siguiendo ahora para volver a unificarlas.

Todo el mundo está hoy de acuerdo en atribuir los primeros pasos hacia la gran unificación de todas las fuerzas al físico británico James Clerk Maxwell, que a mediados del siglo XIX se dio cuenta de que la electricidad y el magnetismo, hasta entonces considerados como independientes, eran en realidad dos manifestaciones de una única fuerza superior, la electromagnética. Considerando estas dos fuerzas como una sola, las ecuaciones de Maxwell dieron un impulso extraordinario a la Física y la pusieron en un camino que aún hoy no se ha terminado de recorrer. Gracias a Maxwell se pudo empezar a comprender la naturaleza de la luz. Hoy, un siglo y medio después, sabemos que todos los fenómenos electromagnéticos conducen, a escala subatómica, a una única partícula, el fotón, que es el «mensajero» encargado de transportar la unidad mínima de esta fuerza.

Ingenieros del Laboratorio Europeo de Física de Partículas (CERN), trabajan en el detector ATLAS, uno de los instrumentos con los que se estudia la estrtructura de la materia en estas instalaciones. (Foto: SPL.)

Fue necesario esperar hasta finales del siglo XX para que se diera el siguiente paso, cosa que hizo el físico italiano Carlo Rubbia, que en 1984 recibió el premio Nobel por haber descubierto dos partículas, que llamó simplemente «W» y «Z» y que eran las que transportaban la unidad mínima de la fuerza nuclear débil, la responsable de la desintegración radiactiva de los núcleos atómicos. Fue todo un hito en el camino hacia la unificación de las fuerzas. Desde que Rubbia anunciara su descubrimiento, se puede hablar ya con total libertad de una fuerza «electrodébil», resultado de la unificación del electromagnetismo y la fuerza nuclear débil.

Evidentemente, a partir de este momento todos los esfuerzos se concentraron en buscar también las partículas mensajeras de las dos fuerzas que quedaban por unificar, la nuclear fuerte y la gravedad. Cuando esto se consiguiera, la Física estaría, por fin, en posesión de una «teoría total», un único cuerpo teórico capaz de explicar, con un puñado de reglas sencillas, la totalidad de los fenómenos del universo. Ese sería el auténtico idioma en el que habla y se expresa la Naturaleza.

Quarks de colores

En el caso de la fuerza nuclear fuerte (la responsable de mantener unidos a los protones y neutrones del núcleo atómico), la partícula mensajera se llama gluón (del inglés *glue*, que significa «pegamento»).

Su existencia ya fue predicha desde la década de los sesenta, pero para encontrarla hubo que desarrollar toda una teoría aparte, la cromodinámica cuántica. Lo hicieron, ya bien entrados los setenta, Frank Wilczek y David Gross. Las dificultades para encontrar el gluón se centraban, sencillamente, en que se le estaba buscando en el lugar equivocado. De hecho, la partícula responsable de mantener unido el núcleo atómico no se transmite entre los protones y neutrones de los que está hecho ese núcleo, sino «un paso más abajo», es decir, entre los quarks que forman esos protones y neutrones. Y la fuerza con la que se unen los quarks no es ninguna broma. En efecto, los intentos por calcular cuánta energía sería necesaria para lograr separarlos choca siempre con el molesto límite de los resultados infinitos. O dicho de otra manera, no existe fuerza en todo el universo capaz de separar dos quarks que están unidos. Esta propiedad, llamada de «confinamiento de los quarks», explicaría por qué, a pesar de los muchos intentos realizados, nadie ha sido capaz de encontrar un quark en estado libre.

Los quarks, igual que sucede con muchas partículas, están dotados de carga. Pero de una carga muy especial, por completo diferente a la de otros parientes del reino subatómico. No se trata de una carga eléctrica, sino de otra cosa que los científicos, por tener alguna forma familiar de referirse a ella, han llamado «carga de color». Por eso, la teoría que explica esta clase

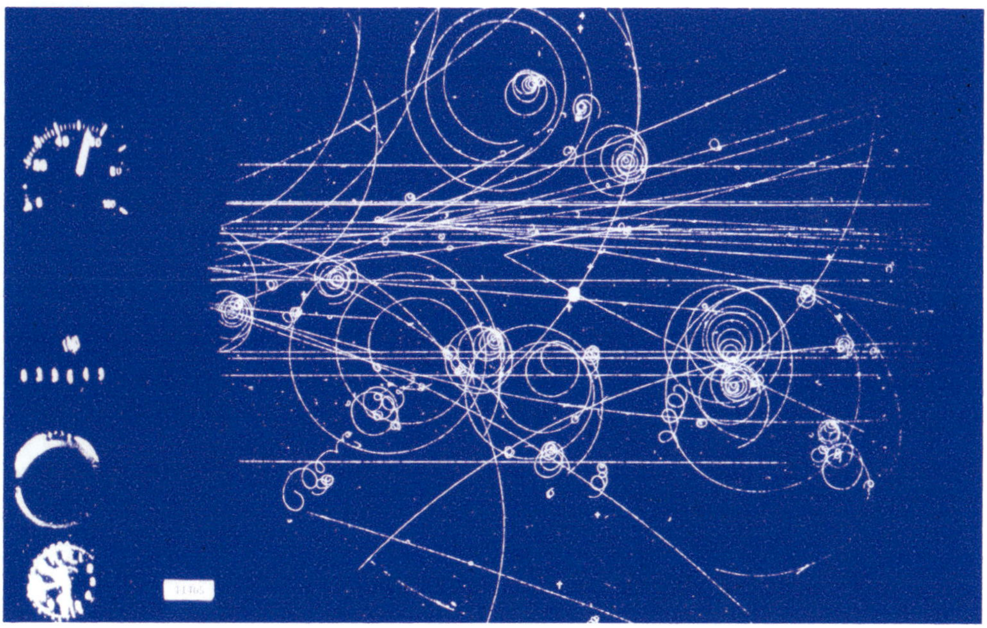

de propiedades se llama «cromodinámica» (del griego «croma», que significa «color»), del mismo modo que la teoría que se refiere a la carga eléctrica de otras partículas se llama «electrodinámica». En virtud de la cromodinámica cuántica, un quark puede estar «cargado» de tres maneras: «rojo», «verde» o «azul». Por supuesto, estos colores tampoco tienen absolutamente nada que ver con los que nosotros percibimos en nuestra vida diaria. Se trata solo de una forma comprensible de referirse a esta propiedad. Los quarks pueden, igual que otras partículas cargadas, cambiar el signo de esta carga. En su caso, decimos que «cambian de color». Y ahí es precisamente donde entra el gluón, que es la partícula que dos quarks se intercambian cada vez que sufren uno de estos cambios. Los gluones, pues, mantienen unidos a los quarks para que puedan a su vez formar protones y neutrones.

La comprensión de la fuerza nuclear fuerte hizo que, una vez más, todas las miradas se volvieran hacia la gravedad, la última de las cuatro interacciones que aún se resiste a la unificación porque nadie, por ahora, ha conseguido «cuantificarla». En teoría, de la misma manera en que existen partículas mensajeras para las otras tres fuerzas, también debe existir una para la gravedad. Esa partícula ya tiene incluso un nombre, gravitón, a pesar de que nadie ha conseguido, por el momento, encontrarla. Por no contar con el problema, quizá el más crítico de todos, de que ya tenemos una teoría de la gravedad. Una teoría que funciona a las mil maravillas y que ha sido comprobada hasta la saciedad. Se trata, claro, de la teoría

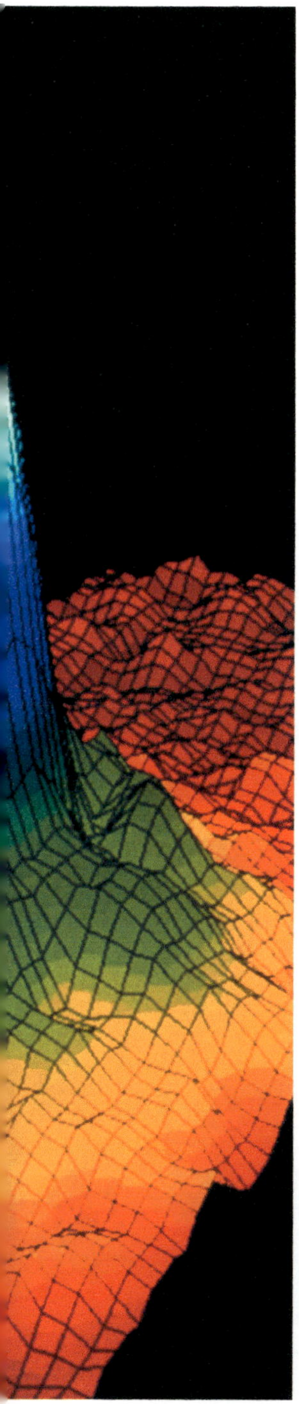

de la Relatividad General de Einstein. Y esta teoría explica de una forma tan elegante y precisa el universo en que vivimos que cuesta trabajo pensar que pueda estar equivocada. Sin embargo, y ahí está la cuestión, a escala subatómica la Relatividad General no funciona, se rompe en mil pedazos sin sentido y debe dejar el sitio a la Mecánica Cuántica.

El sentido común nos dice que la estructura del universo no puede, no debe, depender de teorías contradictorias, incluso opuestas entre sí. Y que no es posible, por lo tanto, que las reglas que nos sirven para estudiarlo a una escala resulten inútiles cuando pasamos a otra. Por añadidura, tanto la relatividad de Einstein como la Mecánica Cuántica han demostrado ser teorías «demasiado buenas» como para estar equivocadas. Ambas consiguen, en sus respectivos campos, excelentes descripciones de la realidad y predicciones que la ciencia experimental se encarga después de certificar. Además, ya se ha conseguido que ambos cuerpos teóricos sean consistentes por lo menos al describir tres de las cuatro fuerzas fundamentales. Si no fuera por la que aún se nos escapa... Hasta que no se consiga hacer lo mismo también con la gravedad persistirá el riesgo de que todo el casti-

Atomos de rubidio forman un condensado Bose-Einstein, un nuevo estado de la materia creado en laboratorio, sometiendo los átomos a bajísimas temperaturas hasta frenarlos casi por completo. Foto: SPL.)

llo de nuestros conocimientos pueda venirse abajo, de repente, el día menos pensado.

Afortunadamente para el trabajo de miles de científicos durante varias generaciones, el desafío, aunque difícil, no se considera como algo imposible. A mediados de los ochenta irrumpió con fuerza otra teoría, la de las cuerdas, que parecía ser capaz de resolver todos estos problemas de incompatibilidad. Una teoría en cuyo marco es posible, se dice, la unificación de todas las fuerzas, incluida la escurridiza gravedad, y en cuyo seno encontrarán por fin acomodo tanto el universo ideado por Einstein como el caos aparente descrito por la Física

cuántica. Para conseguirlo, según la nueva teoría, solo hay que bucear un poco más en la estructura de la materia.

Si fuera posible (que en la actualidad no lo es) reducir varias veces más la escala de magnitud y examinar con mucho más detalle las partículas fundamentales descubiertas hasta ahora, nos daríamos cuenta de que, en realidad, ninguna de ellas es un simple punto, sino que todas están formadas por un diminuto filamento capaz de vibrar, retorcerse, oscilar y moverse como si fuera un fragmento de goma elástica infinitamente pequeño. Una cuerda, según la terminología adoptada por los científicos. Es esta simple sustitución la que permite resolver las incompatibilidades anteriormente citadas entre la Mecánica Cuántica y la Relatividad General. Sin embargo, a pesar de que los resultados parciales resultan prometedores, la teoría de cuerdas está, hoy por hoy, en pleno desarrollo, por lo que resulta difícil asegurar si se trata por fin de lo que se andaba buscando. Sus defensores, convencidos de que es así, vuelven a poner, como Hawking hace veinte años, un límite temporal cercano para conseguir la «teoría del todo». En apenas una década, dicen, se contará con sólidos fundamentos, contrastados en experimentos, que demuestren la validez de la teoría de cuerdas y empujen hasta el límite nuestra capacidad de comprensión de los fenómenos que hacen posible el universo.

Plasma en el interior de un reactor experimental de fusión nuclear en Princeton (New Jersey). La fusión es la manera en que obtienen energía las estrellas. El hombre aún no ha conseguido imitarlas con éxito. (Foto: SPL.)

La abundancia de los elementos

Subamos ahora de nuevo en la escala de tamaños y regresemos al átomo.

Como hemos visto, algunas de las partículas fundamentales, los quarks, se unen en grupos de tres para formar protones y neutrones, que a su vez se agrupan formando núcleos atómicos, que equilibran su carga eléctrica positiva «capturando» electrones y dando lugar a átomos completos. En medio, entre el núcleo atómico y los electrones de la periferia, solo hay un gran vacío. Como ya vimos en un capítulo anterior, si imaginamos un núcleo atómico del tamaño de una naranja y lo colocamos en el centro de una plaza de toros, el electrón más cercano

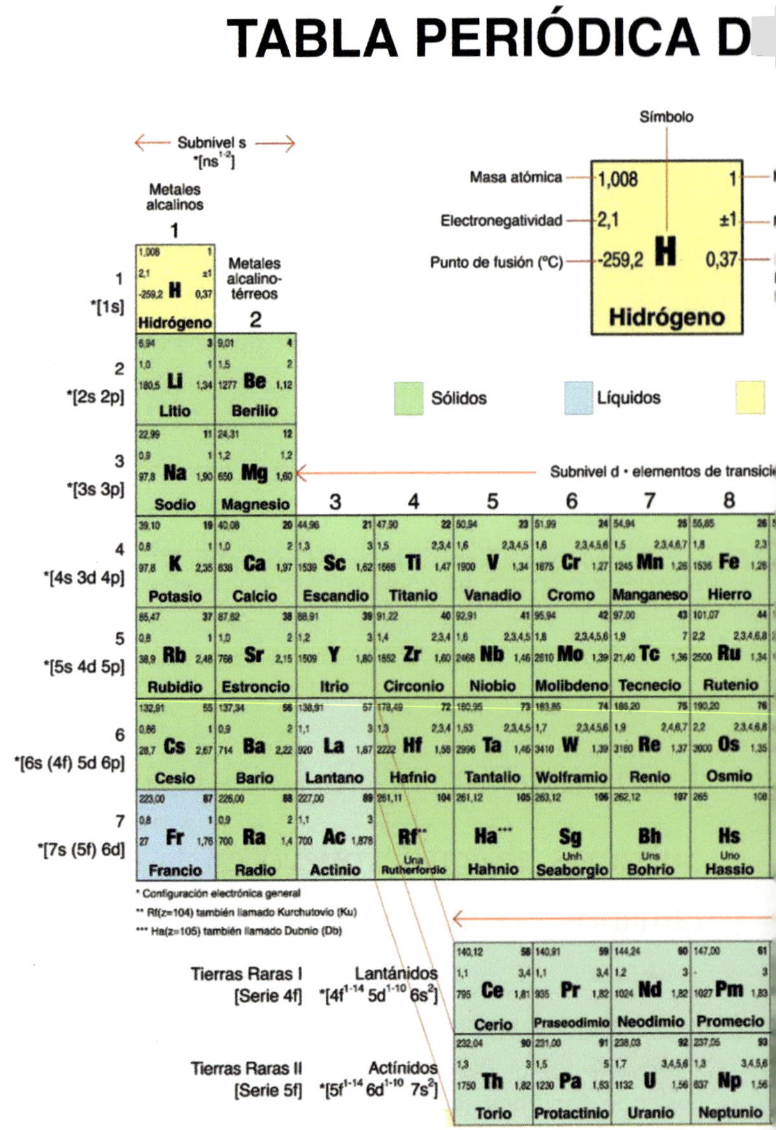

sería del tamaño de una lenteja que girara a su alrededor desde la barrera. El rasgo distintivo por excelencia de los núcleos atómicos es el número de protones que contienen. De eso depende, en la práctica, que nos encontremos frente a un tipo de material o a otro.

MENTOS CONOCIDOS

En la tabla periódica se clasifican por orden todos los elementos conocidos, tanto los naturales como los producidos en laboratorio.

Técnicos en el interior del Advanced Test Accelerator (ATA), en el Lawrence Livermore Laboratory.

El número de protones que contiene un solo átomo puede variar entre uno y más de un centenar. Un átomo de sodio, por ejemplo, se distingue de otro de plata porque el núcleo del primero tiene 11 protones, mientras que el segundo alberga 47. Cada uno de los protones está dotado de una carga eléctrica positiva (+1), que se equilibra con un número igual de electrones en órbita, con cargas negativas (-1). Los neutrones, como su propio nombre indica, son eléctricamente neutros, y se encuentran en el núcleo de los átomos en una cantidad igual a la de los protones. La cantidad de protones que existe en el núcleo de un átomo se llama «número atómico", y se representa con la letra «Z». A la suma de protones y neutrones se la llama «número másico» y se representa con la letra «A».

Cualquier sustancia cuyos átomos tengan el mismo número atómico es un elemento químico, y cada uno de los elementos químicos, por lo tanto, está formado por átomos de la misma clase. Los elementos «naturales», es decir, los que forman parte de la materia de la que está formado nuestro planeta, son noventa. A esta cifra hay que añadir, además, otra veintena de elementos «artificiales», obtenidos en los laboratorios de los científicos. Estos últimos ocupan los últimos lugares de la tabla de elementos de Mendeleev (la famosa tabla periódica), y se colocan, en su inmensa mayoría, detrás del elemento que ocupa el puesto 92 de esa tabla, el uranio. Por ese motivo, a esos elementos artificiales se les conoce como «transuránicos».

Aquí, en la Tierra, igual que sucede en el resto de planetas del Sistema solar, en las estrellas o en cualquier otra parte a la que dirijamos la vista, los elementos químicos no se encuentran, ni mucho menos, en cantidades equivalentes. Es decir, que existen algunos muy abundantes y otros que son, por el contrario, extraordinariamente raros. ¿A qué se debe esta diversidad? Y lo más importante, ¿cómo se formaron los átomos que a su vez forman los elementos que hoy podemos ver? Actualmente, los científicos aceptan que existen dos lugares en los que los diferentes átomos pueden formarse. En el interior de los hornos nucleares de las estrellas y, al principio de los tiempos, durante la gran explosión que conocemos con el nombre de ***big bang***. En ambos casos, el proceso de creación de átomos se conoce como nucleosíntesis.

La simple observación del mundo nos ha permitido darnos cuenta de que los elementos que más abundan en la corteza terrestre son el silicio, el oxígeno y el aluminio, que, juntos, constituyen los silicatos de los que están formados la mayor parte de las rocas. El centro del planeta contiene un alto porcentaje de hierro. Por lo tanto, este grupito de elementos (silicio, oxígeno, aluminio y hierro) debería ser también el más abundante en los planetas del mismo tipo que la Tierra, que en nuestro sistema son los llamados «planetas terrestres», Mercurio, Venus y Marte. Si el total de nuestras experiencias y posibilidades de observación se limitaran a uno de estos cuatro mundos, o incluso al conjunto de los cuatro, deduciríamos sin miedo a equivocarnos que los elementos que podemos ver son, y no otros, los componentes fundamentales del universo.

Ecuaciones parecidas a esta dicen a los físicos lo que quieren saber sobre la naturaleza de la materia.

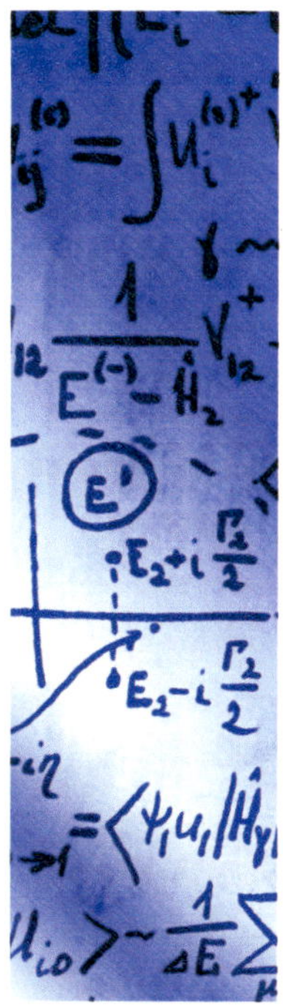

Sin embargo, sabemos que la suma de las masas de estos planetas y la de la Tierra apenas supone una pequeña fracción de la masa total del Sistema solar. Los planetas gaseosos (Júpiter, Saturno, Urano y Neptuno) son mucho más grandes que los terrestres y no están, ni mucho menos, mayoritariamente compuestos de los mismos materiales que nuestro mundo. Eso por no hablar del Sol, que posee, él solo, una cantidad de materia quinientas veces superior a la que suman todos los planetas del sistema juntos. Y el Sol, como se ha podido comprobar, está formado fundamentalmente de hidrógeno y helio (en un 97%) y solo una pequeña parte (el 3%) del resto de los elementos. La conclusión, a pesar de que nuestra experiencia diaria diga lo contrario, es que el Sistema solar está compuesto, fundamentalmente, de hidrógeno.

Aumentemos la perspectiva y el resultado seguirá siendo el mismo. La mayor parte de todas las estrellas del universo se encuentran, como hemos dicho, en la secuencia principal del diagrama HR. Y la característica principal de las estrellas que ocupan esta franja del diagrama es, precisamente, la de que sus hornos queman hidrógeno. El análisis espectrográfico de miles de estrellas arroja composiciones que son muy similares a las del Sol. Podríamos decir que la norma se cumple en todas partes, no importa lo alejadas que se encuentren de nosotros las estrellas cuya composición queramos analizar. En total, de cada mil átomos de materia ordinaria que existen en el universo, 920 son de hidrógeno, 80 de helio y menos de uno consiste en alguno de los demás elementos que conocemos, incluidos los que forman la Tierra y los planetas más próximos a ella.

En la década de los cuarenta del pasado siglo, Georges Gamow, un físico ruso naturalizado norteamericano, formuló la hipótesis de que los elementos más raros de ver quizá lo sean porque están desapareciendo, desintegrándose en la nada. Y eso, evidentemente, se reflejaría en la proporción de sus abundancias en el universo. En 1945 Gamow sugirió una hipótesis según la cual la disminución gradual en la abundancia de los elementos más pesados podría ser consecuencia de la manera en que se formaron, capturando protones y neutrones que, en origen, se encontraban libres (y no asociados en átomos) en el universo primitivo.

En realidad, resulta muy difícil que un núcleo atómico complejo capture protones, que tienen carga eléctrica positiva y que serían rápidamente rechazados por los protones del mismo signo que ya hay en el núcleo. Sería mucho más sencillo capturar neutrones, no cargados eléctricamente. Estos neutrones podrían después transformarse en protones, expulsando electrones en virtud de un proceso que se conoce con el nombre de «desintegración beta».

Los elementos más pesados que el hierro solo se forman en el interior de estrellas que han sufrido eventos catastróficos, como sucede con las supernovas.

Esta absorción de neutrones por parte de los núcleos atómicos debió producirse muy rápidamente, según Gamow en cuestión de pocos minutos. El físico llegó a esta conclusión, en primer lugar, porque la vida de un neutrón en estado libre rara vez supera los trece minutos. Y después porque la población de neutrones libres disminuiría con rapidez a medida que se fueran acoplando a núcleos atómicos ya existentes.

La desintegración de los neutrones en protones hizo que aumentara la proporción de núcleos de hidrógeno, el elemento más sencillo, formado por un solo protón y un solo neutrón. Aunque su intuición estuvo muy cerca de lo que hoy consideramos como verdad, la idea de Gamow no conseguía explicar la ausencia total en la naturaleza de determinados átomos, en concreto los que tienen un peso atómico de 5 y 8. Si los átomos se formaran añadiendo partículas una a una, este «hueco» en la cadena resultaría muy difícil de explicar.

El origen de la materia

En la actualidad, la ciencia habla de dos clases diferentes de nucleosíntesis.

Por un lado, la llamada «nucleosíntesis primordial», es decir, aquella que se produjo en los primeros momentos de existencia del universo, poco después del ***big bang***; y la «nucleosíntesis estelar», la que sucede en el interior de las estrellas. La primera se desarrolla en el marco de la teoría del ***big bang***, según la que todo el universo se generó a partir de la explosión de un único punto que «apareció» en el vacío circundante. Un vacío, por cierto, que no se parece en nada al que nosotros imaginamos al pronunciar esa palabra, un vacío «cuántico» en el que pueden suceder, como hemos visto al principio de este capítulo, cosas asombrosas como la aparente creación de materia de la nada.

Infinitas partículas elementales de vida muy breve se generan aquí continuamente, duran menos que un simple resplandor y vuelven a desaparecer en un proceso que no tiene fin. Se trata del mismo tipo de condiciones que los físicos reproducen

Detector de neutrinos del laboratorio Nacional de Los Álamos, en EE.UU. Con esta poderosa herramienta, los físicos esperan poder establecer las masas de tres tipos diferentes de neutrino (Foto: Los Alamos National Laboratory.)

hoy en el interior de sus aceleradores de partículas. Pero, igual que sucede en esos enormes instrumentos creados por el hombre, las partículas no surgen en este medio como entes solitarios, sino que lo hacen en parejas. Junto a cada nueva partícula aparece también, en efecto, su correspondiente antipartícula, una especie de álter ego que todos estos objetos diminutos llevan siempre asociado. Un electrón, por ejemplo, siempre llega acompañado de un «antielectrón»; un protón lo hace de la mano de un «antiprotón», y así sucesivamente.

Las antipartículas serían completamente idénticas a sus partículas asociadas si no fuera porque tienen algunas propiedades exclusivas. La antipartícula del electrón, por ejemplo, es exactamente igual a este excepto por su carga eléctrica, que es positiva en vez de negativa. Por eso, el nombre de la antipartícula del electrón es «positrón». Y lo mismo sucede con el «antiprotón», que se diferencia del protón solo porque su carga eléctrica es negativa en lugar de positiva. Cuando una partícula se encuentra con su correspondiente antipartícula, ambas se aniquilan, produciendo antes un destello de energía que, si es lo suficientemente alta, puede dar lugar a nuevas partículas.

Las partículas que aparecen y desaparecen de forma continua en el vacío cuántico reciben el nombre de «virtuales», por el simple hecho de que no es posible observarlas directamente, ya que su vida es demasiado breve como para que nuestros instrumentos las detecten. Impide verlas, además, el conocido principio de indeterminación formulado por Werner Heisemberg en 1927, según el cual no es posible determinar al mismo tiempo la posición y la cantidad de movimiento de una partícula determinada. En la práctica, esto se traduce en el hecho de que debemos conformarnos con conocer una sola de esas dos características. Si sabemos dónde está una partícula concreta, nunca podremos saber hacia dónde se dirige. Si captamos, por el contrario, su movimiento, no podremos jamás conocer su posición exacta.

El propio Heisemberg intentó explicar esta limitación a nuestras ansias de saber aduciendo que la incertidumbre se debe a la naturaleza misma de la observación. Es decir, al acto de observar. Cuando miramos un objeto cualquiera, lo que vemos en realidad es una multitud de fotones (que son las partículas subatómicas que transportan la luz) que proceden del objeto y que chocan contra nuestra retina. Esos impactos activan el nervio óptico, que transmite una imagen al cerebro. Pero si el objeto observado es, también, una partícula, entonces la cosa se complica, ya que el impacto de un fotón (que no altera un objeto a nuestra escala, formado por billones de átomos) puede modificar por completo la partícula individual que se quiere observar. Es como si quisiéramos conocer la posición y la dirección de un automóvil en una carretera y decidiéramos hacerlo lanzando un segundo automóvil contra él para registrar el punto en el que se produce la colisión. El resultado de la observación se vería profundamente alterado por el método usado.

Sin embargo, y a pesar de lo fácil que resulta de visualizar, el ejemplo de Heisemberg no es del todo exacto, ya que sería imposible determinar la posición y la cantidad de movimiento de una partícula incluso sin necesidad de colisión alguna con un fotón. La explicación está en la naturaleza «dual» de las partículas, mitad ondas, mitad materia, que impiden su localización exacta. Lo más que podemos hacer es calcular una posición aproximada, un conjunto de posiciones probables a partir de la propia naturaleza ondulatoria de la partícula. El paso por el mundo de las partículas virtuales, sin embargo, deja rastros y marcas en los objetos que los científicos sí pueden observar, como lo que sucede, por ejemplo, con los pares de partículas virtuales que aparecen y desaparecen en el vacío que existe entre el núcleo atómico y los electrones de la periferia de los átomos. Estas partículas producen pequeñas alteraciones en el estado energético de los electrones que pueden ser medidas por los instrumentos del hombre.

Un segundo eterno

Hace alrededor de quince mil millones de años (trece mil setecientos, como hemos visto, es la edad aceptada actualmente para el universo) una partícula increíblemente pequeña (mucho menor que un protón), pero extremadamente densa y caliente, surgió de forma imprevista del vacío cuántico en el que se encontraba.

Y lo hizo en una situación de equilibrio inestable que los físicos conocen como «falso vacío» y que se podría comparar al estado en que se encuentra un lapicero puesto en equilibrio sobre su punta. Después, la partícula original pasó a una situación más estable (como el lapicero que finalmente cae y queda en posición horizontal sobre la mesa), durante la que se infló como un globo hasta adquirir dimensiones enormes. Esta gigantesca expansión, que los físicos conocen como «inflación», provocó la formación de partículas como los quarks y los electrones (que más tarde formarían la materia ordinaria) y también de fotones.

La triste realidad, sin embargo, es que la Física no cuenta con una teoría que sea capaz de describir objetos más pequeños de un tamaño determinado, ni tampoco más lejos en el tiempo del límite que marcan los 10^{-43} segundos desde el instante inicial. Por eso, la descripción que los científicos hacen del universo no empieza exactamente desde el principio, sino con una pequeña esfera ardiente de 10^{-33} centímetros de radio en un universo con solo 10^{-43} segundos de edad. Esa esfera contenía en su interior no solo toda la materia, la energía y las fuerzas que hoy reinan en el universo entero, sino también los mismísimos espacio y tiempo en los que estas partículas habrían tenido después que desarrollarse. Ambas magnitudes, 10^{-43} segundos y 10^{-33} centímetros, reflejan realidades extremadamente pequeñas. El primer caso puede expresarse como la diez septillonésima parte del primer segundo tras el ***big bang***, esto es, uno partido por un uno seguido de 43 ceros. El

Evolución de la materia a partir del *big bang*, la gran explosión que dio origen al universo.

segundo caso sería equivalente a uno partido por un uno seguido de 33 ceros o, dicho en otras palabras, la mil quintillonésima parte de un centímetro.

Nuestra experiencia diaria nos dice que un concepto tan aparentemente simple como es un segundo puede, en realidad, ocultar algo muy complejo y cambiante. Hay segundos que parecen interminables y otros que pasan volando, segundos llenos de magia y segundos que no dejan huella, segundos memorables y otros que, sencillamente, es preferible olvidar. Un segundo no tarda más que un segundo en irse para siempre, y sin embargo es suficiente para que una mirada prenda una llama inextinguible y también para que la luz recorra trescientos mil kilómetros. Pero entre todos los segundos que han existido, solo ha habido uno eterno, y fue el primero, durante el que se estrenó el tiempo nada más producirse la gran explosión que dio origen al universo.

Tantas fueron las cosas que sucedieron durante ese primer segundo que, para comprenderlo, no ha habido más remedio que despedazarlo en billones de partes. El hombre ha llegado ya muy lejos en el estudio de ese primer segundo de la creación, pero no hasta el final. La diez septillonésima parte que falta aún por explicar se resiste a todos nuestros esfuerzos. Ese es el límite al que llega la Física actual en su carrera hacia el origen del universo. Sin embargo, en la pequeña parte que aún se nos escapa permanecen encerrados buena parte de los secretos que nos quedan aún por resolver.

Durante el primer segundo tuvieron lugar tantos acontecimientos que los físicos han tenido que dividirlo en «eras». De hecho, los sucesos más relevantes del primer medio millón de años de historia de nuestro universo se produjeron, precisamente, durante aquel primer segundo. Después, el ritmo de los acontecimientos se calmó extraordinariamente y las cosas siguieron, simplemente, su curso, desarrollándose por la inercia de aquél enorme impulso inicial. Estos son los hitos principales del primer segundo de la creación.

Entre 00:00 y 10^{-43}

Es la llamada era de Planck y marca, como se ha dicho, el límite del conocimiento humano.

En esta breve era inicial, el universo tiene la máxima simplicidad posible.
Su temperatura es extraordinariamente elevada, alrededor de 10^{33} grados Kelvin. Las cuatro fuerzas fundamentales de la Naturaleza (electromagnetismo, fuerza nuclear fuerte, fuerza nuclear débil y gravedad) están unidas en una única superfuerza que controla todas las características de la materia, el espacio y el tiempo. Todas las partículas son semejantes y no existen aún estructuras de tipo alguno, ni siquiera las más simples, como pueden ser protones o neutrones.

Entre 10^{-43} y 10^{-35}

En este intervalo, el universo está aún miles y miles de veces más caliente que el interior del Sol.

Nubes de radiación térmica a altísimas temperaturas hacen que el mismo espacio sea una sustancia incandescente, un mar de partículas enloquecidas, sobreexcitadas por la gran cantidad de energía transmitida por el calor, que colisionan entre ellas a velocidades próximas a la de la luz. La gravedad ya se ha separado de las demás fuerzas y las partículas ejercen entre sí una atracción electromagnética-fuerte-débil. Existen electrones y quarks como partículas ya diferenciadas e intercambiables. Es en este periodo en el que se concentran los mayores esfuerzos de la investigación actual.

Entre 10^{-35} y 10^{-10}

Aunque se sigue hablando de casi un billón de grados centígrados, la temperatura ha bajado lo suficiente como para que la interacción fuerte (responsable de la cohesión del núcleo atómico) se separe de las otras fuerzas y actúe de forma independiente.

En este tiempo, el universo pasa, de golpe, de tener unas dimensiones microscópicas a otras mucho mayores que el actual Sistema solar. Esta expansión casi instantánea se produjo a velocidades superiores a la de la luz, pero en un espacio en el que aún no existía materia, lo que no contradice la regla impuesta por la teoría de la relatividad según la cual la materia no puede viajar más deprisa que la luz. Las fuerzas electromagnética y débil siguen combinadas y actúan entre los quarks y los electrones, que han dejado de ser intercambiables. Al final de esta era es cuando podrían haberse formado las primeras densidades alrededor de las cuales, mucho tiempo después, se pudieron ir agrupando las galaxias que vemos en la actualidad.

Entre 10^{-10} y 10^{-5}

La radiación continúa enfriándose. El electromagnetismo se ha separado ya de la fuerza nuclear débil, que puede actuar de forma independiente entre las partículas .

Las cuatro fuerzas que conocemos en la actualidad se manifiestan ahora por separado. Al final de esta era, los quarks empiezan a agruparse para formar protones, neutrones y otras partículas complejas, los ladrillos de las futuras estructuras atómicas. Si lo hubieran intentado durante cualquiera de las eras anteriores, la excesiva temperatura (y por tanto la excesiva energía) habría hecho que las colisiones entre partículas próximas fueran demasiado continuas y fuertes como para permitir cualquier tipo de enlace entre ellas. La era de los átomos no ha llegado aún.

Entre 10^{-5} y tres minutos

A partir de la primera cienmilésima de segundo (10^{-5}), el universo empieza a cobrar un aspecto conocido. Ya existen todas las partículas que nos son familiares hoy en día.

Los quarks se han combinado para formar protones y neutrones, aunque la temperatura es aún demasiado elevada (diez mil millones de grados) como para permitir que éstos se unan a su vez en núcleos atómicos. Salvando pequeñas diferencias debidas al calor reinante, el comportamiento de las partículas es parecido al que puede observarse hoy en los laboratorios de Física de todo el mundo. Los fotones, al igual que otras partículas, empiezan a tener esperanzas de vida más largas, al reducirse el nivel de energía y, en consecuencia, el número de colisiones. El universo, a medida que sigue enfriándose, se hace transparente a la radiación.

Sucedieron tantas cosas durante el primer segundo tras el *big bang* que, para estudiarlo, los científicos han tenido que dividirlo en eras.

Desde los tres minutos de existencia y hasta cumplido el primer medio millón de años, el universo sigue enfriándose cada vez más. Cuando su temperatura desciende «solo» a tres mil millones de grados, los protones y los neutrones pueden comenzar a unirse para formar los primeros núcleos atómicos. Se produce un auténtico «coqueteo» entre partículas, que se unen rápidamente por todas partes para formar núcleos estables de tritio (tres protones), helio 3 (dos protones y un neutrón), helio normal (dos protones y dos neutrones) y deuterio (dos protones). Sin embargo, hace aún demasiado calor como para permitir la formación de átomos. Si un electrón entra casualmente en la órbita de un núcleo, las colisiones terminan por expulsarlo. Solo más tarde este proceso empezará a ser posible. La mayor parte de los protones ya habrán formado pareja con un neutrón, formando núcleos atómicos sencillos y, entre ambos, habrán capturado un electrón errante, dando lugar al átomo más simple y numeroso del universo, el hidrógeno. La historia de los átomos más pesados tardaría aún mucho tiempo en comenzar.

Nucleosíntesis estelar

En 1957, cuatro físicos anglosajones, Geoffrey y Margaret Burbridge, William Fowler y Fred Hoyle (grupo al que muchos libros de astrofísica se refieren como B2FH) publicaron un largo artículo titulado «La síntesis de los elementos en las estrellas» en el que se intentaban enumerar las reacciones que debería haber en el interior de las estrellas para que sus resultados coincidieran con lo que se puede observar.

En realidad, en una época en la que se conocía muy poco sobre el funcionamiento de los hornos estelares, las abundancias de los distintos elementos calculadas por los científicos se aproximaron bastante a lo que se puede ver. Con la excepción del helio. Los científicos, en efecto, calcularon para el helio un valor que estaba alrededor de 3 o el 4%, mientras que su abundancia observable superaba el 25%.

Hoy sabemos que los elementos más ligeros, como el hidrógeno, el deuterio o el helio, se formaron en su mayor parte en los instantes posteriores al ***big bang***, mientras que los elementos más pesados nacen en el interior de las estrellas. Y fue precisamente en la década de los cincuenta cuando surgieron las primeras pistas de que esto podría ser así. En concreto, las dudas cobraron fuerza cuando en algunas estrellas el espectógrafo reveló la presencia de tecnecio, el elemento radiactivo producido de forma artificial en 1937 por Emilio Segré, profesor titular de Física en la Universidad de Palermo, que durante la Segunda Guerra Mundial tuvo que emigrar a Estados Unidos huyendo de la persecución fascista.

La cuestión es que el tecnecio se desintegra con mucha rapidez (su vida media no supera los tres millones de años), motivo por el cual el que los científicos observaban no podía haberse formado durante el ***big bang***, hace miles de millones de años. Y si no se trataba de un elemento «original» surgido durante la creación, no quedaba otra posibilidad más que pensar que se había formado precisamente en los lugares en los que estaba siendo observado, es decir, precisamente en el corazón de las estrellas. El tecnecio que se produjo en los albores de la exis-

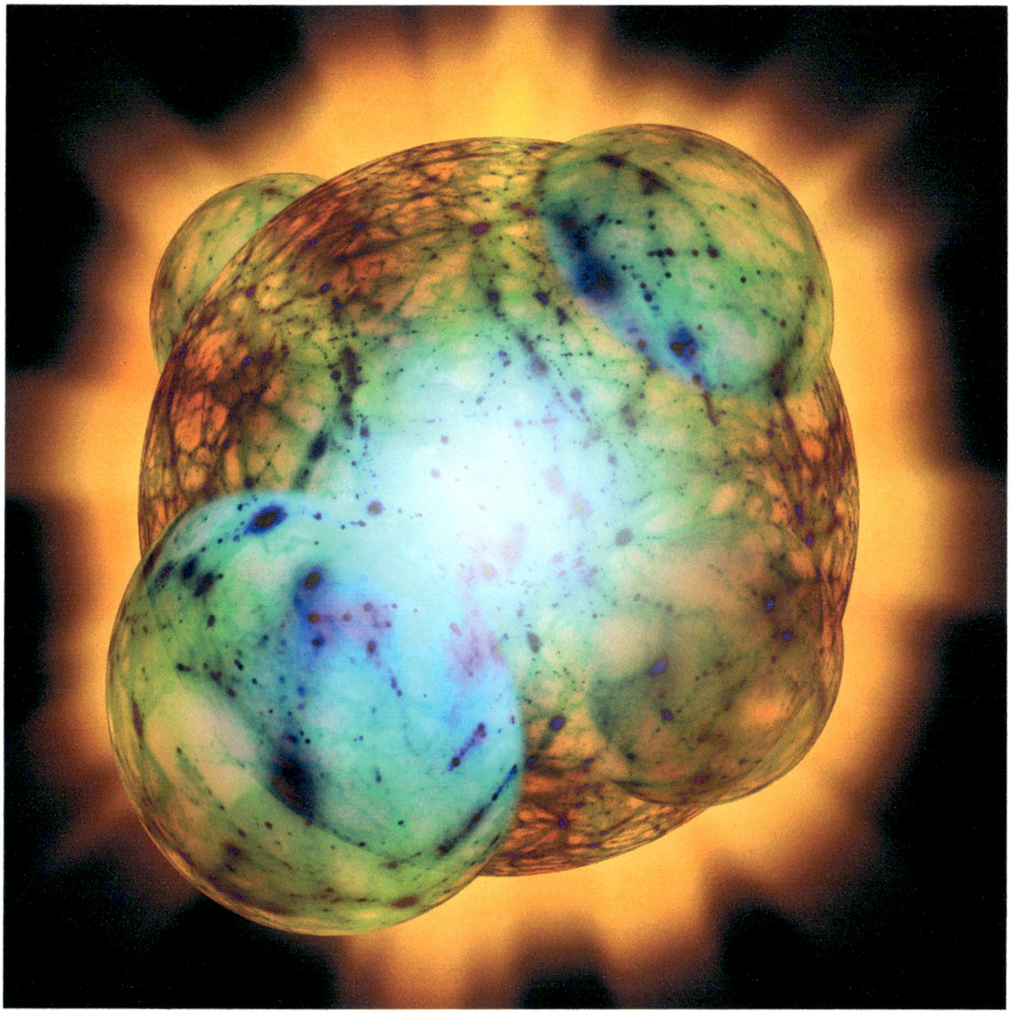

La teoría de la inflación propone que, durante las condiciones extremas a las que se vio sometido el universo en los primeros instantes de su existencia, surgió, a partir de un «falso vacío», una fuerza repulsiva de tal intensidad que le obligó a expandirse a una increíble velocidad, muy superior a la actual. Esto explicaría, por ejemplo, la uniformidad de la radiación de fondo cósmica y la peculiar distribución de la materia por todo el universo. (Ilustración: Detlev van Ravenswaay.)

Sección del túnel del Large Hadron Collider (LHC) en el CERN. El túnel forma un círculo de 27 km. de diámetro, la mayor máquina jamás construída en todo el mundo. (Foto: CERN.)

tencia del universo, de haber existido alguna vez estaría, además, desintegrado desde tiempos muy remotos.

Cuando la temperatura del universo primitivo se redujo a unos pocos miles de grados, cientos de miles de años después del ***big bang***, los electrones, que hasta aquel momento habían estado moviéndose frenéticamente, pudieron calmarse, reducir su velocidad y empezaron a permitir que los núcleos de carga eléctrica positiva los capturaran para formar así los primeros átomos neutros y estables. Fue este un momento de crucial importancia, ya que fue precisamente entonces cuando el universo se volvió por completo transparente a la radiación electromagnética, que empezó a viajar libremente por el espacio disponible. Antes de que los electrones pudieran ser capturados por los núcleos atómicos, el universo entero estaba formado por un único y ardiente mar de plasma, hecho de partículas cargadas eléctricamente que impedían a los fotones moverse con libertad. En esos tiempos, a pesar de que el universo estaba lleno de radiaciones de todo tipo, era completamente opaco a ellas.

En estas nuevas condiciones, el hidrógeno y el helio originales se fueron agrupando lentamente, por la acción de la gravedad, en gigantescas masas de gas que ocupaban las regiones del cielo en las que hoy se cuentan las galaxias por miles de millones. Dentro de cada una de esas nubes primitivas, y quizá debido a la casualidad, algunos átomos se aproximaron entre sí más de lo normal, especialmente alrededor de los puntos en que las temperaturas variaban ligeramente con respecto al resto de la radiación de fondo. Esto es, alrededor de las anisotropías medidas, como vimos en el capítulo 1, por los satélites COBE y WMAP. Se formaron así zonas ligeramente más densas que las que había alrededor. El tiempo haría que esas nubes se fueran condensando hasta formar, como hemos visto, las estrellas.

Al hacer la gravedad que aumentaran la presión y la temperatura en el interior de estas nubes, se encendieron los hornos estelares de fusión nuclear. Los átomos, de nuevo sujetos a calores insoportables, volvieron a perder sus electrones y regresaron a su estado primordial de núcleos aislados que, chocando entre sí, terminaron por agregarse. Así, dentro del horno estelar, los núcleos simples de hidrógeno se fueron fusionando en núcleos de helio, más pesados. La gran cantidad de energía, además, destruiría al mismo tiempo los núcleos existentes de litio, berilio y boro, explicando así la escasez de estos tres elementos en la curva de las abundancias cósmicas.

Como ya vimos en el capítulo 2, cuando las estrellas consumen sus reservas de hidrógeno, pasan a quemar el residuo de esta combustión, el helio, que también se agota y va dando lugar a fases cada vez más cortas e inestables en la vida de la estrella, a medida que en su núcleo se van formando materiales cada vez más pesados, hasta llegar al hierro, del que ya no se puede extraer más energía. Llegados a este punto, y según cuál sea la masa total de la estrella, su destino final será el de apagarse lentamente, dejando un núcleo de hierro sólido en su interior, o el de terminar sus días en explosiones violentas, como novas y supernovas, capaces de generar la energía suficiente como para crear, de una vez, los materiales más pesados que el hierro. Por eso, decir que todos nosotros somos «polvo de estrellas», lejos de ser una simple frase hecha, es la descripción exacta de una realidad, absolutamente comprobada por la Ciencia.

Partículas fundamentales y fuerzas

MODEL

Estructura interna del Átomo

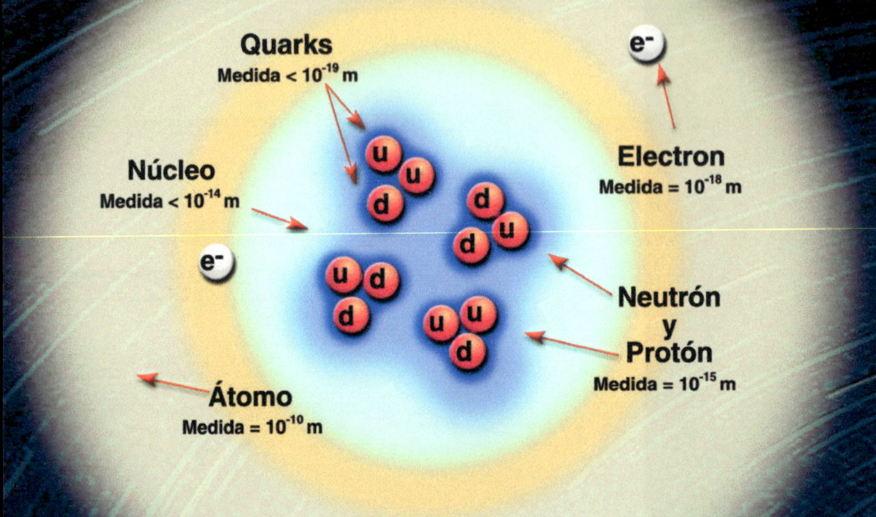

Los quarks, en grupos de tres, forman protones y neutrones, el núcleo atómico alrededor del cual orbitan los electrones

FERMIONES

constitución de la materia
spin = 1/2, 3/2, 5/2

Leptones spin = 1/2	
Sabor	**Carga Eléctrica**
ν_L fotón neutrino	0
e electron	-1
ν_M neutrino medio	0
μ muon	-1
ν_H neutrino pesado	0
τ tau	-1

Quarks spin = 1/2	
Sabor	**Carga Eléctrica**
u arriba	2/3
d abajo	− 1/3
c encanto	2/3
s extraño	− 1/3
t cima	2/3
b fondo	− 1/3

FERMIONES Los ladrillos de la materia

Spin. Es el momento angular intrínseco que posee toda partícula.
Carga eléctrica. Se expresa en relación a la del protón, que es +1.
Energía. La unidad de energía en física de partículas se mide en electronvoltios (eV). Un electronvoltio es la energía cinética que adquiere un electrón acelerado por una diferencia de potencial en vacío de un voltio.
Antimateria. A cada partícula corresponde una antipartícula, con idéntica masa pero con carga opuesta. Al encontrar una partícula a su antipartícula, ambas se aniquilan en una explosión de energía.

BOSONES

partículas portadoras de las f

Fuerza nuclear fuerte (color) spin = 1	
Nombre	**Carga eléctrica**
g gluón	0

BOSONES Los mensajeros de las fuerzas

Carga de color. Sólo la poseen los quarks y los gluones. Los quarks pueden tener tres clases diferentes de "carga de color", llamada así por convención y no porque coincida con colores reales. Igual que las partículas cargadas eléctricamente interactúan intercambiando fotones, en la fuerza nuclear fuerte las partículas con cargas de color intercambian gluones.

Confinamiento. Quarks y gluones no pueden ser aislados, ya que están "confinados" en el interior de partículas con carga de color neutra, hadrones (protones, neutrones y sus antipartículas).

MISTERIOS SIN RESOL

¿Acelera el universo?

El proceso de expansión del universo parece estar acelerándose. La ciencia no ha conseguido saber aún si el fenómeno es causado por leyes conocidas o si se debe, quizá, a una nueva y misteriosa fuerza de la naturaleza.

TÁNDAR DE PARTÍCULAS FUNDAMENTALES Y FUERZAS

El Modelo estándar es una teoría cuántica que reúne nuestros actuales conocimientos sobre las partículas fundamentales de la Naturaleza y las interacciones o fuerzas que las gobiernan

n=0, 1, 2, ...

unificada odébil spin = 1	
e	Carga eléctrica
	0
	-1
	+1
s W	
	0
Z	

Partículas en acción

$n \rightarrow p\, e^- \bar{\nu}_e$

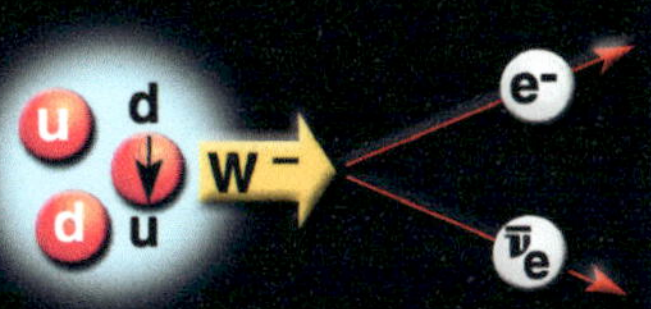

Un neutrón libre (udd) decae (se desintegra) en un protón, un electrón y un antineutrino por medio de un bosón W

$e^+ e^- \rightarrow B^0 \bar{B}^0$

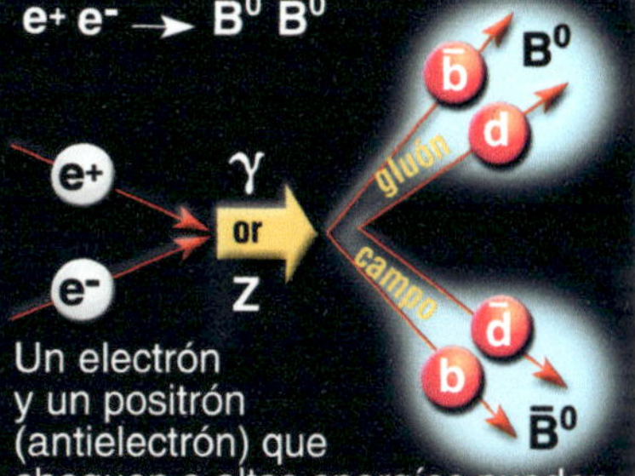

Un electrón y un positrón (antielectrón) que choquen a altas energías pueden aniquilarse mutuamente y producir mesones por medio de un bosón Z o un fotón virtual.

PROPIEDADES DE LAS FUERZAS

TIPO DE FUERZAS / DADES	Fuerza de la Gravedad	Fuerza electrodébil: Fuerza nuclear débil	Fuerza electrodébil: Fuerza electromagnética	Fuerza nuclear fuerte
bre:	Masa-Energía	Sabor	Carga eléctrica	Color de carga
s que la experimentan:	Todas	Quark, Leptones	Carga eléctrica	Quarks, Gluones
s mensajeras:	Gravedad (no observada)	W^+ W^- Z^0	γ	Gluones
10^{-18} m	10^{-41}	0,8	1	25
$3x10^{-17}$ m	10^{-41}	10^{-4}	1	60

A medida que bucean en la estructura íntima de la materia, los físicos se van encontrando con toda una serie de fenómenos y realidades nuevas que, por el momento, no tienen explicación

no hay antimateria?

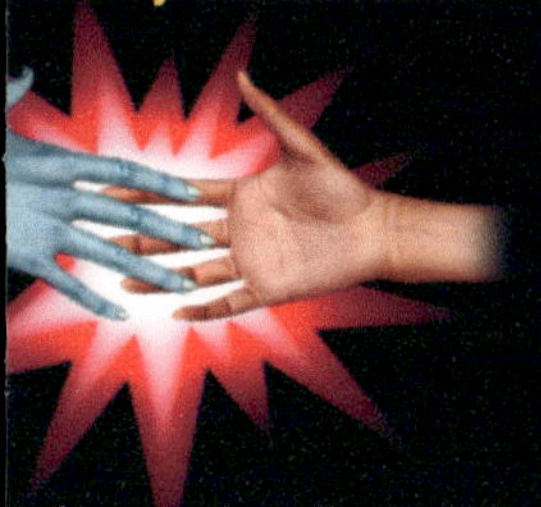

teria como la antimateria se Big Bang. ¿Por qué, entonces, materia que podemos ver es la dad que los físicos consiguen laboratorios y la poca que viaja cósmicos?

¿Materia oscura?

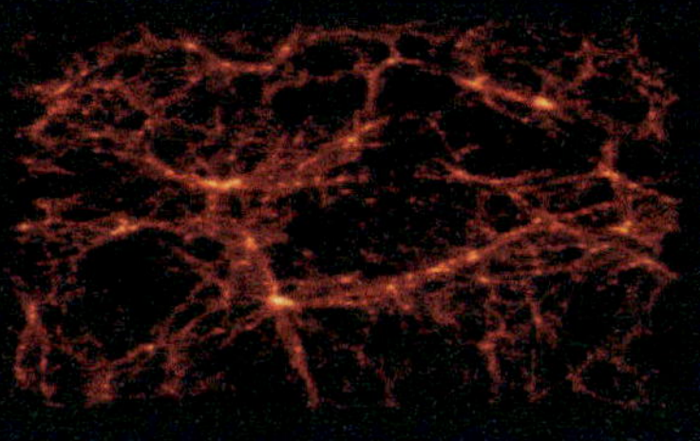

Formas invisibles de una materia "diferente", constituyen la mayor parte de la masa de las galaxias que podemos observar. ¿Está esta materia oscura constituida por nuevos y aún desconocidos tipos de partículas que apenas interaccionan con la materia ordinaria?

¿Dónde está el bosón de Higgs?

Según el Modelo Estandar, es necesario que exista una partícula, el bosón de Higgs, que nadie ha detectado aún y que sería un componente del campo de Higgs, el cual se cree permea el universo y da masa a las demás partículas, incluyéndose a sí misma.

Capítulo 5

La vida

A veces creo que hay vida en otros planetas, y a veces creo que no. En cualquiera de los dos casos la conclusión es asombrosa.

Carl Sagan

La Tierra está llena de vida. Por todas partes. Desde las profundidades abisales de los océanos a la cima del Everest, cientos de miles de especies diferentes pueblan cada rincón, cada agujero, cada ambiente, por inhóspito que pueda parecer. Así es desde hace miles de millones de años.

Los seres humanos, a pesar de la inteligencia, de la tecnología, los descubrimientos y los avances científicos, no podemos evitar ser lo que somos: unos recién llegados.

Con nuestros cuatro (como máximo) millones de años de historia acabamos, literalmente, de aterrizar en este mundo y sabemos aún bien poco sobre él. Numerosas formas de vida nos precedieron como dueñas de esta casa perdida en el espacio.

Reinaron en ella durante periodos que multiplican por diez, por cien, nuestra presencia aquí. Y a pesar de eso desaparecieron sin dejar rastro, y a veces de repente. Cuando nos llegue el turno, también desapareceremos. Otros, quizá, nos sucederán. Así ha sido desde hace 3.500 millones de años, y así debería ser durante, por lo menos, otro periodo similar.

Dicen los científicos que desde que el mundo es mundo han existido en la Tierra unos 500 millones de especies diferentes. Y que todas ellas, excepto el escaso uno por ciento que podemos ver en la actualidad, se han ido extinguiendo a lo largo de la larga historia de la vida en nuestro planeta. Cinco millones de especies, pues, es lo que actualmente nos queda, aunque eso, como muchas otras «verdades» en este campo, es solo un cálculo aproximado. Algunos sitúan el número total de las diferentes formas de vida muy por debajo de esa cifra, mientras que otros «disparan» hasta las varias decenas de millones. Sea como fuere, la Ciencia ha descrito ya alrededor de 1.750.000 especies diferentes, de las cuales la mayoría corresponde a insectos, microorganismos y animales marinos. De todas ellas, solo algo más de 200.000 describen alguna clase de vertebrado.

Especies desconocidas

El número de especies conocidas no se reparte por la superficie del planeta de manera uniforme.

Conocemos muchas más en los lugares que dominamos, y muy pocas en aquellos que nos resultan más difícilmente accesibles. Para empezar, las tres cuartas partes del mundo están cubiertas de agua, y bajo el mar es mucho más complicado investigar. Así que se cree que mientras conocemos ya las dos terceras partes de las criaturas terrestres, apenas si hemos descubierto el uno por ciento de las que viven bajo el agua. Un porcentaje mínimo que se enriquece a un ritmo de unas 1.600 especies marinas «nuevas» cada año, casi todas pequeñas, pero también criaturas de gran tamaño, como una ballena de doce metros de largo, varios tipos de calamares gigantes o incluso un tiburón de más de seis metros, todos ellos descubiertos durante la última década.

Los grandes hallazgos en tierra firme, aunque se dan de vez en cuando, resultan mucho más raros. Por eso llaman tanto la atención, y también porque atravesamos un momento en el que la desaparición de especies es tal que muchos creen que estamos inmersos en lo que ha venido a llamarse «la sexta ola» de extinciones en nuestro planeta (a un ritmo que oscila, según las fuentes, entre las 10.000 y las 50.000 especies desaparecidas cada año). El último (por ahora) de estos sorprendentes descubrimientos fue el hallazgo de todo un santuario de especies desconocidas en un recóndito rincón de Papúa-Nueva Guinea. Un santuario que ha centrado la atención de biólogos y naturalistas de todo el mundo.

Allí, en las montañas de Foja, en mitad de esa impenetrable selva de la Papúa indonesia, el naturalista Bruce Beehler consiguió encontrar un auténtico tesoro de vida animal y vegetal. Y lo hizo, además, en una zona en la que jamás había pisado hombre alguno (algo insólito en pleno siglo XXI), ni siquiera los miembros de las tribus Kwerba y Pasapena («dueñas» de las montañas Foja) que acompañaban a la expedición. Beehler y su equipo se toparon, casi nada más llegar allí, con más de treinta especies nuevas de pájaros, mamíferos, ranas, mariposas y plantas. Además, vieron aves que hasta entonces (febrero de 2006) se daban por desaparecidas, como la del paraíso. «Esto es lo más parecido al jardín del Edén que vamos a encontrar en la Tierra», declaró el propio Beehler a la prensa.

Millones de especies diferentes, pues, llenan por completo todos los huecos disponibles de nuestro mundo y van apareciendo y desapareciendo como los actores aparecen y desaparecen de la escena. Interpretan su papel, que puede ser más o menos importante, y se van. Pero ¿de dónde surge tanta diversidad? ¿Cómo llegó la vida a diferenciarse tanto? y más aún, ¿desde cuándo exactamente existe la vida en la Tierra? ¿Es posible también encontrar vida en otros mundos ajenos al nuestro? La búsqueda de respuestas a estas preguntas es, hoy, casi una obsesión para muchos biólogos, cuyos avances, sin embargo, no se producen con la rapidez que ellos desearían.

La importancia de estar vivo

Para comenzar a andar el camino que nos lleve a alguna respuesta hay que tener en cuenta un hecho fundamental: todas las criaturas, tanto las que existen actualmente como las que vivieron en algún momento del pasado, tienen en común el hecho singular y excepcional de estar vivas.

Cosa que, aunque lo parezca, no es una simpleza. Bien pensado, en efecto, esa cualidad que se nos antoja tan normal no debe serlo en absoluto, a juzgar por nuestra incapacidad actual de encontrar cualquier clase de forma viviente fuera de nuestro propio planeta. Pero lo importante es que esa característica común a todos que es la vida implica, también, una «forma de funcionar» común, unas ciertas reglas que todos los seres vivientes, para serlo, deben cumplir por igual, sin excepción, independientemente de que sean gusanos, personas, mosquitos, flores, peces, dinosaurios, bacterias o elefantes.

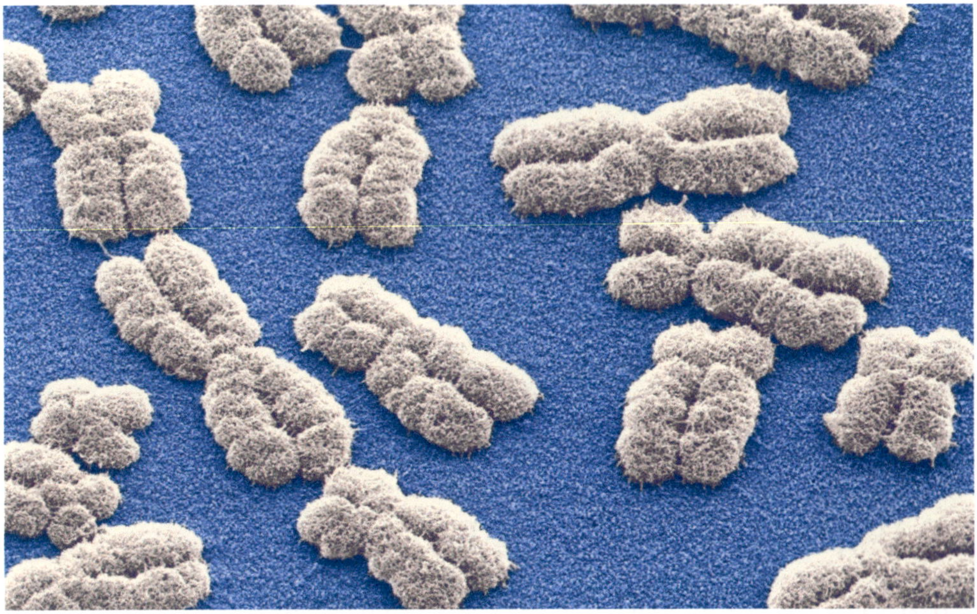

Cromosomas humanos. Cada célula contiene 46, la mitad heredados del padre y la mitad de la madre. (Foto: Andrew Syred.)

No sabemos si hay otras «maneras» de estar vivo, pero todas las criaturas que nos rodean basan su existencia en unos pocos elementos, entre ellos el carbono, y en un puñado de reacciones químicas sin las cuales nada de lo que vive podría existir. Entre esas características comunes se encuentra, en el núcleo mismo de cada célula, el ADN, la molécula en forma de doble hélice que contiene «el manual de instrucciones» de cualquier ser viviente. Y ese ADN, formado por genes individuales que se expresan solos o en conjuntos, guarda importantes (e increibles) similitudes entre todas las criaturas, a pesar de que sus portadores ostenten formas, tamaños y costumbres de una extraordinaria variedad. Entre el ADN humano y el de la mosca de la fruta, por ejemplo, hay más de un 80% de coincidencias, lo cual nos lleva a la extraordinaria conclusión de que todas las diferencias que hay entre un hombre y una mosca pueden explicarse con el escaso 20% restante. Si nos comparamos con una rata, una vaca o un cerdo, mamíferos como nosotros, esas coincidencias genéticas superan, con mucho, el 90%, y si lo hacemos con un gorila o un chimpancé, nuestros parientes más próximos, entonces los ADN se vuelven prácticamente idénticos.

Existen, por lo menos, dos razones poderosas para que esto sea así. Por un lado, todos los seres vivos empleamos la mayor parte de nuestro material genético precisamente en eso, en estar vivos. Y esa es, como hemos visto, una característica común. La segunda razón nos lleva a pensar que, si somos todos tan parecidos, si funcionamos todos del mismo modo, entonces parece lógico pensar que procedemos de antepasados comunes. Criaturas que, en un pasado remoto, desarrollaron y pusieron a punto esa «habilidad» de la materia para cobrar vida y que después se fueron singularizando en la multitud de seres diferentes que hoy podemos ver.

El registro fósil, en su carrera desde el pasado remoto hasta hoy, contribuye a reforzar esta idea mostrando especies ya inexistentes y que, a medida que pasa el tiempo, se van pareciendo cada vez más a las que hoy pueblan la Tierra. La búsqueda de esas criaturas nos lleva, en teoría, hasta un único organismo, que la Ciencia ha llamado LUCA (Last Universal Common Ancestor, o Último Antepasado Universal Común) y a intentar comprender qué sucedió (y cuándo) en el pasado remoto de nuestro planeta para hacer posible su aparición, y con ella, la existencia de todos nosotros.

La Tierra se prepara

Hace casi cinco mil millones de años, cuando se formó, la Tierra era un lugar ciertamente inhóspito y carente de vida.

Los científicos creen que nuestro planeta tenía, al principio, un tamaño considerablemente superior al actual y que estaba for-

La mayor parte de la carga genética de todos los organismos vivientes es idéntica, y se usa precisamente para hacer posible la función que todos ellos comparten: estar vivos.

mado, principalmente, por una gran cantidad de hidrógeno y helio y solo una pequeña parte de otros elementos más pesados. Es decir, de la misma materia y en las mismas proporciones que el resto del universo. Nada más formarse, sin embargo (y a diferencia de lo que sucedió con otros planetas más alejados del Sol, como Júpiter o Saturno, que siguen teniendo esa misma composición), la fuerza gravitatoria terrestre se demostró incapaz de retener los elementos más ligeros.

Al mismo tiempo, y a pesar de las elevadas temperaturas, empezaron a formarse los primeros silicatos, los mismos que hoy constituyen la inmensa mayoría de las rocas de la corteza terrestre. Algunos elementos más pesados, como el hierro o el níquel, se fueron concentrando, como vimos en el capítulo 3, en el centro del planeta. En pocas palabras, los diversos materiales que forman nuestro mundo se fueron disponiendo de la manera en que están en la actualidad, los más ligeros flotando sobre un espeso manto más denso que a su vez gira, como sabemos, alrededor de un núcleo metálico.

Los elementos más ligeros, por el contrario, se fueron dispersando por el espacio. Elementos como el hidrógeno y el helio antes mencionados, pero también, en cierta medida, oxígeno, nitrógeno, carbono y gases nobles como el neón o el argón. Los gases nobles no establecen reacciones químicas con otros elementos, pero el hidrógeno no tiene este problema y es capaz de reaccionar prácticamente con todos ellos, dando lugar a compuestos de muy diverso tipo. Combinado con oxígeno (H2O), forma agua; si lo hace con nitrógeno (NH3), forma amoniaco, y si se asocia con el carbono (CH4), da lugar al metano. Compuestos que, en los violentos procesos de nacimiento del planeta, se habrían perdido irremediablemente en el espacio si no fuera por el hecho de que quedaron atrapados en el magma que quedaba bajo la corteza naciente.

Igual que sucedió en la Tierra, Marte tuvo océanos en el pasado. Los científicos intentan ahora averiguar si también allí surgió la vida. (Ilustración: Joe Tucciarone/JPL.)

Más tarde, cuando la Tierra se enfrió y la corteza empezó a resquebrajarse y a dividirse en fragmentos, los gases disueltos en el magma se liberaron, formando una atmósfera venenosa que nues-

Una de las principales cuestiones a las que se enfrentan los biólogos es la de averiguar si la vida surgió en nuestro planeta o si, por el contrario, fue traída a él desde fuera, por medio de cometas o meteoritos.

tro mundo ya estaba en condiciones de retener. El hidrógeno libre que quedaba abandonó la Tierra, mientras que una buena parte de los gases restantes se disolvieron en el agua que, a medida que la temperatura bajaba, iba pasando del estado gaseoso al líquido y rellenando las depresiones del terreno. En la atmósfera quedó también una gran cantidad de vapor de agua, amoniaco y metano, además de una serie de otros gases de secundaria importancia. Hubo, por lo menos, otro planeta en el que sucedió algo parecido, aunque el resultado final fue muy diferente al de la Tierra.

Se cree que Marte, en efecto, al principio de su existencia, pasó por las mismas etapas que la Tierra, y que llegó incluso a albergar océanos en los que pudo, quizá, surgir la vida. Buscar restos de agua y de vida en ese mundo gemelo es precisamente la misión principal de la creciente flota de naves (35 hasta ahora) que el hombre ha enviado ya hasta allí. Sin embargo, y probablemente debido al hecho de que Marte es algo más pequeño que la Tierra, su atracción gravitatoria no fue lo suficientemente fuerte como para retener una atmósfera, cosa que sí hizo nuestro planeta. El resultado está a la vista. Marte, a diferencia de nuestro mundo, es hoy un inmenso desierto de rocas y arena, donde ya no hay agua en estado líquido. Y si allí hubo alguna vez vida, su carrera debió truncarse nada más empezar, sin posibilidad alguna de llegar a los grados de diversidad y complejidad que logró en su mundo vecino. A diferencia de la Tierra, Marte no logró cambiar de color y pasar del rojo al azul.

Se calcula que, en ambos mundos, para llegar a este punto desde la condensación inicial debieron pasar alrededor de mil millones de años. Hace, pues, cerca de cuatro mil millones de años que en la Tierra se dieron las reacciones que habrían desembocado después en la aparición de los primeros precursores de la vida.

Grandes tormentas eléctricas y el intenso bombardeo de la radiación solar provocaban continuas reacciones químicas en los gases, que seguían liberándose como consecuencia de la fragmentación de la corteza, que cedía también bajo el bombardeo de una intensa actividad meteorítica. Quizá, el impacto de cometas trajo también hasta nuestro mundo el mismo tipo de moléculas orgánicas que todavía en la actualidad, como han comprobado los científicos, transportan en sus largas colas. Lo cierto es que, mil millones de años después de su formación, la Tierra estaba ya literalmente cubierta por una clase de organismos microscópicos muy parecidos a algunas de nuestras algas actuales.

Los primeros «vivientes»

Los rastros más antiguos de vida sobre la Tierra nos llevan 3.500 millones de años en el pasado, y proceden de cierto tipo de rocas sedimentarias halladas en Canadá, Sudáfrica y Australia.

El análisis químico de estas rocas ha revelado la existencia de una serie de compuestos que, según los biólogos, podrían considerarse como una suerte de «fósiles químicos», ya que esos compuestos, que se sepa, solo pueden derivar de la actividad metabólica de seres vivos. En Groenlandia, por otra parte, se han hallado hidrocarburos en sedimentos de hace 3.800 millones de años que podrían ser la «pistola humeante» que pruebe la existencia de organismos extraordinariamente primitivos.

Pero los primeros auténticos organismos vivos de que dan testimonio los fósiles son, sin duda, los estromatolitos, unas curiosas estructuras rocosas formadas, a nivel microscópico, por un gran número de capas superpuestas, como si fueran láminas apiladas una encima de otra. Capa a capa, lentamente, esas rocas se formaron como resultado de la suma de incontables bacterias, habitantes de mares cálidos y generalmente poco profundos. También en la actualidad se están formando estromatolitos, en especial en aguas superficiales y saladas de los mares australianos, como consecuencia de la acumulación de pequeños granos de arena sobre comunidades de bacterias y algas azules. Fue precisamente allí, en el oeste de Australia, en la región de Pilbara, donde los científicos encontraron hace ya tres décadas un gran número de estromatolitos muy antiguos. Estromatolitos que se habían formado, según las últimas dataciones, hace 3.430 millones de años.

En su primera descripción, se atribuye a estas estructuras «un origen posiblemente microbiológico», aunque este hecho no se daba por seguro. La cuestión es, desde entonces, motivo de arduas discusiones científicas entre quienes no dudan de la relación de los estromatolitos con formas de vida muy primitiva y aquellos que, por otro lado, están convencidos de que esas curiosas formaciones rocosas son el resultado de procesos químicos que se pueden explicar, por ejemplo, con fuentes submarinas de agua caliente.

Las primeras pistas sobre formas de vida en la Tierra son series de aminoácidos datados en 3.800 millones de años. Sin embargo, quizá los primeros seres vivos completamente funcionales fueron unas bacterias que, depositándose en capas unas encima de las otras, dieron lugar a rocas que afloran en aguas superficiales en diversas partes del mundo. Son los estromatolitos, y los más antiguos han sido datados en más de 3.400 millones de años. Algunos, sin embargo, aun siguen dudando del origen orgánico de estas curiosas formaciones, que serían el resultado de simples procesos quimicos.

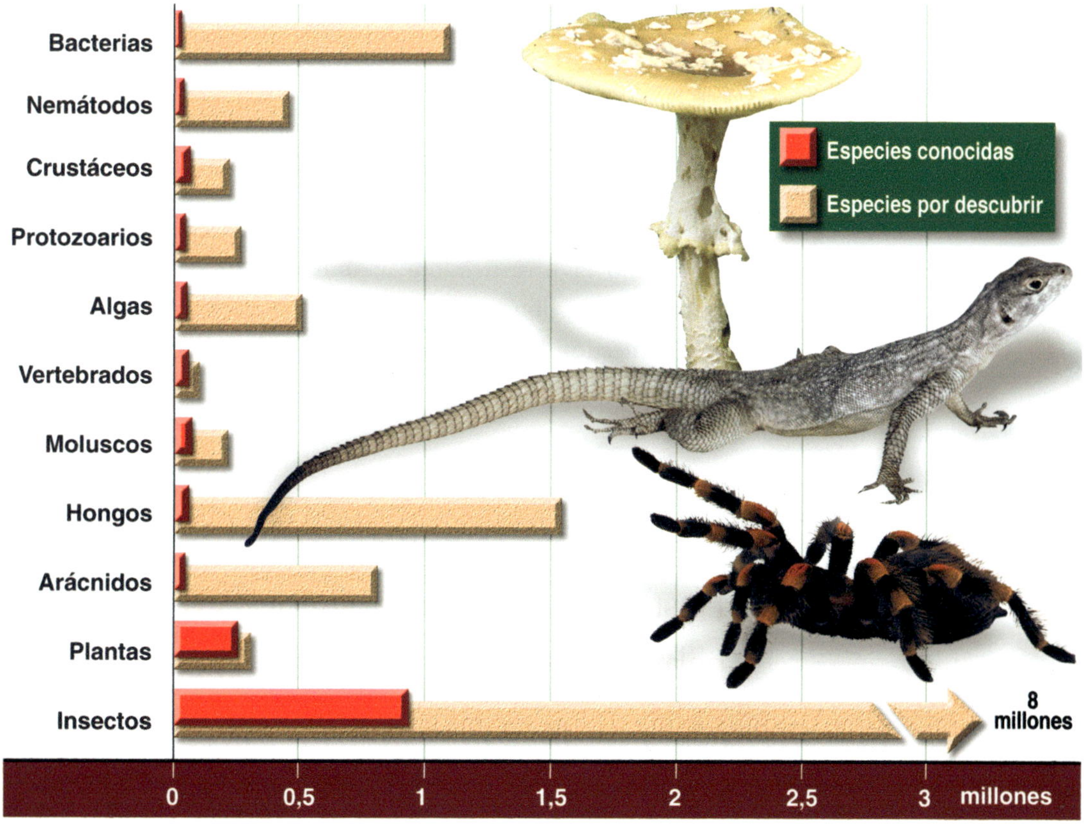

No fue hasta junio de 2006 cuando un grupo de expertos australianos y canadienses, encabezados por la bióloga Abigail Allwood, de la Universidad australiana Macquaire, puso fin a la controversia con un artículo publicado en la revista *Nature* en el que se daban a conocer los resultados de una nueva investigación en Pilbara, la más completa realizada hasta el momento, en un estrato rocoso de más de diez kilómetros de largo y extraordinariamente rico en estromatolitos.

Los resultados, según los investigadores, son concluyentes. Por un lado, se encontraron en el estrato hasta siete formaciones de estromatolitos, todos ellos, además, con patrones de forma muy diferentes, desde conos a óvalos casi perfectos. Para

Abigail Allwood, la sola complejidad de las formas es ya un indicativo de la naturaleza biológica del proceso. La simple sedimentación, en efecto, no puede explicar que surjan formas regulares y tan diferentes entre sí. Y tampoco se conocen en la Naturaleza procesos químicos capaces de arrojar esos sorprendentes resultados. «Si aceptamos que la vida surgió en este planeta –dijo la investigadora al anunciar su descubrimiento– quizá sea aquí donde empezó.»

La cuestión, claro, es conseguir explicar cómo y por qué empezó.

Generación espontánea

Hasta mediados del siglo XVII nadie se había preguntado nunca por el origen de la vida, al menos no desde una perspectiva científica.

El hombre y los organismos superiores habían sido creados directamente por Dios, mientras que los insectos, las ranas y las incontables criaturas más pequeñas surgían por generación espontánea, a partir del barro o de otra materia en estado de descomposición. El propio Aristóteles se refería en sus escritos a una misteriosa fuerza, propia de la materia, que la obligaba a adoptar, espontáneamente, una forma determinada. En todas las cosas, creía el sabio, existen dos principios diferentes: uno «pasivo», representado por la materia; y otro «activo», encarnado por la forma. El barro, por ejemplo, no es otra cosa que materia inerte, pero gracias a ese innato principio «activo» tiende de modo inevitable a organizarse en algo vivo, como podría ser un gusano, un pez o una rana. De estas ideas surgió precisamente el relato bíblico del Génesis, según el cual Dios creó el mundo en seis días a partir del caos y al propio Adán a partir de un montón de barro inanimado.

La idea aristotélica de una generación espontánea sobrevivió sin encontrar oposición alguna durante toda la Edad Media y el Renacimiento y gozó de aceptación, incluso, entre pensadores de la talla de Newton, Descartes o Bacon. En pleno siglo XVI, más de uno estaba aún convencido de que las ocas nacían gracias al contacto de un determinado tipo de árbol con el agua del mar; o de que los corderos, tal y como contaban los aventureros que regresaban de sus largos viajes a Oriente, se formaban en el interior de los melones. A principios del siglo XVII, el médico y naturalista flamenco Jean Baptiste Van Helmont anunció con la máxima seriedad los resultados de un experimento que consistió en mezclar, durante tres semanas, granos de trigo con una camisa sucia, llena de sudor y barro. Pasado ese tiempo, de la mezcla «surgieron» varios ratones. Para Van Helmot el principio activo necesario para empujar a la materia inerte a transformarse en materia viva fue, precisamente, el sudor humano que impregnaba la camisa.

Hasta mediados del siglo XVII, nadie se había preguntado seriamente por el origen de la vida y, cuando algunos comenzaron a hacerlo, surgió toda una serie de teorías que hoy no pueden más que dibujar una sonrisa en el rostro de los científicos. Entre ellas destacó, por su extraordinario arraigamiento, la teoría de la generación espontánea, según la cual los organismos surgían, como por arte de magia, a partir de la materia inerte.

Es cierto que, casi al mismo tiempo que Van Helmot, otros hombres de ciencia, como el italiano Francisco Redi o el holandés Anton Van Leeuwenhoek, esbozaban teorías más coherentes y que dejaban a un lado la generación espontánea, pero el golpe definitivo no llegó hasta mediados del siglo XIX, de la mano de Louis Pasteur y de Charles Darwin. El primero, gracias a una meticulosa serie de experimentos, demostró que cualquier ser vivo, incluso las bacterias y los microorganismos, vienen de progenitores que son parecidos a ellos. Aunque esto genera, como veremos, nuevos problemas, ya que implica la necesidad de una «primera generación» para cada una de las especies. El segundo, junto a Alfred Russel Wallace, planteó una teoría, la de la selección natural, que estaba destinada a convertirse en una de las mayores revoluciones no solo científicas, sino también del pensamiento de todos los tiempos.

A pesar de todo, el concepto de generación espontánea, aunque de forma muy diferente al pasado, ha vuelto a ser tomado en seria consideración. De hecho, la Ciencia aún no ha conseguido explicar de un modo satisfactorio cuáles fueron los pasos necesarios para que surgieran las primeras formas de vida. ¿Cómo se pudo pasar de un estado de «no vida» a otro con organismos vivos? O, como lo habrían dicho los clásicos, ¿cómo se convirtió, al principio, la materia inerte en materia viva?

Volvamos, por ahora, a mediados del siglo XVIII. En 1745, un naturalista inglés, John Needham, llevó a cabo varios experimentos con el fin de insuflar nuevas fuerzas a la teoría de la abiogénesis (otra forma de llamar a la generación espontánea). Needham hirvió varios trozos de carne con el objeto de destruir cualquier organismo que pudiera haber en ellos, y los colocó después en recipientes que tapó con simples gasas. Lo mismo hizo también con varias hierbas y verduras. A los pocos días, tanto la carne como las verduras albergaban prósperas colonias de microorganismos. Needham concluyó que esos microorganismos se habían generado espontáneamente, a partir de la carne y de los vegetales. Años después, sin embargo, el sacerdote italiano Lazzaro Spallanzani repitió los experimentos de Needham, pero haciendo hervir la carne y los vegetales durante mucho más tiempo y, lo que es más importante, guardándolos después en recipientes herméticamente cerrados. No apareció organismo alguno. Needham acusó al italiano de haber destruido el principio activo de la materia con las altas temperaturas primero, y con la falta de aire después, al privarla de ese elemento indispensable para la vida.

Y aquí es donde entra Pasteur, cuyo famoso experimento zanjó la cuestión para siempre. El químico francés construyó personalmente una serie de matraces de vidrio con largos y tortuosos cuellos curvos, en cuyo interior colocó después sustancias nutritivas que puso a hervir durante largo tiempo. Pasteur dejó una parte de sus caldos en esos curiosos recipientes y repartió el resto entre matraces provistos de filtros y otros que dejó expuestos al aire. El original cuello curvado de sus probetas dificultaba, sin impedir del todo, el paso del aire, aunque no permitía el paso a las partículas de polvo, que quedaban a la entrada del cuello. Pasteur dejó pasar los días y comprobó que nada crecía en los caldos, demostrando así que los organismos vivos que aparecían en los matraces sin filtro o sin cuellos largos y curvos procedían del exterior y no se formaban, como postula la abiogénesis, dentro del caldo. La teoría de la generación espontánea quedó así refutada para siempre y en su lugar quedó bien asentado el concepto de que todo ser vivo procede, necesariamente, de otro ser vivo anterior a él.

A medida que se fue haciendo claro que cada ser vivo procede de otro ser vivo, fue cobrando fuerza la necesidad de averiguar de dónde vino el primero entre todos los organismos vivientes.

Evolución

Se abrieron, sin embargo, nuevos y embarazosos interrogantes. En efecto, si para generar un ser vivo hace falta otro ser vivo, ¿quién o qué generó al primero de todos los seres vivos?

Y, no menos importante, si cada individuo genera siempre individuos parecidos a sí mismo, ¿cómo se explica la inmensa variedad de organismos que habitan hoy la Tierra? ¿Existió esa variedad desde siempre? Todo estaba preparado para la irrupción de las teorías de Charles Darwin.

Para este biólogo británico, las diferencias que se pueden observar entre individuos diferentes de una misma población son hereditarias, es decir, se transmiten de padres a hijos. Y a la hora de reaccionar ante los cambios que se producen en el entorno (sequías, terremotos, inundaciones, glaciaciones, etc.), los individuos cuyos rasgos favorecen una mejor adaptación al nuevo estado de cosas tienen una clara ventaja sobre los que no poseen esos rasgos. Esa ventaja se traduce, en la mayoría de las especies, en unas mayores probabilidades de sobrevivir y de reproducirse. En otras palabras, esos individuos «mejor adaptados» se reproducen más y mejor que los que no lo están. Lo cual garantiza, a su vez, que la siguiente generación tendrá una mayor proporción de individuos con las características que favorecen la supervivencia y la eficacia en la adaptacion. El medio, de esta manera, presiona a las especies y prima a los individuos que poseen los rasgos más útiles.

Este proceso, que implica solo pequeños cambios entre una generación y la siguiente, puede, con el paso del tiempo y de numerosas generaciones, llevar a la evolución de organismos completamente diferentes del original. La teoría, llevada a su límite, implica que todas las formas de vida de la actualidad proceden de un único antepasado común. Un antepasado que nadie, ni siquiera hoy, se sabe cómo pudo surgir. En el último párrafo de ***El origen de las especies***, Darwin dejó escrito que al principio de los tiempos, el Creador dotó de vida a unas pocas, quizá a una sola criatura. Y que a partir de ahí entró en juego la evolución: «A partir de un comienzo tan elemental se fueron produciendo ilimitadamente formas más bellas y maravillosas, que siguen evolucionando».

Sin embargo, en su correspondencia privada, Darwin decía algo muy distinto, y apuntaba la posibilidad de que la vida hubiera surgido a partir de un proceso químico, «en una pequeña charca caliente, en presencia de todo tipo de sales de amonio y de ácido fosfórico, de luz, calor, electricidad, etc.». Desde entonces, la mayor parte de las investigaciones sobre el origen de la vida se han dirigido a buscar cómo se produjo exactamente ese proceso al que Darwin se refería en sus cartas. Es decir, a averiguar la manera en que la interacción espontánea entre moléculas simples disueltas en los lagos y océanos del mundo prebiótico pudo dar lugar al primer organismo vivo, el antepasado común del cual todos descendemos.

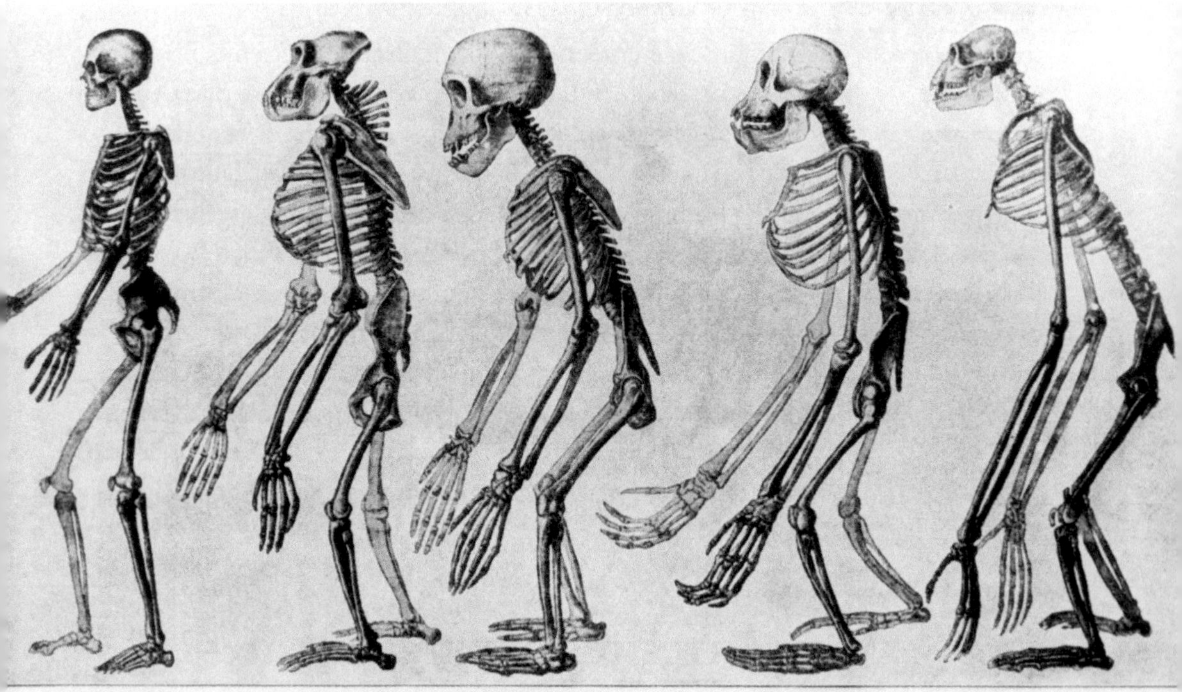

Varias generaciones de biólogos han ido definiendo las características que debería tener ese antepasado común al que, como hemos visto, la Ciencia llama LUCA. Es seguro, por ejemplo, que esa primera criatura tenía ADN, es decir, instrucciones genéticas hereditarias que, además, estaba en condiciones de transmitir a sus descendientes. El proceso de copia de esas instrucciones, además, tuvo que ser lo suficientemente flexible (es decir, contener los suficientes «errores») como para permitir las variaciones que necesita la selección natural para ir dando lugar a nuevas especies.

El biólogo alemán Ernst Haeckel (1834-1819), pensó, erróneamente, que los monos estaban emparentados con el hombre. Arriba, un gibón, un orangután, un chimpancé, un gorila y un hombre.

Lenta, pero inexorablemente, un nuevo concepto empezó a abrirse camino, hasta revolucionar por completo los fundamentos mismos de la Ciencia. Después de la teoría de la evolución, nada volvió a ser lo mismo.

Poco a poco, a partir del estudio de las semejanzas que existen entre los organismos actuales, los científicos han ido reuniendo valiosa información sobre ese lejano antepasado común. Se considera seguro, en efecto, que ciertos rasgos que están presentes en todas las formas de vida modernas debieron estarlo también en aquella primera criatura. Una de las semejanzas más evidentes es que todos los organismos actuales están hechos de la misma serie de compuestos orgánicos, ricos en carbono. O que todas las proteínas presentes en los organismos de cualquier especie están formadas por las distintas combinaciones de veinte aminoácidos esenciales. O que todos los seres vivos que conocemos guardan su información genética en los ácidos nucleicos, el ADN y el ARN que, como sabemos, se encargan de determinar la composición exacta de todas las proteínas necesarias para cualquier proceso de la vida, incluída la propia perpetuación.

¿Terrestres o extraterrestres?

Actualmente existen dos hipótesis que intentan explicar el origen de la vida.

Por un lado, la «hipótesis extraterrestre», según la cual la vida habría surgido en algún otro lugar del espacio para después colonizar nuestro planeta; y por otro, la «hipótesis terrestre» según la cual la vida se habría desarrollado aquí, en la Tierra. Ambas ideas cuentan con defensores y detractores, pero ninguna de ellas ha conseguido reunir, por el momento, las pruebas necesarias para ser considerada definitiva. La primera de las hipótesis, la del origen extraterrestre, que se conoce como «panspermia», no explica cómo surgió la vida, sino que se limita a trasladar el problema fuera de la Tierra. La vida, según esta teoría, sería una característica general del Universo que podría incluso ser tan vieja como él.

La idea fue introducida por primera vez a principios del siglo XX por el químico sueco Svante Arrhenius, y predice que los organismos más sencillos abundan en el espacio, se desplazan por él y van colonizando los planetas que encuentran a su paso. Los defensores de la otra hipótesis, sin embargo, defienden la idea de que la vida apareció en nuestro planeta de manera espontánea (de nuevo la generación espontánea), a partir de materia inerte, animada en virtud de unas condiciones físicas y químicas determinadas. Para los defensores de esta versión moderna de la teoría de la abiogénesis, el surgimiento de la vida fue un hecho excepcional, único y probablemente irrepetible en toda la historia del universo.

Hoy, los esfuerzos de los biólogos que trabajan en este campo se encaminan fundamentalmente en dos direcciones: encontrar vida fuera de la Tierra, lo que sacaría a la Ciencia de la actual situación de «impasse» en la que se encuentra hoy; y explicar cuáles fueron exactamente los mecanismos que dieron como resultado la aparición de los primeros seres vivientes.

¿Hay alguien ahí fuera?

El investigador de la NASA David S. McKay realizó ante el mundo el 6 de agosto de 1996 una declaración histórica.

A partir del análisis de los restos de un meteorito procedente de Marte, McKay anunció ese día la existencia de pruebas que apuntaban seriamente hacia la posibilidad de que, en el pasado, hubieran existido microorganismos vivos sobre la superficie de Marte. La noticia, que mereció incluso una declaración televisada del presidente Bill Clinton, recorrió el mundo en cuestión de horas y suscitó, además de incontables prime-

ras páginas, violentas reacciones, tanto a favor como en contra. El «culpable» de la polémica es ALH84001, una roca marciana de color marrón y casi dos kilos de peso que fue encontrada en la Antártida el 27 de diciembre de 1984. El nombre de esta piedra procede de Allan Hills, la región antártica donde fue descubierta por un equipo del Instituto Smithsonian de los Estados Unidos.

Los análisis realizados indicaban que ALH84001 se encontraba en Marte hace unos 4.500 millones de años, la época en que nació el Sistema solar y se formaron sus planetas. La roca, además, muestra evidencias de que hace 3.600 millones de años se filtró en su interior agua líquida rica en dióxido de carbono, hecho que refuerza, por otra parte, la idea de que Marte y la Tierra tuvieron una evolución muy parecida. Más cerca del presente, hace apenas dieciséis millones de años, el impacto de un meteorito expulsó violentamente una gran cantidad de rocas y polvo fuera del planeta rojo, entre ellas nuestro meteorito, que, tras vagar durante millones de años por el espacio, terminó cayendo en la Tierra hace 13.000 años.

Esta suerte de «carambola cósmica» es extraordinariamente común en nuestro sistema planetario. Los cráteres que adornan la superficie de la Luna, Marte o Mercurio (los de la Tierra se van borrando como consecuencia de la erosión atmosférica) constituyen mudos testimonios de la frecuencia con la que estos impactos se producen. Cuando un cuerpo de dimensiones notables choca contra un planeta terrestre (los planetas gaseosos como Júpiter o Saturno absorben estos impactos), numerosos fragmentos salen proyectados al espacio. Muchos de ellos se pierden en el vacío, pero otros se cruzan en la trayectoria de otros mundos y son irremediablemente atrapados por ellos. Sirva como ejemplo el hecho de que solo en la Tierra, además de ALH84001, han sido encontrados ya otros dieciséis meteoritos procedentes de Marte.

Analizado con un microscopio electrónico, ALH84001 revela restos, en estado fósil, de estructuras de origen biológico

Según la teoría de la panspermia, las semillas de la vida llegaron a la Tierra desde el espacio exterior, diseminando en el agua los compuestos necesarios para que se produjera el milagro, de la misma forma en que lo hacen los huevos de la ilustración. (Foto: SPL.)

que se parecen sospechosamente a bacterias terrestres, aunque algo menores de tamaño. La confirmación de este hecho supondría la primera prueba de la existencia de un ser vivo fuera de la Tierra. Por eso, la búsqueda de rastros de vida en Marte se ha convertido en la máxima prioridad de las misiones científicas que viajan o se encuentran ya en el planeta rojo. Los análisis posteriores realizados en ALH84001 no solo no aclararon las cosas, sino que introdujeron la sospecha de que la presencia de estos microfósiles se debía a varios episodios de «contaminación» con microorganismos terrestres. Es decir, que se depositaron en la piedra después de su llegada. Hoy, la partida entre defensores y detractores del meteorito marciano está en tablas. Y la cuestión, por ahora, sigue abierta.

Igual de abierta que la composición de una extraña lluvia roja que cayó sobre la provincia india de Kerala entre julio y septiembre de 2001. Esa agua caída del cielo contenía lo que a todas luces parecía materia orgánica, aunque con unas características inusitadas. En la lluvia, en efecto, había células muy parecidas a los glóbulos rojos humanos, pero con una particularidad extraordinaria: en su interior no había rastro de ADN. Y, como hemos visto, el ADN es una de las «marcas» que comparten todos los seres vivos de la Tierra.

El científico indio Godfrey Louis, ayudado por un grupo de estudiantes, recolectó numerosas muestras de la desconcertante lluvia roja y concluyó que las células procedían del espacio exterior y que habían llegado a nuestro planeta a caballo de un cometa. Es decir, que estábamos contemplando, en directo, un episodio de panspermia. Inmediatamente, otros análisis achacaron el fenómeno a una clase de algas rojas que, de alguna manera, se elevaron del suelo para volver a caer después con la lluvia. Algo difícil de encajar para Louis y sus partidarios, que opinan que ese hecho no puede explicar las cincuenta toneladas de lluvia roja que cayeron en total.

En cuanto a los cometas, se sabe desde hace tiempo que transportan un gran número de moléculas orgánicas en sus largas colas, que las esparcen a lo largo de sus trayectorias y que, sin duda, han llegado también a la Tierra. Moléculas que, además, muchos consideran elementos esenciales para el origen de la vida. La mejor prueba que se tiene hasta ahora de este hecho llegó el 3 de julio de 2005. Ese día, astrónomos de medio mundo, entre ellos un grupo de españoles del Instituto de Astrofísica de Andalucía, contemplaban cómo, por primera vez en la historia de la exploración espacial, un ingenio humano conseguía llegar hasta la superficie de un cometa y revelar secretos de su composición interior.

Tras un viaje de seis meses, en efecto, la nave norteamericana Deep Impact llegó en esa fecha a su destino, el cometa Tempel 1, y lanzó contra él un proyectil de 370 kilos de peso capaz de abrir un cráter del tamaño de un campo de fútbol. El resplandor del impacto cegó las cámaras de la sonda y marcó,

El 5 de julio de 2005, "Deep impact" lanzó un proyectil contra el cometa Tempel 1 para estudiar, como nunca antes se había hecho, su composición. (Ilustración: NASA.)

La superficie del satélite de Júpiter Europa parece la de un mar helado. Los científicos creen que debajo existen mares de metano líquido, aunque las sondas enviadas hasta allí aún no lo han probado. (Foto: NASA.)

al mismo tiempo, un hito en la exploración espacial. La hazaña podría compararse a acertar de un disparo en el ojo de un mosquito... a cinco kilómetros de distancia. Pero lo más importante es que, tal y como se esperaba, los análisis de los fragmentos que salieron despedidos tras la colisión revelaron la presencia de un gran número de moléculas de carbono. Los cometas, pues, son realmente capaces de transportar algunos de los «ladrillos» fundamentales para la vida.

Esos mismos ladrillos, por otra parte, también han sido localizados dentro de nuestro propio Sistema solar, y en ocasiones asociados a la presencia de agua. Venus, el propio Marte o algunas lunas de Júpiter, como la enigmática Europa, uno de los próximos destinos de futuras misiones espaciales, forman parte de la lista actual de «portadores» de moléculas prebióticas. Esta dispersión, dicen los partidarios de la teoría del origen extraterrestre, parece confirmar el hecho de que los cometas, efectivamente, podrían haber contribuido con sus valiosos cargamentos al origen de la vida en la Tierra, especialmente en un periodo en el que, como hemos visto, el planeta entero era un enorme laboratorio de química que sufría con gran frecuencia el impacto de cometas, meteoritos y asteroides.

Sin embargo, la mayor parte de los expertos están de acuerdo en que hacía falta algo más que unas cuantas moléculas orgánicas para crear vida. Era necesario que esas moléculas reaccionaran con el ambiente de una forma única, que diera como resultado al primer ser realmente vivo. La búsqueda de esas reacciones fue, como ya se ha dicho, la segunda de las líneas de investigación seguida por los biólogos que buscan el origen de la vida.

La vida en una probeta

La «hipótesis terrestre» del origen de la vida es la que goza de mayor aceptación entre los científicos hoy por hoy, seguramente por el hecho de que, a pesar de todos los esfuerzos por encontrar más, la Tierra sigue siendo el único lugar del universo en el que se sabe con certeza que la vida existe.

Según esta hipótesis, al principio se habrían formado las moléculas orgánicas que, en virtud de determinadas fuerzas físicas y químicas, se habrían agregado más tarde de forma espontánea para dar lugar a los primeros organismos celulares. Para reconstruir el proceso, resulta imprescindible conocer con la mayor exactitud posible cuáles eran las condiciones ambientales de la Tierra primitiva. Y a ello se han dedicado muchos recursos durante una buena parte del siglo XX.

El análisis de las rocas más antiguas indica que la atmósfera primitiva de la Tierra, la que empezó a condensarse hace alrededor de 4.000 millones de años, estaba formada principalmente de anhídrido carbónico, metano, amoniaco, hidrógeno, nitrógeno y vapor de agua. Brillaban por su ausencia el oxígeno y el ozono, que en la actualidad protege el planeta de las radiaciones ultravioleta del Sol. A falta de ese filtro, los rayos solares alcanzaban a la Tierra con toda su intensidad, hecho, como veremos, de gran importancia para los acontecimientos que habían de venir. Completaban el panorama los frecuentes impactos de meteoritos, una persistente actividad volcánica y una serie de intensos campos eléctricos que desencadenaban continuas y violentas tormentas de rayos. Este era, para la mayoría, el escenario inmediatamente anterior a la aparición de la vida en la Tierra.

En la década de los veinte del siglo XX, el bioquímico ruso Alexander I. Oparin y el fisiólogo británico John B. S. Haldane describieron, de forma casi idéntica, las condiciones de la Tierra primitiva. Y ambos llegaron, aunque de forma totalmente independiente, a una misma conclusión: debido a la falta de oxígeno en la atmósfera, que habría destruido por oxidación las moléculas orgánicas según se formaban, las condiciones reinantes en esa lejana época eran exactamente las necesarias para

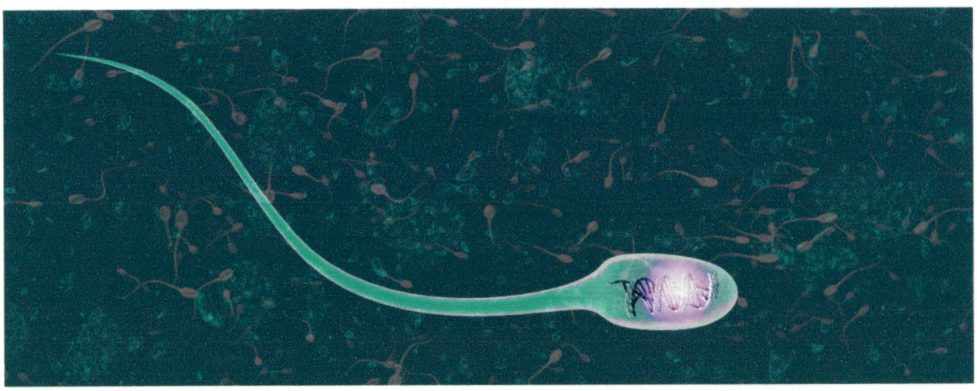

Un espermatoziode, portador de la mitad de las características de todo ser humano.

que la vida pueda desarrollarse a partir de la materia inerte. Sin embargo, tuvieron que pasar varias décadas para que los trabajos de Oparin y Haldane fueran tomados en serio. Cuando formularon sus ideas, la victoria de Pasteur sobre la generación espontánea estaba aún demasiado reciente como para intentar resucitar esa teoría de algún modo. La comunidad científica, sencillamente, no estaba dispuesta a aceptar que la vida hubiera surgido de algo no vivo, ni aunque fuera por una sola vez y en unas condiciones tan especiales como las descritas.

El experimento Miller-Urey

Hubo que esperar hasta 1953 para que un joven investigador norteamericano, Stanley Lloyd Miller, volviera a trabajar sobre esta hipótesis y consiguiera, además, reproducir unas condiciones similares a las de la Tierra primitiva en su laboratorio.

Miller, por añadidura, comprobó en un famoso experimento cómo de esa mezcla podían surgir moléculas orgánicas, entre ellas varios aminoácidos, que, como hemos visto, son los componentes fundamentales de las proteínas.

Miller realizó su experimento por encargo y bajo la supervisión directa de su profesor, el premio Nobel de Química en 1934 Harold Clayton Urey. El material que utilizó, fabricado especialmente, consistió en dos recipientes de vidrio que Miller llenó, respectivamente, de agua a altas temperaturas y de una mezcla de hidrógeno, amoniaco y metano que, junto al vapor de agua, se consideraban los componentes fundamentales de la atmósfera primigenia. Para conseguir el efecto deseado, Miller hacía llegar, a través de un tubo, el vapor que generaba el agua caliente (que representaba a los océanos primitivos) hasta el recipiente con la mezcla de gases. Allí, para reproducir los campos eléctricos reinantes en el pasado, Miller generaba violentas descargas a 60.000 voltios. Después de una semana de trata-

Los «ladrillos de la vida", en forma de aminoácidos y moléculas orgánicas, han sido localizados en diferentes puntos del Sistema solar. Sin embargo, los científicos creen que hace falta algo más para desencadenar el proceso que desemboca en un ser viviente.

miento continuo, se analizó el contenido del recipiente lleno de agua, que en ese tiempo, además, había cambiado de color y había adquirido un tono rojo anaranjado. Dentro, junto a compuestos de todo tipo, había también algunos aminoácidos, es decir, precursores de las proteínas, que, a su vez, son los constituyentes fundamentales de cualquier ser vivo.

Durante los años siguientes, el experimento de Miller fue repetido y mejorado por otros científicos. Así, al bombardeo eléctrico se añadió otro de rayos ultravioleta, o de electrones, o de rayos X... y se obtuvieron otras moléculas importantes, entre ellas lípidos, aminoácidos o incluso núcleotidos, es decir, los componentes básicos del ADN y del ARN. Nunca, sin embargo, aparecieron moléculas orgánicas diferentes a las que realmente contiene hoy cualquier ser vivo, hecho que, para muchos, subraya lo único e irrepetible del proceso. Lo realmente importante de esta serie de experimentos, sin embargo, fue demostrar que todos estos componentes podían formarse perfectamente con los ingredientes disponibles en la atmósfera primitiva, por medio de procesos químicos normales y bien conocidos.

A pesar de los avances, el camino que conduce de estas moléculas a la más simple de las células vivas seguía siendo extraordinariamente largo. En palabras del astrofísico británico Fred Hoyle, firme defensor de la teoría del origen extraterrestre, «el nacimiento casual de la primera célula habría sido un acontecimiento milagroso, como si un ciclón que pasara casualmente sobre un depósito de chatarra ensamblara por casualidad un avión a reacción". ¿Qué fue, entonces, lo que ocurrió? Para intentar explicarlo, la Ciencia necesita abandonar lo seguro y adentrarse en el escurridizo terreno de las hipótesis.

Sabemos, por ejemplo, que después de formarse, las moléculas orgánicas se convirtieron en los ingredientes esenciales, junto al agua del mar, de una densa «sopa» de material orgánico. A partir de ella, numerosas pruebas de laboratorio han intentado, con éxito variable, reproducir las reacciones mediante las cuales las moléculas se fueron agregando para formar estructuras más complejas, quizá hasta llegar a las primeras células. Así, se pudo comprobar, por ejemplo, que colocando soluciones ricas en aminoácidos sobre superficies calientes (en la Tierra primitiva había una intensa actividad volcánica), estos tendían a unirse en cadenas, esto es, en proteínas.

Y si esas soluciones se agitaban lo suficiente (como se supone que hacían las imponentes tempestades oceánicas), entonces los biólogos asistían a la formación de gotas microscópicas, algunas de las cuales contenían moléculas capaces de establecer nuevas reacciones químicas y otras, incluso, aparecían rodeadas de una membrana muy parecida a la que rodea a las células. La suma de estos resultados ha llevado a los biólogos a pensar que las simples leyes de la química son suficientes para crear compuestos sofisticados y con algunas de las características fundamentales de las células vivas. La evolución de estas estructuras durante millones de años bien habría podido dar como resultado la aparición de células completas.

La chispa de la vida

La siguiente cuestión sería averiguar en qué lugar exactamente surgió la primera forma de vida.

Para algunos, los compuestos orgánicos habrían seguido su complejo modelo de autoorganización, hasta llegar a la vida, en en el seno de las cálidas aguas de la Tierra primitiva, en lugares, además, al abrigo de los rayos ultravioleta que son capaces, como se sabe, de fragmentar las moléculas orgánicas. Otros creen haber identificado el mágico lugar donde surgió la vida en las fuentes hidrotermales (llamadas «chimeneas negras") de las profundidades marinas. Aún hoy, a miles de metros de profundidad, los científicos encuentran junto a estas fuentes de calor ecosistemas completos que no dependen de la luz del sol y bacterias que se consideran similares a las que inauguraron la vida en la Tierra.

Por lo que sabemos del registro fósil, los primeros organismos vivos debieron parecerse mucho a las bacterias actuales. Se trataba de células «procariotas", es decir, sin un núcleo definido, que vivían en los océanos primitivos, alimentándose de las numerosas moléculas orgánicas que flotaban en el agua. Sin embargo, aunque muchas, esas moléculas debieron de ir agotándose con el tiempo, hasta que se volvieron insuficientes para dar sustento a una población celular que se incrementaba de forma exponencial.

Puede ser que este ambiente de escasez fuera el impulsor definitivo de una estrategia revolucionaria, destinada a marcar para siempre el desarrollo de los organismos vivientes y a cambiar radicalmente el equilibrio del mundo. A falta de alimentos externos, algunas células aprendieron a elaborar, por sí mismas, los nutrientes necesarios para su supervivencia. Así, desarrollaron la capacidad de utilizar la energía de la luz solar para sintetizar azúcares, a partir de agua y anhídrido carbónico, libe-

rando oxígeno en el proceso. En otras palabras, inventaron la fotosíntesis. El éxito de la estrategia provocó un rápido aumento del número de células fotosintéticas, lo que hizo que a su vez aumentara rápidamente el porcentaje de oxígeno en la atmósfera. La mayor disponibilidad de oxígeno favoreció, también, el desarrollo de otra clase de células, capaces de utilizar el nuevo elemento para producir la energía necesaria para sus procesos vitales.

La Tierra, pues, empezó a conocer las primeras diferenciaciones entre organismos vivos. En un mundo de bacterias, algunas vivían sin necesidad de oxígeno (es decir, eran anaerobias), mientras que otras utilizaban con profusión este elemento (eran aerobias) y un tercer grupo estaba en condiciones de llevar a cabo la fotosíntesis. Los análisis de numerosas rocas indican que, hace 2.200 millones de años, existía por esta causa ya una apreciable cantidad de oxígeno en la atmósfera terrestre. Poco tiempo después, entre hace 1.500 y 2.000 millones de años, aparecieron sobre la Tierra las primeras células eucariotas, es decir, dotadas de núcleo, y cuyas nuevas capacidades hicieron posible el desarrollo posterior de formas de vida más complejas.

Estromatolitos formados por capas de antiguas bacterias que podrían estar entre los primeros seres vivos de nuestro planeta.

Las células eucariotas se diferencian de las procariotas precisamente en el hecho de que su material hereditario, esto es, su información genética, permanece a buen recaudo tras la doble membrana que delimita el núcleo celular, en lugar de tenerlo más o menos disperso en el citoplasma, como sucede con las procariotas. A diferencia de estas últimas, las eucariotas disponen de un citoplasma muy compartimentado, con orgánulos bien diferenciados y separados entre sí. El núcleo es solo el más importante de estos compartimentos.

Los fósiles más antiguos de células eucariotas claramente relacionadas con grupos modernos de seres vivos tienen una edad de alrededor de 800 millones de años. Solo a partir de ese momento, pues, fue posible que surgiera la inmensa mayoría de los organismos que hoy nos son familiares. Los organismos eucariontes, en efecto (aquellos que están formados por células eucariotas), forman el dominio Eukarya y abarcan a la inmensa mayoría de los seres vivos que podemos ver en la actualidad, desde las algas al ser humano. Están divididos en cuatro grandes reinos: Animalia (animales), Plantae (plantas), Fungi (hongos) y Prtotista, que engloba a todos los seres vivos que no encajan en los demás reinos, como algas o protozoos.

Los primeros organismos pluricelulares (los que constan de más de una célula) aparecieron en nuestro planeta hace 600 millones de años. El paso de criaturas unicelulares a otras con más de una célula se produjo, según los científicos, por simple agregación de células individuales que, juntas, obtenían alguna clase de ventaja, como la posibilidad de fagocitar presas más grandes. Una de las consecuencias de esta clase de asociaciones fue, según la teoría dominante, el reparto de las tareas, es decir, la especialización de células que ya no podían vivir de forma independiente y que es común en la actualidad en todos los organismos pluricelulares. El «invento» de la pluricelularidad hizo posible la auténtica explosión de formas de vida que, hace 600 millones de años, fue la característica principal del periodo Cámbrico. Explosión que se conoce como el ***big bang*** de la vida.

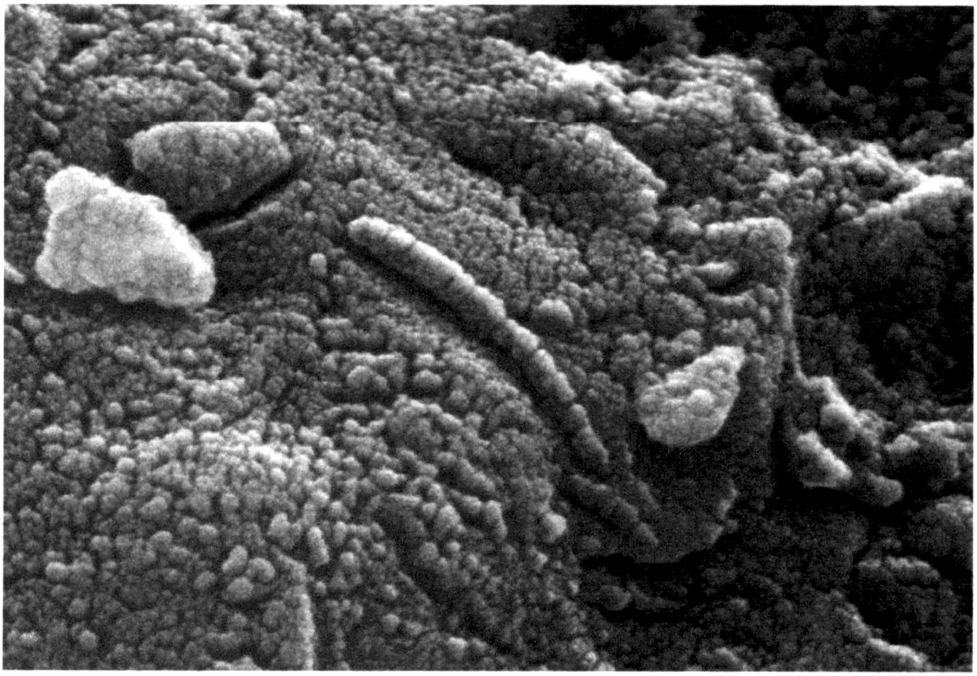

En agosto de 1996, la NASA anunció que había encontrado los restos de una forma de vida marciana en un meteorito procedente del planeta rojo y caído en la Antártida. La imagen muestra las estructuras de apariencia orgánica del meteorito ALH84001. (Foto: NASA.)

A partir de aquí comienza lo que podemos considerar la verdadera historia de la vida en nuestro planeta, los tiempos que podemos reconstruir más fácilmente gracias a la abundancia y variedad de fósiles. En el Cámbrico, la vida ensayó múltiples formas y tamaños, entre ellas las que llegaron hasta nuestros días. Esta historia «reciente» comenzó con la era Paleozoica, cuando la vida solo existía en el mar. Solo más tarde se realizaron los primeros intentos, por parte de las algas, de invadir la tierra firme. Tras ellas, llegaron los primeros herbívoros, algunos de los cuales se diferenciaron después en carnívoros. El resto es un frenesí de formas de vida que se expande y llena, como vimos al principio del capítulo, todos los huecos disponibles.

Desde luego, da que pensar el hecho de que la evolución, durante los primeros 3.000 millones de años, solo produjera seres unicelulares. Las bacterias dominaron la Tierra, en solita-

En 1953, Stanley Lloyd Miller realizó en laboratorio un histórico experimento en el que logró reproducir las condiciones primitivas de la Tierra en el momento en el que surgió la vida.

rio, durante ese larguísimo periodo, y siguen existiendo en múltiples formas a pesar de la llegada «reciente» de los seres pluricelulares como nosotros. En realidad, durante su dilatada historia, los organismos unicelulares no han dejado de perfeccionarse, de enriquecerse con reacciones y capacidades cada vez más asombrosas y refinadas. Comprender la estructura y las funciones de una sola célula es algo que a los biólogos resulta bastante más complicado que entender el funcionamiento de cualquier especie concreta. De hecho, la célula, fuente y unidad de toda la vida que conocemos, sigue ocultando enigmas que la Ciencia apenas empieza a atisbar.

El paleontólogo y biólogo evolucionista Stephen Jay Gould lo explica con las siguientes palabras: «Entiendo que nuestra inclinación por una historia ascendente, con los humanos en el ápice, ha distorsionado la interpretación de la senda de la vida al colocar erróneamente en el centro un fenómeno menor, que surge solo como secuela lateral de un punto de partida físicamente limitado. La característica más notable de la vida ha sido la estabilidad de su modo bacteriano desde el inicio del registro fósil hasta nuestros días; rasgo que, además, perdurará mientras la Tierra aguante. Estamos en la Edad de las bacterias. Lo fue en el principio y lo será por siempre". Para Gould, la aparición del hombre, o de cualquier otra criatura, no es un hecho predecible a la luz de las reglas que dicta la evolución, de seres menos complejos a otros de mayor complejidad, sino un simple resultado fortuito, consecuencia de miles de acontecimientos enlazados, cada uno de los cuales, además, podría haber tenido lugar de manera diferente y haber dirigido la historia hacia una senda alternativa diferente, que no hubiera conducido al hombre.

Si nuestro linaje, por ejemplo, no se hubiera encontrado entre las formas de vida que tuvieron éxito tras la explosión de vida del Cámbrico, jamás hubieran existido los vertebrados. Y eso estuvo a punto de ocurrir, habida cuenta de que solo se ha encontrado un único miembro de nuestro tipo o phylum, los cordados, entre los fósiles de esa época. Se trata de «pikaia", un pequeño animal nadador dotado del embrión de lo que muchos millones de años después se convertiría en el esqueleto que hace posible la existencia de los vertebrados. La evolución, además, se ve interrumpida cíclicamente por acontecimientos externos que varían drásticamente su curso. Acontecimientos que, en numerosas ocasiones, han llegado a poner en peligro no a una especie concreta, sino a la vida misma en la Tierra.

Extinciones

La inmensa mayoría de las especies que han habitado alguna vez nuestro planeta, ya no existen.

Incontables clases de plantas y animales que, en algún momento de los últimos 3.800 millones de años surgieron en busca de su oportunidad, crecieron, se adaptaron, se extendieron, prosperaron... y se extinguieron.

Géneros y familias de criaturas que muy poco tenían que ver con nosotros se han lanzado una y otra vez a la conquista del que hoy es nuestro mundo. Algunas fracasaron en muy poco tiempo: no estaban lo suficientemente preparadas. Otras alcanzaron su objetivo y cubrieron de parientes la superficie del planeta durante innumerables generaciones. Los dinosaurios, por ejemplo, predominaron durante ciento sesenta y cinco millones de años (ochenta veces el tiempo que lleva el hombre sobre la Tierra). Pero, a pesar de ello, también terminaron por extinguirse. Todo apunta a que el destino último de cualquier especie es, inevitablemente, su extinción. La vida, es cierto, parece estar sólidamente anclada a la Tierra, pero eso no significa que lo estén también sus manifestaciones concretas. Se podría comparar la vida con una fuerte corriente que lo arras-

tra todo a su paso: el agua sigue su curso, pero las ramas y piedras que transporta se van quedando en el camino.

La desaparición de especies se produce de forma continua. Ahora mismo, mientras usted lee estas líneas, varias especies animales y vegetales han dejado de existir para siempre. Y quizá lo hayan hecho incluso antes de que la humanidad tuviera la oportunidad de conocerlas. A pesar de vivir en un mundo comunicado y cuadriculado al metro por imágenes de satélite, no conocemos todavía a muchos de sus habitantes. Las especies se extinguen. Y de forma continua son sustituidas por otras que ocupan de inmediato los lugares que han quedado libres. Dicho proceso, permanente, se conoce como extinción de fondo y se produce desde que el mundo es mundo a causa de fenómenos locales o de la propia evolución de los seres vivientes.

En la imagen, un fósil de ammonite, especie que se extinguió hace 65 millones de años, al mismo tiempo que los dinosaurios. (Foto: Mark A. Schneider.)

La inundación de un valle puede acabar con alguna de sus especies autóctonas; la erupción de un volcán puede cambiar factores clave para la supervivencia de determinados organismos y a la vez favorecer el desarrollo de otros; el cambio de pH en un lago puede ser toda una catástrofe para sus habitantes... Pero, aparte de este imparable proceso de extinción de fondo (que más bien podríamos llamar de readaptación de la vida a un medio que es localmente cambiante), también se han dado, en la larga historia de la Tierra, episodios mucho más dramáticos, incluso catastróficos. Momentos en los que la vida misma, y no algunas de sus manifestaciones específicas, ha estado a punto de desaparecer.

Los paleontólogos han estimado que, durante los últimos 600 millones de años, el periodo, como hemos visto, que incluye a la mayor parte de las especies conocidas, la vida en la Tierra ha estado en peligro en no menos de veinte ocasiones, cinco de ellas especialmente graves. Los archivos geológicos del planeta revelan, en efecto, que a intervalos más o menos regulares, un gran número de especies animales y vegetales desaparecen, dejando su lugar a una fracción de supervivientes que ocupa los espacios vacantes, se multiplica, se diversifica a su vez... hasta la hecatombe siguiente. La más famosa de estas crisis se produjo hace algo más de 65 millones de años, en la frontera temporal que separa el Cretácico del Terciario. Es precisamente a la altura de este nivel geológico (conocido como límite K/T) donde los paleontólogos han constatado la desaparición de los dinosaurios, así como la de numerosos otros grupos faunísticos: foraminíferos, ammonites, reptiles marinos (como el plesiosaurio) o voladores (como el pterosaurio), etc. Se ha estimado que entre el 50 y el 60% de toda la fauna desapareció al final del Cretácico. De hecho, los científicos creen que ningún animal con un peso superior a los 25 kilogramos pudo sobrevivir a este episodio de extinción.

Pero, a pesar de ser la más conocida, la más famosa, la gran extinción del límite K/T no ha sido, ni mucho menos, la más grave de las que han ocurrido. La crisis biológica más terrible y masiva fue, sin discusión posible, la que se produjo al final del Pérmico, hace 245 millones de años, en la frontera misma entre las eras primaria y secundaria: el 95% de todas las especies vivas fueron, pura y simplemente, borradas de la faz de la Tierra. Los famosos trilobites, que reinaban en los mares desde el Cámbrico, es decir, durante más de trescientos millones de años, fueron eliminados de un plumazo, de la misma manera que los fusulínidos, grandes protozoos dotados de una concha calcárea, hasta entonces muy abundantes. Durante esta extinción desaparecieron en el mar el 98% de los crinoides, el 78% de los braquiópodos, el 76% de los briozoos y el 71% de los cefalópodos. En tierra firme fueron aniquiladas veintiuna familias de reptiles de un total de veintisiete, y de nueve familias de anfibios conocidos, solo quedaron tres. Por no hablar de los insectos, igualmente diezmados. Una verdadera carnicería.

La vida fue sometida también a duras pruebas, aunque en episodios menos conocidos, al final del Ordovítico (hace 435 millones de años) y al final del Devónico (hace 367 millones de años). En ambos casos desaparecieron cerca del 70% de todas las especies marinas. No conviene tampoco olvidar, por último, la extinción masiva sucedida hace 210 millones de años, en el límite entre el Tríasico y el Jurásico, durante la que desapareció el 50% de toda la fauna existente. Las demás extinciones, menos importantes, se han ido produciendo de forma más o menos continua, más o menos regular. Se puede decir que cada 25 millones de años se produce en la Tierra un episodio de extinción en masa. Es como si el planeta reciclara periódicamente las formas de vida que lo habitan, como si quisiera renovarlas.

Buscando un culpable

Este rosario de muertes ha suscitado, durante la última década, el debate apasionado de los científicos. ¿Quién es el responsable de estas extinciones? Y sobre todo, como ha resumido el paleontólogo americano David Archibald, ¿en qué cantidad y a qué velocidad tuvieron lugar estas desapariciones?

Existe, cómo no, diversidad de opiniones. Por un lado están los «catastrofistas», los que piensan que carnicerías semejantes solo pueden deberse a acontecimientos concretos y de inusual violencia, como la caída de meteoritos o erupciones volcánicas masivas. Por el otro, los «gradualistas» creen firmemente que las extinciones no se han producido de repente, sino a lo largo de muchos miles de años, que son el resultado de la competencia entre las diferentes especies, acentuadas quizá por ciertas

modificaciones progresivas del medio (cambios climáticos, variaciones del nivel del mar). Otros, por fin, piensan que estas catástrofes no se deben a ningún elemento externo, sino que son, pura y simplemente, una consecuencia «natural» de la dinámica de la evolución.

Lo que termina de confundir al profano es que, como suele suceder, ninguna de estas hipótesis está falta de argumentos serios que la apoyen. Y la verdad es que, aunque descubrimientos puntuales han inclinado periódicamente la balanza hacia una u otra teoría, sabemos aún demasiado poco como para estar totalmente convencidos de ninguna de ellas. Lo más probable es que los grandes episodios de extinción no se deban solo a una causa, sino a la combinación de varias de ellas.

La caída de uno (o varios) asteroides gigantes (meteoritos o cometas), lanzados sobre la Tierra a la vertiginosa velocidad de 40 km/s (alrededor de 150.000 km/h) es, hoy por hoy, una de las hipótesis más en boga, especialmente cuando se trata de explicar la desaparición de los dinosaurios al final del Cretácico. Numerosos indicios tienden a probar que una o más colisiones de ese tipo se produjeron precisamente en el momento de la extinción del límite K/T. El gran meteorito cayó y provocó una terrible onda de choque que barrió el planeta entero, en forma de olas gigantes e incendios generalizados. Cubierta la atmósfera de polvo y humo, los rayos solares no pudieron alcanzar la superficie de la Tierra durante años enteros. Se produjo un «invierno nuclear», es decir, un enfriamiento del clima, con efectos catastróficos para la flora y la fauna. Al no calentar los rayos solares la superficie terrestre, el proceso de fotosíntesis quedó bloqueado, lo que supuso una reducción drástica del número de plantas, que privó a los grandes herbívoros de su alimento y los diezmó. Al disminuir el número de presas, también los carnívoros desaparecieron.

El primer indicio serio de la veracidad de esta hipótesis fue el descubrimiento, en 1980, en Italia, por parte del equipo del geoquímico Luis Álvarez, de la Universidad norteamericana de

Berkeley, de una concentración de iridio entre diez y cien veces superior a la normal en los depósitos geológicos correspondientes al límite K/T. La misma concentración de este material, escaso en la Tierra pero muy abundante en ciertos meteoritos, fue encontrada (siempre en el estrato de roca que divide el Cretácico del Terciario) en otros lugares del mundo como Dinamarca, España, Nueva Zelanda, Haití, Estados Unidos o Francia.

Durante la mayor parte del tiempo en que ha habido vida en la Tierra, esta ha estado constituida solo por bacterias, que reinaron en solitario durante más de 3.000 millones de años. Hace solo 600 millones de años que la vida empezó a diferenciarse y a poblar el mundo de especies de todas clases, incluída la nuestra.

Si hay poco iridio en la Tierra, ¿de dónde pudo venir entonces el que encontró el equipo de Álvarez? La respuesta parece clara: del espacio. Por el espesor de la capa de sedimento y la concentración de iridio en el límite K/T en distintas partes del mundo, Álvarez calculó el tamaño del meteoro que cayó hace 65 millones de años y también la cantidad de energía que liberó: el monstruo tenía diez kilómetros de diámetro y la energía equivalente a 10 millones de bombas de hidrógeno.

Más pruebas. Un equipo de investigadores norteamericanos consiguió encontrar, cerca de las costas de la península de Yucatán, en México, los restos de un cráter de impacto de 180 kilómetros de diámetro y una antigüedad de 65 millones de años, es decir, contemporáneo a la extinción del límite K/T. ¿Podría ser la huella que dejó el asesino? Y no es todo. Expediciones posteriores al Yucatán han indicado un error en las primeras mediciones del cráter, que no tendría 180 kilómetros, sino 300 kilómetros de diámetro. Si esta cifra es correcta, el impacto meteorítico del final del Cretácico estaría entre los más importantes registrados nunca en todo el conjunto de planetas del Sistema solar.

La tesis volcánica es otra de las que se barajan para explicar la extinción de los dinosaurios. Se sabe, por ejemplo, que a finales del Cretácico, lo que hoy es la India fue teatro de gigantescas erupciones volcánicas que duraron alrededor de medio millón de años. Las enormes coladas de basalto, localizadas en la región de Deccan, con una extensión cercana a los 500.000 kilómetros cuadrados (casi la superficie de España) y cerca de 2.000 kilómetros de espesor, son la prueba de esta actividad febril. Para muchos, una oleada de erupciones de este tipo puede tener consecuencias tan dañinas para la biosfera como la caída de un meteorito gigante: eyección de aerosoles a las capas altas de la atmósfera, destrucción de la capa de ozono y aumento de los rayos ultravioleta sobre la Tierra, gigantescas nubes de polvo que oscurecen el cielo y, como en el caso del meteorito, detener la fotosíntesis, lluvias ácidas...

La erupción de un solo volcán, el Pinatubo (Filipinas, 1991), consiguió cambiar considerablemente la química atmosférica de la Tierra. Las erupciones del Deccan son el equivalente a cien mil «pinatubos» a la vez. También se han encontrado, en la Siberia central, inmensas coladas de basalto que ocupan casi dos millones de kilómetros cuadrados (cuatro veces España) y que datan del final del Pérmico, cuando, como hemos visto, se produjo la mayor de todas las extinciones en la historia de la Tierra. Recientes investigaciones han indicado que, durante los últimos 300 millones de años, existe una cierta contemporaneidad entre diez fases de extinción masiva y diez grandes episodios de actividad volcánica.

Deriva de placas continentales, subidas y bajadas del nivel del mar, dinámica de evolución de las especies, anoxia oceánica... todas las hipótesis han sido abordadas, todas las posibilidades contempladas. El resultado ha sido que, más que continuar con la esteril polémica «meteorito sí, meteorito no", se ha hecho evidente la necesidad de contemplar el fenómeno de las extinciones como un sistema complejo, un conjunto de causas que pueden llegar a tener diversos efectos. Las propias condiciones de evolución del planeta pueden, en ocasiones, favorecer o desencadenar un proceso de extinción en masa. Recientes investigaciones han relacionado, por ejemplo, una repentina liberación de CO2 marino con la gran extinción del final del Pérmico. Al parecer, el estancamiento y la estratificación de las aguas de los océanos permite la acumulación de grandes cantidades de anhídrido carbónico en las aguas más profundas, bajo presión hidrostática.

Un meteorito pudo ser la causa de la gran extinción del final del Cretáceo, hace 65 millones de años. (Foto: SPL.)

Igual que si se tratara de una botella de gaseosa, cualquier circunstancia puede hacer saltar el tapón y provocar la súbita liberación de CO2 en cantidad suficiente como para producir un rápido efecto invernadero a nivel atmosférico. Según una opinión cada vez más generalizada (sostenida por expertos de la talla de Jablonski, Erwin o Margalef), las condiciones del planeta durante un episodio de extinción pueden determinar la virulencia del fenómeno. Así, la caída de un meteorito en un momento determinado puede no causar el mismo efecto que si se hubiera precipitado contra la Tierra con apenas algunos millones de años de diferencia. Como ha escrito el biólogo Jordi Agustí, director del Instituto de Paleontología M. Crusafont, de Barcelona, «la magnitud de una extinción no depende tanto del agente impactante como de las condiciones previas del planeta. En lenguaje metafórico, diríamos que la magnitud del magnicidio no depende tanto de la malignidad del asesino como de la salud de la víctima».

En la actualidad, más que determinar si el detonante de una extinción masiva fue de un tipo u otro, se trata más bien de averiguar si hay un esquema, un orden, una lógica común a todas las extinciones. Es decir, si existe algún tipo de «mecanismo de la muerte» que se repita, que sea recurrente y que nos ayude a comprender cómo funcionan estos procesos. Se ha encontrado ya una cierta regularidad en los intervalos entre los diversos episodios de extinción, que se producen más o menos cada veinticinco millones de años. Una de las hipótesis para explicar esta cadencia regular sería la existencia de Némesis, una estrella (jamás vista) que se acercaría a nosotros cada 25 millones de años y cuyos efectos gravitatorios provocarían grandes lluvias de meteoritos gigantes que bombardearían todo el Sistema solar.

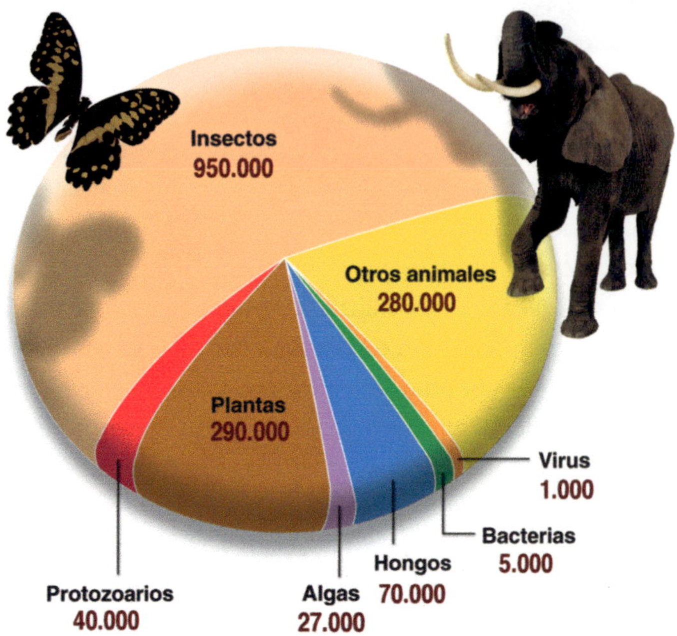

La sexta gran extinción

Podría parecer, debido a las escalas de tiempo que manejan los expertos, que las extinciones masivas son una cuestión del pasado remoto de la Tierra. Nada más lejos de la realidad.

En efecto, son muchos los que están convencidos de que, hoy mismo, estamos sumergidos de lleno en uno de estos episodios, y no precisamente de los de menor importancia. Para el prestigioso biólogo E. O. Wilson o para el físico Robert C. May, uno de los mayores expertos mundiales en biodiversidad, estaríamos, ni más ni menos, que ante la sexta extinción masiva de la historia de nuestro planeta, una crisis que será mucho más rápida y virulenta que cualquiera de las anteriores, incluida la que motivó la desaparición de los dinosaurios. Mientras que en otras extinciones «la desaparición de especies se produjo en un plazo de milenios, ahora el tiempo se verá reducido a unos pocos cientos de años», afirma May. Existe también otra gran diferencia en cuanto a las causas de esta sexta extinción: se trata de la primera vez que el «agente responsable» es una especie concreta. La nuestra.

«No podemos estar seguros de la rapidez del proceso -dice May-. Sabemos muy poco sobre las extinciones de especies en los últimos años. Conocemos extinciones de aves y de grandes mamíferos, pero no sabemos demasiado sobre extinciones de insectos o de peces de agua dulce. Probablemente, en los últimos cincuenta años, se han producido grandes extinciones de estos animales, pero no están documentadas». Las estimaciones, sin embargo, no son nada halagüeñas: durante los últimos 12.000 años, se ha perdido aproximadamente el 50% de la diversidad global, y el desmoronamiento de los ecosistemas tropicales (los que más tardan en regenerarse, entre uno y tres millones de años) será una realidad concreta en menos de un siglo.

No sabemos qué especies están destinadas a sobrevivir a esta sexta gran extinción. Ni tampoco si Homo sapiens será una de ellas. Quién sabe, también es posible que esta sea la definitiva, la crisis que ponga punto final al largo paréntesis de la vida sobre la Tierra. Si es así, por lo menos los humanos tendremos una ventaja: no quedará criatura alguna para echárnoslo en cara. Y ni uno solo de nosotros para avergonzarse.

Cinco dramas para la vida

Cinco dramas para la vida

Durante los últimos 600 millones de años, se han producido 20 episodios de extinción masiva. Cinco de ellos, especialmente dramáticos, estuvieron a punto de hacer desaparecer por completo la vida en la Tierra. Los científicos no terminan de ponerse de acuerdo sobre las causas de la extinciones.

Víctimas — Super[v]

Primera extinción

Una larga glaciación diezma la fauna marina. Algunos peces logran sobrevivir, pero los invertebrados pagan un duro tributo al frío.

Ma: Millones de años

-435 Ma

Precámbrico	Cámbrico	Ordovícico	Silúrico
	-500 Ma	PALEOZÓICO (Era Primaria)	

Víct. — Sup.

Cuarta extinción

Desaparecen el 75% de los invertebrados marinos. En tierra, se extinguen los últimos reptiles mamiferianos. Los dinosaurios ocupan su lugar.

Dinosauri
rápidame
tierra firm

-210 Ma

Triásico — Jurásico

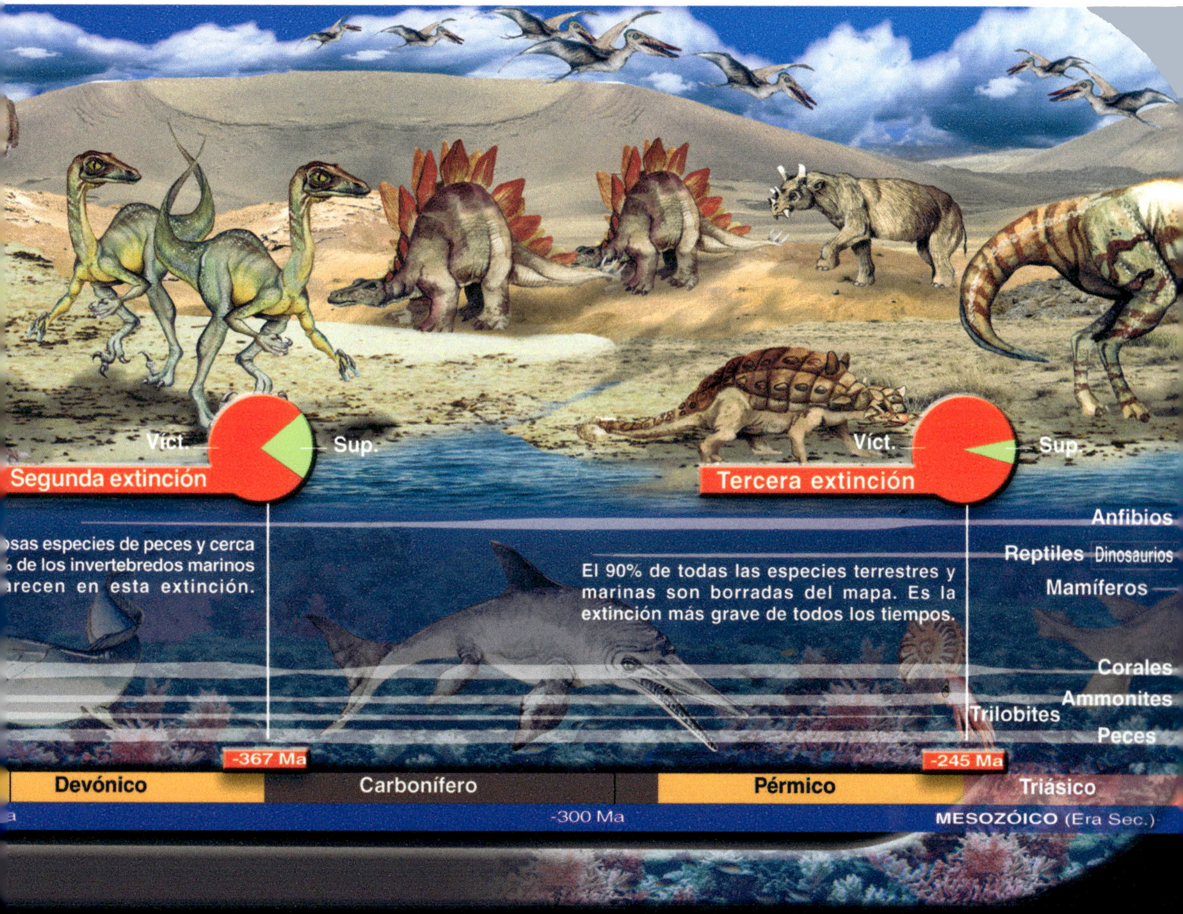
Víct.
Sup.
Segunda extinción
Víct.
Sup.
Tercera extinción
Anfibios
Reptiles
Dinosaurios
Mamíferos
osas especies de peces y cerca
de los invertebredos marinos
arecen en esta extinción.
El 90% de todas las especies terrestres y marinas son borradas del mapa. Es la extinción más grave de todos los tiempos.
Corales
Ammonites
Trilobites
Peces
-367 Ma
-245 Ma
Devónico
Carbonífero
Pérmico
Triásico
-300 Ma
MESOZÓICO (Era Sec.)

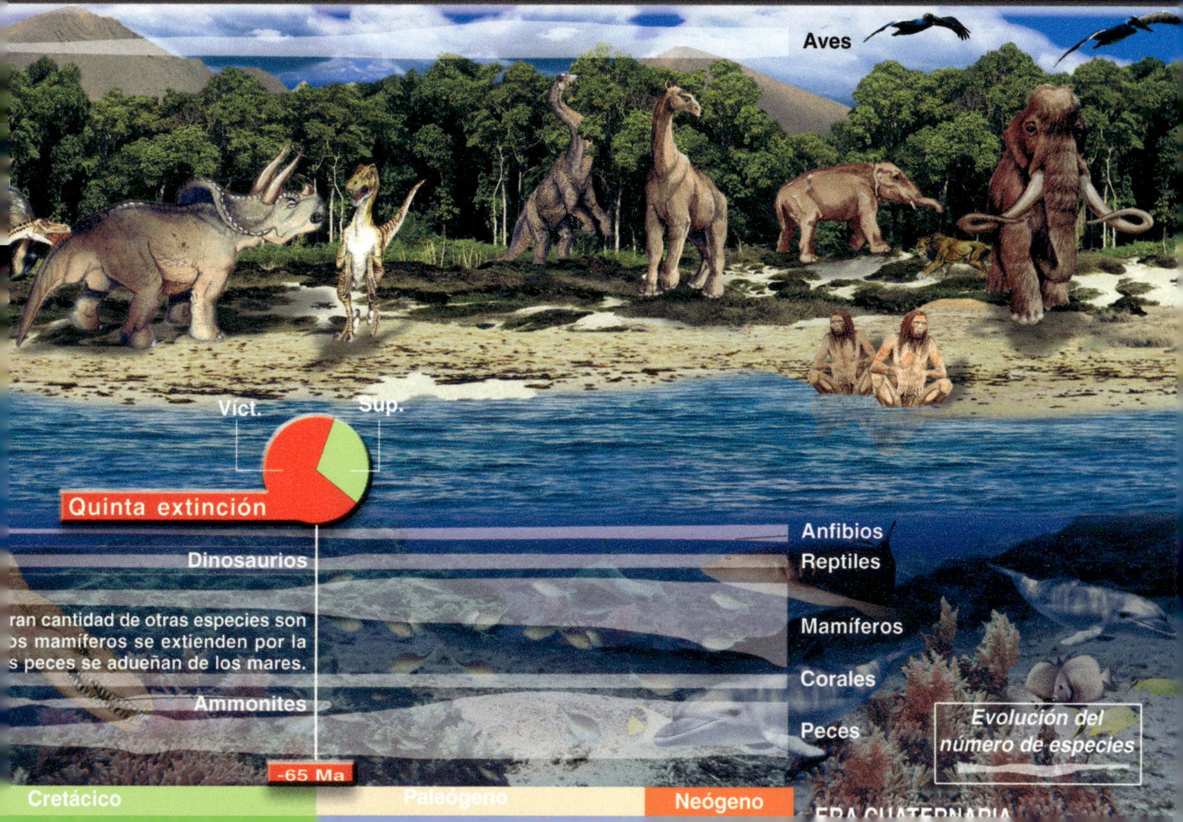
Aves
Víct.
Sup.
Quinta extinción
Dinosaurios
Anfibios
Reptiles
ran cantidad de otras especies son
os mamíferos se extienden por la
s peces se adueñan de los mares.
Mamíferos
Corales
Ammonites
Peces
Evolución del número de especies
-65 Ma
Cretácico
Paleógeno
Neógeno

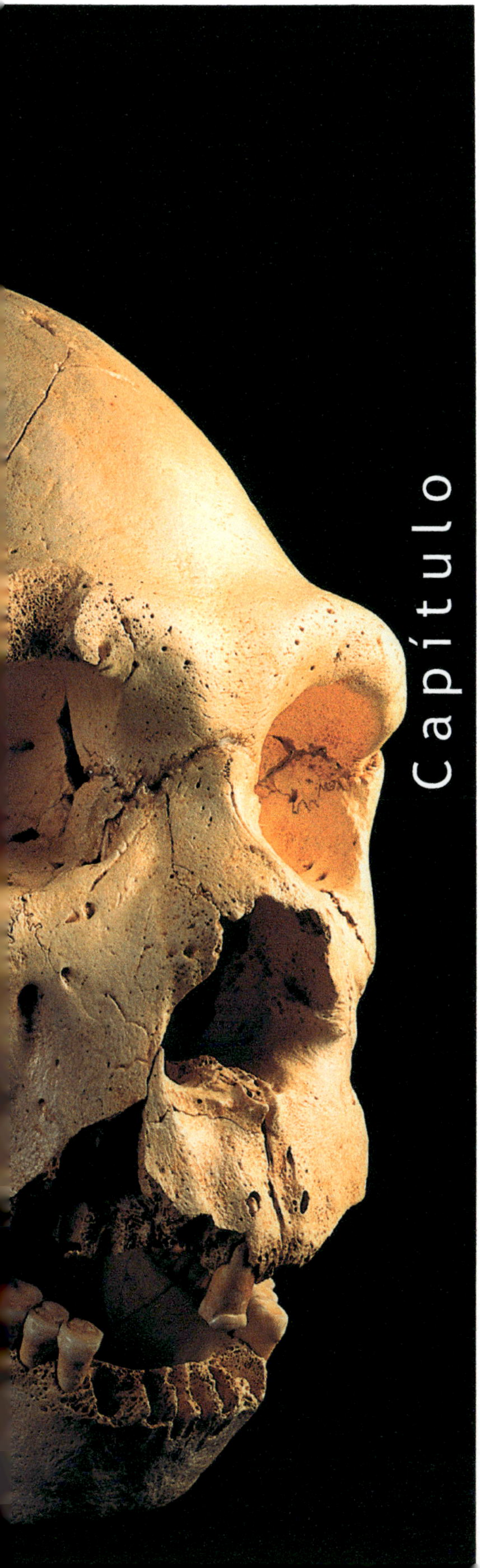

Capítulo

6

El hombre

Y el hombre, en su orgullo, creó a Dios a su imagen y semejanza.

Friedrich W. Nietzsche

De todas las formas de vida que alguna vez han existido sobre la Tierra, solo una, la nuestra, parece ser capaz de preguntarse el por qué de las cosas. Y esa diferencia, sutil si se quiere, es la que ha hecho posible medir las distancias que nos separan de las galaxias, atisbar los primeros instantes de existencia del universo, bucear en la estructura del átomo o construir submarinos capaces de descender a lo más profundo de los océanos. La inteligencia, dicen algunos, es lo que distingue al ser humano entre todas las especies.

Otros, sin embargo, encuentran también en el reino animal grandes muestras de ingenio. Son muchas las especies capaces de cambiar su entorno para hacerlo más cómodo, de construir hogares, vivir en comunidades e incluso de utilizar herramientas.

Algunas de las estrategias de supervivencia que existen en el reino animal (o en el vegetal) son tan ingeniosas y sofisticadas que cuesta trabajo pensar que no se derivan de una acción inteligente. Además no somos, aunque a veces lo parezca, la única especie capaz de cambiar el mundo. Otras lo hicieron mucho antes que nosotros y probablemente otras lo harán cuando nosotros hayamos desaparecido. No olvidemos que fueron simples organismos unicelulares los que transformaron la Tierra para siempre al «inventar» la fotosíntesis e introducir oxígeno en la atmósfera, o que el manto verde que forma los bosques y selvas actuales no existiría, ni nosotros tampoco, si una humilde alga microscópica no hubiera decidido salir del mar y vivir en tierra firme, hace muchos cientos de millones de años.

Nuestra propia especie, sin embargo, a pesar de ser una de las últimas en llegar, ha conseguido dominar el planeta en un corto espacio de tiempo y hoy se ha convertido, para bien o para mal, en árbitro de la situación. Del hombre depende ahora en gran medida la supervivencia de muchas de las otras especies que comparten con nosotros la Tierra. Y es el hombre, y ninguna otra criatura, la que empieza tímidamente a mirar fuera de este nuestro hogar en el espacio, más allá, en busca de otros mundos en los que vivir. Sin embargo, el conjunto de las características que hacen de los humanos lo que somos debió desarrollarse a partir de las de otras formas de vida que nos precedieron. El hombre no surgió como un todo terminado sino que, igual que sucede con el resto de los seres vivos, tuvo un origen y una evolución.

En la lucha que todas las especies mantienen por su propia supervivencia, los antepasados de la nuestra dieron con un

El famoso Cráneo 5, hallado en la Sima de los Huesos, en Atapuerca, es uno de los mejores registros fósiles jamás encontrados por un paleontólogo. Perteneció a un *Homo heidelbergensis* que vivió en la sierra burgalesa hace más de 350.000 años.

auténtico «filón» que les permitió alcanzar rápidamente el éxito e imponer sus (nuestras) necesidades y formas de vivir a las de todos los demás. El estudio de esas características es un camino difícil y tortuoso, lleno de dudas e interrogantes. El hombre, igual que hace con el resto de las cosas que lo rodean, se pregunta por sí mismo y por sus circunstancias. Pero, cuidado, la tendencia a sentirnos únicos, especiales entre todas las criaturas, es una forma de pensar que nos ha acompañado siempre y que nos ha llevado a cometer más de un error.

Hasta hace poco más de un siglo, por ejemplo, nadie pensaba que los seres vivos estaban sujetos a las leyes de la evolución. Y el ser humano menos que ningún otro. Se creía que el hombre era especial entre todas las criaturas, un ser creado directamente por Dios a su imagen y semejanza y, por tanto, profundamente distinto de todas las demás formas de vida.

El primero que se atrevió a ir en contra de esta idea fue, de nuevo, Charles Darwin, que en 1871, en su ***El origen de las especies***, introdujo el concepto de que los seres humanos estamos sometidos a las mismas leyes y normas que el resto de los organismos vivos. Para Darwin, el hombre también tuvo que tener antepasados cuyas raíces se pierden en el tiempo. Y esos antepasados tuvieron que sufrir un proceso evolutivo que les llevó a ir adquiriendo poco a poco los rasgos distintivos que hacen de nosotros lo que somos hoy. Solo había, pues, que buscar los restos fósiles de esos antepasados perdidos para reconstruir la secuencia. El hecho, además, de que son los monos los que comparten con nosotros un mayor número de características físicas, llevó a Darwin a la conclusión de que ambos, monos y humanos, tenemos antepasados comunes. Y alguno de ellos reciente, a juzgar por el gran número de similitudes actuales. Por supuesto, remontándose más en el tiempo, terminaríamos por llegar al escaso número de organismos primordiales que, como vimos en el capítulo anterior, acabaron por dar origen a todos los seres vivos que pueblan la Tierra.

¿La especie elegida?

Que existan miles de especies de escarabajo es algo que a la mayoría de los humanos no nos preocupa en absoluto.

Los hay grandes y pequeños, voladores y terrestres, negros y multicolores... Sin embargo, todos ellos comparten una serie de rasgos fundamentales que les identifican, sin lugar a dudas, como lo que son: escarabajos. A nadie le extraña que haya especies distintas dentro de un mismo género animal, una muestra más de la maravillosa diversidad con que la Naturaleza diseña sus creaciones. Lo mismo sucede con la inmensa mayoría de los seres vivos. Hay varias especies de tigre, de rata, de cigüeña, de ballena o de mosca, por poner solo unos ejemplos. Pero toda esta diversidad desaparece cuando se llega al ser humano. Existen múltiples especies y subespecies casi de cualquier animal vivo. Pero solo una de hombre.

Es precisamente la constatación de que en todo el mundo no hay más especie inteligente que la nuestra la que nos ha llevado a la convicción de que somos especiales, diferentes, superiores. Se puede polemizar cuanto se quiera sobre la «inteligencia» del chimpancé o el delfín, pero la verdad es que ningún otro ser vivo es capaz de escribir un libro, ir a la Luna o construir un ordenador. Nuestro convencimiento de ser únicos está tan arraigado que no admite discusión. Somos los reyes de la creación. Sin fisuras, sin dudas, sin competencia.

Sin embargo, las afirmaciones de Darwin iban en contra de esta idea y sugerían que las cosas no habían sido siempre así. Y hoy sabemos que eso es cierto. El largo camino recorrido por la Humanidad para terminar en nosotros, una especie única y dominante, está lleno de ramificaciones, de callejones evolutivos sin salida, de experiencias fallidas, de intentos originales y atrevidos. La evolución, desde el primer homínido hasta nuestros días, no ha sido lineal. Es decir, no se han ido sucediendo, una tras otra, diferentes variedades de Homo cada vez más eficientes y perfectas. Lejos de eso, durante la mayor parte de los más de cuatro millones de años transcurridos desde que los primeros homínidos vivieron en África, una gran variedad de especies «protohumanas» han ido adquiriendo, poco a poco, el conjunto de rasgos y características que hoy encontramos en cualquiera de nosotros. Y como sucede con el resto de los organismos, esas características han sido compartidas por más de una especie al mismo tiempo. En el pasado también convivieron varios tipos de hombre, igual que hoy lo siguen haciendo variedades diferentes de muchos animales.

Reconstrucción de un *Australophitecus africanus*

A pesar de lo abrumador de las evidencias científicas aún existe hoy, en pleno siglo XXI, una corriente de pensamiento que niega que las especies evolucionen. Conocida como «creacionismo» o, en su versión más moderna, teoría del «diseño inteligente", sus partidarios niegan que los procesos evolutivos puedan ser los responsables de la aparición de organismos tan complejos como el hombre. En su lugar, postulan que tanto el origen de la vida como el del hombre son el resultado de acciones racionales, de la intención de un ser o inteligencia superior. Los «creacionistas» no basan sus ideas en ninguna prueba científica, pero eso no ha sido obstáculo para que sus seguidores hayan logrado obtener un cierto apoyo en los sectores más conservadores de los Estados Unidos, incluyendo algunos representantes políticos que abogan por la inserción del «diseño inteligente» en los programas educativos de las escuelas, como teoría alternativa a la evolución. De la mano de las iglesias evangélicas y otros grupos religiosos, el debate se ha extendido a otros países y ha cobrado fuerza en algunas regiones de Sudamérica. La cuestión sigue abierta, y a pesar de que varios tribunales norteamericanos han prohibido ya la enseñanza del creacionismo en las escuelas públicas, sus partidarios no se dan por vencidos.

Manifiesto por la evolución

La situación ha llegado a tal extremo que el 21 de junio de 2006, el Interacademy Panel, una institución formada por las academias nacionales de ciencias de 67 países de todo el mundo, tuvo que saltar a la palestra y hacer pública una declaración en la que acusaba abiertamente a los creacionistas de tergiversar la verdad y de estar difundiendo falsedades en los programas de enseñanza de Ciencia.

Las evidencias científicas sobre el origen de la vida, decía la declaración, «están siendo encubiertas, negadas o confundidas» en muchas aulas norteamericanas. Yves Quere, codirector de esta red internacional de academias científicas, afirmó entonces que «conocemos colegios en los que se dice a los niños que la Tierra tiene 8.000 años de antigüedad».

Para no dejar dudas, los autores de la declaración incluyen algunos de los hechos clave de la evolución, todos ellos aceptados y probados científicamente en incontables ocasiones. Entre ellos, que la Tierra se formó hace alrededor de 4.500 millones de años; que la vida apareció en nuestro planeta por lo menos hace 2.500 millones de años (aunque sus primeras manifestaciones, como vimos en el capítulo anterior, se remontan a hace 3.700 millones de años); que desde su aparición, la vida ha tomado múltiples formas, y que todas ellas siguen evolucionando «en un modo que la paleontología y las modernas ciencias biológicas y bioquímicas describen y confirman con precisión creciente»; y que las similitudes en la estructura genética de todos los organismos que viven en la actualidad, incuidos los seres humanos, indican claramente su origen ancestral común.

Si esta es la situación presente, no resulta difícil imaginar a qué se debieron enfrentar, a finales del XIX, los primeros defensores de las ideas evolucionistas. A regañadientes, el mundo tuvo que ir aceptando la nueva realidad que los científicos estaban desvelando con sus asombrosos hallazgos. Pero no sin defenderse con uñas y dientes. Los argumentos y pruebas cada vez más aplastantes fueron arrinconando a los detractores, la mayoría de los cuales terminó por adaptarse a las nuevas evidencias. En el fondo, el hecho de que hace millones de años hubiera diferentes especies humanas no es algo que nos pueda quitar el sueño. Y siempre se puede argumentar (como de hecho se argumentó) que entonces, la Humanidad estaba desarrollándose y la Naturaleza, por decirlo así, estaba «ensayando la fórmula adecuada» a partir de una variedad de seres mucho más parecidos a los animales que a lo que hoy entendemos por «ser humano».

Pero acerquémonos más al presente. Demos un salto de millones de años y coloquémonos en la actualidad, digamos hace «solo» veinticinco o treinta mil años. Abandonemos África y situémonos aquí mismo, en Europa. Nuestra especie, *Homo sapiens*, está ya perfectamente definida. Los fósiles de esa edad encontrados por todos los rincones del Viejo Continente nos hablan de seres que ya no conservan rasgos primitivos, que tienen nuestra misma capacidad cerebral, que conocen el fuego, cuidan de sus familias y fabrican una gran cantidad de herramientas con las que realizan tareas complejas. Seres que, a diferencia de los australopitecos y otras especies arcaicas, no llamarían la atención si se pusieran un traje y viajaran en el metro.

Lo chocante, lo que los creacionistas no terminan de digerir es que, junto a nosotros, desde el momento mismo de nuestra aparición, hubo «otra clase» de hombres. Hombres que vivieron a nuestro lado por lo menos durante diez mil años, que compartían la mayor parte de nuestras habilidades, que también eran inteli-

Cráneo de un australopiteco, en el que se mezclan algunos rasgos humanoides con otros, aún la mayoría, mucho más antiguos.

gentes, que también conocían el fuego y fabricaban vestidos y herramientas. Hombres que, como nosotros, cuidaban de sus niños y ancianos y que enterraban a sus muertos. Hombres que se nos parecían, pero que no éramos «nosotros».

«Ellos» eran más corpulentos y fuertes, su cerebro era mayor que el nuestro, su aspecto físico, diferente. Aquellos hombres, en suma, pertenecían a una especie diferente a la nuestra. Eran los hombres de Neandertal *(Homo neanderthalensis)*. Aparecieron en Europa hace casi 250.000 años, por evolución de otra especie humana aún más antigua *(Homo heidelbergensis)*, y fueron sus únicos pobladores durante más de 200.000. Solo al final de su reinado empezaron a aparecer los primeros representantes de nuestra propia estirpe, llegados de África en una gran oleada migratoria. Sapiens y neandertales convivieron durante miles de años, hasta hace poco menos de

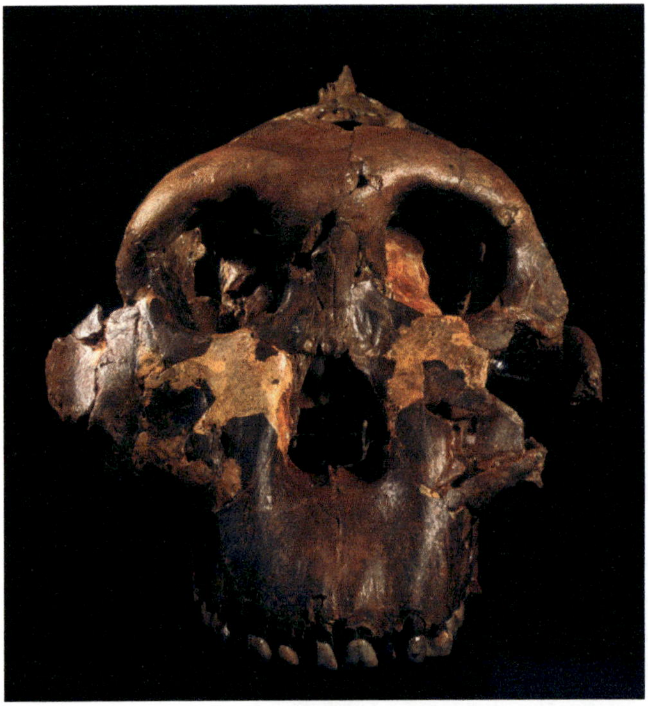

30.000. Después, los neandertales desaparecieron sin dejar rastro y, de las dos especies, solo quedó la nuestra.

Se ha querido ver en esta sustitución una prueba más de nuestra superioridad sobre cualquier otro ser de la creación. Se ha pintado al hombre de Neandertal como a una suerte de mono poco inteligente, un bruto retrasado y torpe incapaz de competir con un ser humano «de verdad». La realidad, sin embargo, a la luz de los numerosos hallazgos de los que ya se dispone, parece ser bien distinta. Desde el mismo momento en que aparecieron sus primeros restos fósiles en el valle alemán de Neander (del cual reciben el nombre), en 1876, se ha intentado, sin éxito, hacerlos encajar en el esquema preestablecido. Al final (si no puedes vencerles, únete a ellos), se llegó incluso a postular que «nosotros» somos el resultado del cruce entre esas dos especies primitivas. Pero estudios recientes realizados con ADN de neandertal han demostrado lo que muchos paleoantropólogos ya sabían: que no hubo cruces entre ambas poblaciones. O que, si los hubo, no dejaron descendientes. No queda, pues, más remedio que admitir que, en efecto, nuestra propia especie compartió durante largo tiempo el mundo con otro tipo de ser humano, igualmente inteligente aunque profundamente distinto de nosotros.

Paranthropus boisei vivió entre hace dos y un millones de años. El primero fue encontrado por Mary Leakey en 1959.

El tercer hombre

En octubre de 2004 el tema terminó de complicarse. Un espectacular anuncio realizado entonces por los paleontólogos Peter Brown, Mike Morwood y Bert Roberts en la revista *Nature* hizo que el número de especies humanas que vivieron al mismo tiempo que la nuestra aumentara nuevamente.

El nuevo invitado a compartir la «cima de la creación» era parecido a un pigmeo, de poco más de un metro de altura y con un cerebro inusualmente pequeño. Pero no había duda de que era inteligente. Sus restos, de unos quince mil años de antigüedad (es decir, en pleno apogeo mundial de *Homo sapiens*) aparecieron en una remota isla de Indonesia que le dio su nombre: *Homo floresiensis*, el hombre de Flores.

Junto al primer cráneo, casi completo, hallado en la cueva Liang Bua, aparecieron herramientas de piedra que demostraban una capacidad cognitiva muy superior a la que cabía esperar ateniéndose solo a las dimensiones del cerebro, cuyo volumen no era superior al que, dos millones de años antes, tuvieron los australopitecos africanos. Después fueron apareciendo más restos, hasta de siete individuos, todos ellos con idénticas características. Las dataciones sugieren que esos hombres ocuparon la isla entre hace 95.000 y 12.000 años.

Los paleontólogos se encontraron así con un «humano» que exhibía una extraña mezcla de rasgos arcaicos y modernos hasta entonces desconocida, lo que les llevó a la conclusión de que se trataba de una nueva especie. Los restos, además, estaban junto a los de otras extrañas criaturas: una especie ya extin-

Uno de los hallazgos más impactantes de la paleontología ha sido el descubrimiento de que, durante más de diez mil años, dos especies humanas inteligentes compartieron el planeta: *Homo sapiens* y *Homo neanderthalensis*.

guida de elefante enano, el Stegodon, y otra, el dragón de Komodo, el reptil más grande que queda en la Tierra. Ambas criaturas compartieron con el diminuto homínido las húmedas selvas de Flores, un auténtico mundo perdido donde el aislamiento geográfico favoreció toda clase de extravagancias evolutivas.

Hasta el momento de su descubrimiento, se pensaba que los homínidos de tan baja estatura y cerebro tan pequeño habían dejado de existir en África hace por lo menos tres millones de años. Según la teoría más aceptada por los científicos, el hombre de Flores es un descendiente de *Homo erectus,* una especie originaria de África que también es antecesora de los humanos modernos. Hace casi dos millones de años, *Homo erectus* salió de su continente natal y empezó a extenderse por Asia, hasta llegar a Indonesia. Hace algunos cientos de miles de años, una población de «erectus» quedó aislada en esa isla y evolucionó, igual que hacen otros mamíferos en similares condiciones, hacia tamaños corporales más pequeños.

Sigue abierta la cuestión de cómo llegaron hasta esa remota isla sus primeros pobladores. Y habrá que revisar, además, la idea de que uno de los «motores» evolutivos de nuestra especie fue el aumento progresivo del tamaño de nuestro cerebro. El hombre de Flores, con su cerebro diminuto, no parece carecer de ninguna de nuestras habilidades. Puede que la capacidad de un cerebro no resida, después de todo, en el mayor o menor número de neuronas de que dispone, sino en el grado de complejidad de las interacciones de esas neuronas. Sea como fuere, el hallazgo de esta nueva especie ha constituido una nueva lección de humildad para los que piensan en Homo sapiens como en el resultado único y «cumbre» de la evolución. Por el momento, que sepamos, ese puesto lo comparten ya tres especies diferentes.

Neandertal

Regresemos ahora a la Europa de mediados del siglo XIX, el momento en que las nuevas ideas sobre el origen del hombre moderno empezaron a desarrollarse a partir de otro descubrimiento extraordinario.

En 1856, apenas tres años antes de que Darwin publicara *El origen de las especies,* fueron hallados en el valle del río Neander, cerca de la ciudad alemana de Dusseldorf, un cráneo y otros restos óseos que parecían humanos, aunque con unas características «diferentes». En ningún caso, como ya se ha dicho, se pensó entonces que esos restos pudieran corresponder a «otro tipo» de hombre, posibilidad que no se contemplaba en absoluto. Los expertos de la época tendían más bien a creer que se trataba de un ser humano deforme, o quizá gravemente afectado por una enfermedad desconocida.

El famoso patólogo Rudolf Virchow llegó a decir que el individuo en cuestión había padecido raquitismo durante su juventud, proceso que se agravó con una artritis durante la vejez (como prueban los huesos arqueados de brazos y piernas), y todo ello empeorado, además, por un traumatismo craneal que el pobre hombre debió sufrir ya en edad adulta. Otros, sin embargo, sostenían que se trataba de un soldado del ejército ruso, que perteneció a la caballería (sus piernas arqueadas daban testimonio de una vida entera montando a caballo) y que participó en la guerra contra Napoleón de 1814. Gravemente herido y agotado (sus grandes arcos superciliares eran el resultado de mantener largo tiempo el ceño fruncido a causa del dolor), buscó refugio en la cueva en la que finalmente murió.

Fue un íntimo amigo de Darwin, Thomas Huxley, el primero en sugerir que los restos pertenecían a una raza humana

primitiva y ya desaparecida. La misma «raza» a la que correspondían otros fósiles, a los que hasta entonces no se había dado ningún valor, encontrados en Bélgica en 1829 y en la cantera de Forbe, en Gibraltar, en 1848. Al final hubo que aceptar que, por alguna extraña razón, hubo un tiempo en que existió «otra clase» de hombre, a la que desde entonces se conoce como *Homo neanderthalensis*, el hombre de Neandertal. Lo cual, como hemos visto, se convirtió en todo un problema no solo para la Ciencia, sino para las convicciones morales y religiosas de la época.

Otros restos similares a los del valle del Neander encontrados por toda Europa fueron componiendo una imagen del hombre de Neandertal que lo situaba a medio camino entre los monos y nuestra propia especie: un tipo robusto, que rondaba el metro sesenta de estatura y cuyas extremidades eran capaces de desarrollar una gran fuerza, a juzgar por el grosor de los huesos y de los anclajes de su poderosa musculatura. Pero, más que su cuerpo, era la cabeza la que lo distinguía de cualquier otro miembro de nuestra especie.

Su cráneo, más consistente que el nuestro, estaba dotado de huesos de un grosor extraordinario y era, además, alargado y estrecho, pero con una capacidad (alrededor de 1.500 centímetros cúbicos) incluso superior a la media del hombre moderno. La frente proyectada hacia atrás, los grandes arcos superciliares y la carencia de mentón contribuyeron a construir la imagen de un ser brutal, tosco y primitivo, que caminaba como los grandes simios y que vivía en la profundidad de las cavernas.

Incapaz de dar una explicación convincente, la Ciencia de la época intentó por todos los medios desvincular a los neandertales de nuestra propia especie. Pero no lo consiguió. Y si bien es cierto que no existe una relación evolutiva entre *Homo sapiens* y *Homo neanderthalensis* (es decir, que una especie no desciende de la otra), también lo es que ambas tuvieron un antepasado común. Hoy sabemos que el hombre de Neandertal no era un ser bestial, sino que se parecía mucho más a nosotros de lo que algunos habían estado dispuestos a reconocer.

En busca del origen

La curiosidad y las perspectivas de nuevos descubrimientos extraordinarios hicieron que muchos se lanzaran, pico en mano, a buscar más y más evidencias de humanos «diferentes» y ya desaparecidos.

Una vez aceptado el hombre de Neandertal, la siguiente pregunta lógica era saber de dónde procedía, y si había también otros tipos de hombres aún más antiguos y primitivos. Nació así la Paleoantropología, la ciencia que se ocupa de la búsqueda de restos que reconstruyan la historia de la evolución (y a ser posible, también del origen) del ser humano. La mayor parte de los hallazgos sobre la historia remota del hombre se hicieron a partir de ese momento, muchos durante el último cuarto del siglo XIX y principios del XX, cuando el mundo entero pareció sumergirse en una desenfrenada y productiva «fiebre exploradora». Por supuesto, esa búsqueda de nuestros orígenes no es un campo que pueda limitarse a una sola disciplina. Y a ella pronto se unieron especialistas en Biología, Geología, Etología, Antropología... Entre todos, se fue construyendo un marco cada vez más preciso del «cuándo» , el «dónde» y el «cómo» vivieron nuestros antepasados.

La primera pregunta que se planteó una vez aceptada la teoría de la evolución fue la de establecer hasta dónde llega nuestro grado de parentesco con los simios y en qué punto ambos linajes se separaron para seguir caminos diferentes. Darwin creía que gorilas y chimpancés eran nuestros parientes más próximos y por eso volvió su mirada hacia África. Durante la primera mitad del siglo XX, sin embargo, se exploraron otros caminos y se pretendió alejar evolutivamente a simios y humanos. Vano intento, ya que los primeros estudios comparativos de ADN realizados en los años 60 volvieron a reforzar, esta vez para siempre, esos lazos de parentesco.

La cuestión se zanjó por completo en septiembre de 2005, fecha en la que se terminó la secuenciación del genoma del chimpancé y quedó claro que es idéntico al del ser humano en un 96%. La «distancia genética» entre humanos y chimpancés es solo diez veces superior de la que existe entre dos seres humanos cualquiera. El 4% restante, sin embargo, es más que suficiente para que se den las diferencias que todos podemos apreciar entre un hombre y un chimpancé. En ese estrecho margen deberían encontrarse, por ejemplo, los genes responsables de la marcha bípeda, del aumento del tamaño del cerebro, del desarrollo del lenguaje y del resto de las características que nos hacen «humanos". Lo que quedó absolutamente claro, por si alguien tenía aún alguna duda, es la procedencia común de ambas especies.

La pregunta siguiente, aún no totalmente aclarada, es saber cuándo y dónde exactamente el hombre se separó del mono. El último paso en este sentido acaba de darse gracias a un estudio publicado el 18 de mayo de 2006 por la revista *Nature*. En él, un grupo de investigadores del Instituto de Tecnología de Massachussets (MIT) que comparó secuencias de ADN de chimpancé y de seres humanos, considera que ambos linajes se separaron definitivamente hace alrededor de 5,4 millones de años, es decir, más de un millón de años después de lo que se pensaba. Los investigadores, además, han deducido de la comparación de los dos genomas que entre ambos grupos hubo al menos un episodio de hibridación. Dicho de otro modo, somos descendientes de la rama que surgió del cruce genético entre humanos y chimpancés.

Los autores de la investigación creen que se produjeron dos separaciones genéticas, y no una sola, como se pensaba, entre simios y humanos: la primera, hace entre 6,5 y 7,4 millones de años, cuyos representantes se extinguieron, aunque no antes de haberse cruzado de nuevo con los chimpancés; y la segunda, que se produjo hace 5,4 millones de años a partir del híbrido que fue el auténtico antepasado de

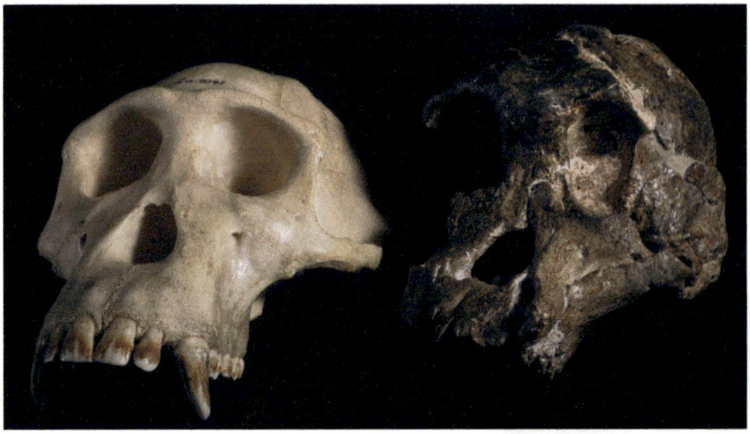

El peso de un australopiteco podía oscilar entre los 33 y los 65 kilogramos. No solían superar el metro y medio de altura. (Atapuerca, Burgos.)

nuestro linaje. Esta sorprendente secuencia de acontecimientos explicaría el curioso hecho de que, dentro de nuestro genoma, el cromosoma «X» aparenta ser, precisamente, un millón doscientos mil años más joven que el resto. Si nuestros antepasados hubieran surgido de la primera de las dos separaciones, no existiría esta diferencia de edad.

Otra gran dificultad a la que se enfrentan los paleoantropólogos es la de establecer hasta qué punto eran «humanos» los primeros homínidos y cómo fue el camino que recorrieron para reducir paulatinamente la distancia entre ellos y nosotros. Para definir el grado de humanidad de nuestros antepasados más lejanos, lo primero que hay que hacer es, evidentemente, establecer cuáles son los rasgos que nos hacen humanos. En ***El origen de las especies,*** Darwin ya daba una serie de características esenciales: inteligencia, destreza manual, tecnología y bipedismo. Para Darwin, un simio que mostrara estas cualidades más desarrolladas que los demás gozaría de una «ventaja competitiva» que le haría más fácil sobrevivir y reproducirse. La selección natural haría el resto, eligiendo a los descendientes de estos simios y apartando a los demás.

La secuencia de Darwin, sin embargo, no resulta tan fácil de seguir. Y aunque su mérito es innegable, los antropólogos prefieren, hoy, referirse a cuatro hitos que son ligeramente diferentes a los propuestos por el naturalista británico. Los expertos, además, no terminan de ponerse de acuerdo en el orden en que estas características aparecieron, aunque la mayoría piensa que fueron las siguientes: terrestralidad (es decir, bajar de los árboles y empezar a vivir en el suelo), bipedismo (comenzar a caminar erguidos, sobre dos extremidades y no sobre las cuatro), cultura (construcción de herramientas, fuego, ropa..) y encefalización (aumento del tamaño del cerebro en relación con el cuerpo).

Primates

Los seres humanos somos una de las 187 especies de primates que viven en la actualidad, aunque dentro de este orden se incluyen también las especies extinguidas que dieron origen a las que existen hoy. Todos los primates tienen una serie de rasgos en común, que incluyen el hecho de ser mamíferos placentarios, generalmente (aunque no siempre) arborícolas y con un notable grado de perfeccionamiento motriz, sensorial y psicológico.

Los primates tienen largas extremidades muy flexibles, con manos de cinco dedos de los que uno es oponible al resto, lo que supone una inusual capacidad para coger y manipular objetos.

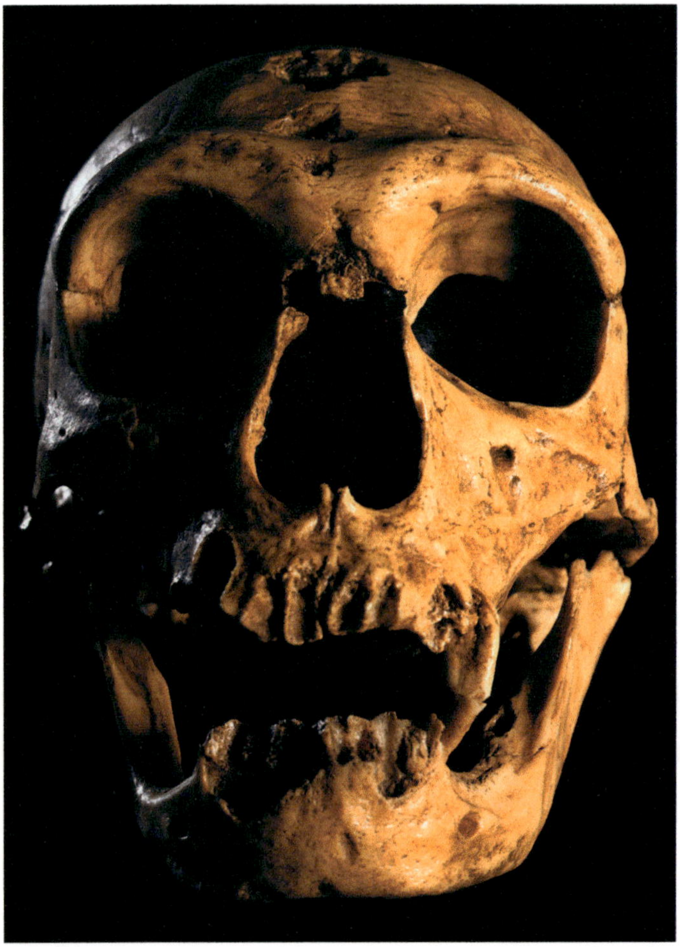

La vida en los árboles hizo que la capacidad para calcular las distancias se convirtiera en algo esencial, por lo que la vista se volvió el sentido más importante. Las órbitas oculares, a diferencia de lo que sucede en otros animales, se desplazaron por este motivo a la parte delantera del rostro, lo que facilita la visión tridimensional y el cálculo preciso de las distancias. El centro de gravedad de los primates se encuentra cerca de las extremidades inferiores, lo que facilita la postura erguida, con la consiguiente liberación de las manos, que pueden ser utilizadas para manipular o transportar objetos.

Otra característica general de todos los primates es su lento ritmo de reproducción. Cada descendiente requiere de una gran cantidad de energía y tiempo por parte de los padres, hecho que provoca un largo intervalo entre crías y, por consiguiente, un corto número de hijos. La edad de madurez sexual es muy elevada y el periodo de gestación, largo. Las crías permanecen largo tiempo junto a sus madres, de las que dependen totalmente, hecho que favorece el establecimiento de grupos familiares estables. Por eso, los primates se benefician de la vida en grupo, en cuyo seno se desarrollan estrategias complejas de comunicación y aprendizaje. Además, claro, de constituir una clara ventaja a la hora de buscar alimento, cazar o defenderse de los enemigos.

Homo neanderthalensis (en la imagen), igual que *Homo sapiens*, conocía el fuego, curtía pieles, cuidaba de sus ancianos y utilizaba herramientas. Sin embargo, no hubo cruce entre ambas especies.

El primate más antiguo que se conoce es el ***Purgatorius***, descubierto en Montana y cuya edad se estima entre 70 y 60 millones de años, un tiempo en el que aún no se habían extinguido los dinosaurios. Europa y América del Norte estaban aún unidas en un único supercontinente, Laurasia, y a lo largo de la franja ecuatorial que lo atravesaba se iban formando grandes selvas y bosques de angiospermas, plantas con flores. Las plantas atrajeron de inmediato una gran variedad de insectos, que proliferaron a causa de la abundancia de alimento. Y en esos mismos árboles encontraron su hábitat numerosas especies, entre ellas los primates. ***Purgatorius*** era un animal pequeño y, como muchos de los primeros mamíferos, se alimentaba precisamente de insectos.

Los restos, algunos dientes y fragmentos de mandíbulas de un animal del tamaño de una ardilla, se extrajeron de una colina que los paleontólogos conocen como Purgatory Hill, por las dificultades que suponen en ella las tareas de excavación. Baste indicar que para obtener esos pocos fragmentos, hubo que cribar decenas de metros cúbicos de terreno. A partir de este primer primate, hace unos 50 millones de años, se diversificaron numerosas especies, algunas de las cuales aumentaron su tamaño corporal, hecho que los científicos achacan al cambio de dieta, que se volvió vegetariana. Se identifican en este punto dos grandes grupos, los Omomiidos y los Adapidos. Al primero pertenecen varias especies pequeñas y nocturnas que se nutrían principalmente de frutos. Los segundos eran diurnos, más grandes y a la dieta de frutas añadían también tallos y hojas.

Hace 40 millones de años aparecieron los primeros representantes del suborden de los simios, cuyas características principales son un nuevo aumento de tamaño, una notable ampliación del cráneo y el acortamiento del hocico. Aún se debate si proceden de los Omomiidos o de los Adapidos, aunque hallazgos recientes parecen sugerir que podrían no venir de ninguno de esos dos grupos, sino de un tercer tronco que apareció mucho más temprano, hace sesenta millones de años.

El suborden de los simios se divide, a su vez, en dos: Platirrinios y Catarrinos. Los primeros llegaron de alguna manera hasta Sudamérica y allí evolucionaron de forma diferente a la de los que se quedaron en África. Los Platirrinos tienen fosas nasales planas y separadas, su cola es prénsil y disponen de 36 piezas dentales. Aquellos primeros ejemplares, sorprendentemente, no difieren mucho de los que podemos ver en la actualidad en las selvas sudamericanas. Los Catarrinos, sin embargo, tienen las fosas nasales fusionadas, no tienen cola prénsil (a menudo carecen de cualquier tipo de cola) y su fórmula dentaria incluye solo 32 piezas.

Hace cerca de 18 millones de años, una nueva separación dio origen a los primeros póngidos (grandes simios como el orangután, el gorila o el chimpancé). De ellos, más tarde, se separarían los homínidos. Los restos más antiguos de póngidos pertenecen al género Procónsul y datan de hace 18 millones de años. Comían frutas, caminaban sobre las cuatro extremidades y vivían preferentemente en los árboles. Algunos creen que el Procónsul es el antepasado común de póngidos y homínidos.

Lo que sucedió entre hace 12 y hace 5 millones de años sigue siendo un misterio, ya que existen muy pocos restos fósiles de ese periodo. Por eso ha costado tanto trabajo establecer el momento en el que las líneas evolutivas de gorilas, chimpancés y humanos se separaron, aunque se cree que ese hito tuvo lugar entre hace 8 y 5 millones de años. A falta de fósiles, los datos más precisos son aportados por la biología molecular. El estudio de los rasgos comunes de ADN ha afinado, como hemos

Los seres humanos somos solo una de las 187 especies de primates que existen. Todas ellas tienen numerosos rasgos en común.

visto, el rango temporal, situándolo entre hace 6,5 y 7,4 millones de años, un millón de años más de lo que se pensaba.

La hora de los Homínidos

Bajo el término Homínido se agrupan hoy todos los tipos ancestrales de la especie humana que han caminado erguidos.

Tras un largo proceso, en la actualidad solo existe una especie de Homínido, la nuestra. Pero hace varios millones de años hubo una gran variedad, todos ellos procedentes de un antepasado común. Este primero entre todos los homínidos no debió de ser bípedo, y probablemente tuvo rasgos y comportamientos muy parecidos a los de los grandes simios actuales, aunque con un «algo» diferente que, con el tiempo, llevó a su progenie por el camino de lo «humano». Hace cerca de cuatro millones de años, los homínidos estuvieron constituidos por varias especies y géneros diferentes. El mejor conocido es el de ***Australophitecus***, cuyos representantes consiguieron sobrevivir durante un largo periodo, desde hace cerca de 4 hasta hace dos millones de años.

El aspecto de un australopiteco recuerda mucho más a un simio que a un hombre, aunque en algunas partes, como en sus mandíbulas y dientes, se aprecian características que ya son humanas. Su capacidad craneal varía según las diferentes especies, entre los 350 y los 650 centímetros cúbicos, justo el límite en el que se pasa al género Homo. No se sabe exactamente cuántas especies diferentes hubo de australopiteco. Desde luego no tantas como pareció en la década de los ochenta, cuando prácticamente a cada resto hallado por los paleontólogos se le asignaba una especie nueva. La explicación a este fenómeno es que no resultaba sencillo darse cuenta si se estaba

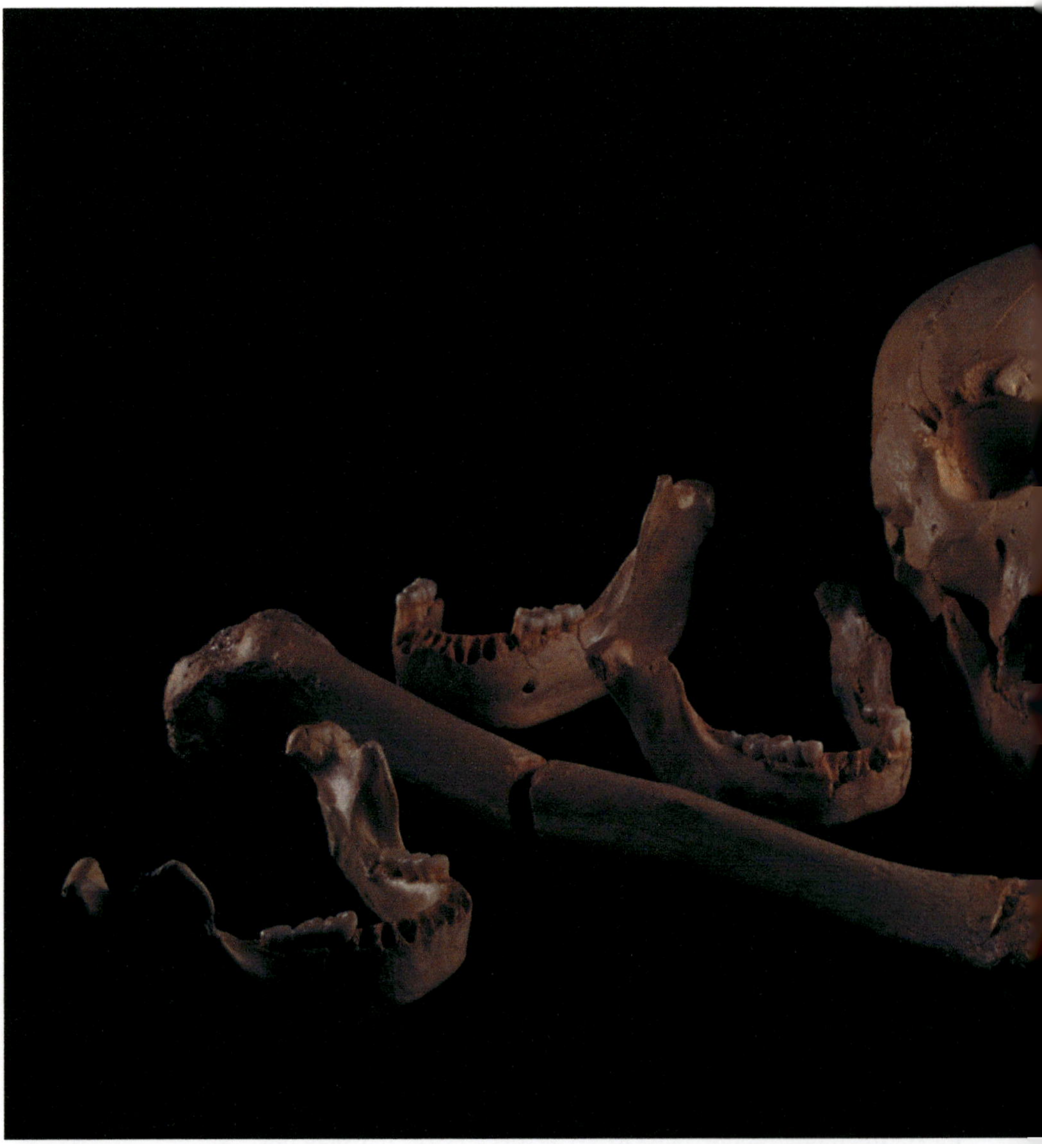

Fósiles humanos de la Sima de los Huesos

Hace 40 millones de años que aparecieron los primeros representantes del suborden de los simios.

ante ejemplares de la misma especie pero de tamaños o sexos diferentes o si, por el contrario, las diferencias realmente merecían la clasificación de una especie aparte. Hoy, la tendencia es a simplificar, reuniendo esa gran variedad de especies en solo unas pocas, y todas pertenecientes al mismo género.

Otro tipo de homínido más antiguo aún, y pariente cercano de los australopitecos, no fue encontrado hasta 1994, cuando el paleoantropólogo Tim White anunció su descubrimiento en el río Aramis, en el noreste de Etiopía. Los restos encontrados por White, con 4,4 millones de años de antigüedad, parecían ser los de una criatura inmediatamente posterior a la separación del antepasado común de los grandes simios y los homínidos. La nueva especie fue bautizada como ***Ardipithecus ramidus***. Aunque su aspecto general podría recordar a un chimpancé, este lejano antepasado presentaba ya los caninos reducidos y, quizá, también era bípedo (aunque este extremo es aún objeto de debate).

Junto a sus restos, se hallaron los de otros animales, como pequeños monos o antílopes, señal de que debieron vivir en un medio forestal. Sus dientes, además, están recubiertos de un fino esmalte, lo que indica que se alimentaban seguramente de tallos, frutos y otros productos blandos que no necesitaban de dientes más fuertes. Aunque se desplazaban libremente por zonas abiertas, los ramidus debieron explotar al máximo los recursos que les brindaban las zonas boscosas.

En 1995, un equipo de paleontólogos dirigidos por Mary Leakey localizó dos espectaculares yacimientos a ambas orillas del lago Turkana, en Kenia, en los que había fósiles de homínidos de hace 4 millones de años. Con esos restos, bautizaron una especie nueva, ***Australopithecus anamensis***. A diferencia de sus parientes etíopes, estos nuevos fósiles apuntaban a seres habituados a recorrer grandes distancias en la sabana. Sus dientes, cubiertos por una gruesa capa de esmalte, debieron de ser usados para triturar raíces y semillas. Junto a ellos, además de antílopes, abundaban los restos de ratoncillos de llanura.

El siguiente millón de años estuvo dominado por el más conocido de todos los representantes de este género: ***Australopithecus afarensis***. Sus restos se reparten entre la región etíope de Afar y la de Laetoli, en Tanzania. Precisamente entre los fósiles de Laetoli se encuentra la mandíbula LH4, la que se considera como el holotipo de toda la especie. Dos de los descubrimientos más sensacionales sobre la historia de la evolución humana tienen como protagonista a esta especie de homínido. Se trata, por un lado, de la famosísima «Lucy», y por otro, de las huellas que tres individuos dejaron en la ceniza mojada por la lluvia de un volcán en Laetoli, hace tres millones y medio de años.

Lucy

Lucy fue descubierta en 1974 por una expedición francoamericana dirigida por los paleoantropólogos Yves Coppens y Donald C. Johanson.

Junto a huesos de cocodrilos, roedores y elefantes, aparecieron en el desértico valle etíope de Afar, a unos sesenta kilómetros de Addis Abeba, una serie de huesos de homínido que solo más tarde se reconocieron como pertenecientes a un único individuo. Se trataba de una joven hembra que vivió en ese lugar hace más de tres millones de años. Por la estructura de su esqueleto, (del que se conserva el 40%) se deducía fácilmente que se trataba de una criatura bípeda. Su nombre, Lucy, fue inspirado por una famosa canción de los Beatles, ***Lucy in the sky with Diamonds***, que uno de los miembros del equipo escuchaba continuamente durante las agotadoras y tórridas jornadas de trabajo. Cuando murió, Lucy no debía de tener más de

En la garganta de Olduvai, en Tanzania, han sido encontrados algunos de los más importantes restos de los primeros antepasados del hombre.

20 años, medía apenas un metro y pesaba menos de 30 kilogramos.

El otro gran hallazgo fueron las huellas de tres homínidos que se encontraron en 1976, en un estrato de ceniza volcánica fosilizada. Dirigía la expedición la paleoantropóloga Mary Leakey, mujer del famoso Louis Leakey, miembros ambos de una estirpe de investigadores que durante más de medio siglo ha trabajado en el África oriental. Cerca de Laetoli, en Tanzania, existe un volcán, hoy apagado, pero que hace algunos millones de años se encontraba en plena actividad y diseminaba por la zona lava y cenizas. Precisamente sobre este material polvoriento, convertido en barro a causa de la lluvia, dejaron sus huellas tres homínidos (uno de ellos muy pequeño, probablemente un niño) que caminaban como nosotros y cuyos pies no eran, a juzgar por sus formas, muy diferentes de los nuestros. Las cenizas sobre las que caminaron tienen una antigüedad de 3,7 millones de años.

Un año después del hallazgo de Lucy, la expedición de Johanson realizó otro descubrimiento extraordinario. En la ladera rocosa de una colina aparecieron restos de un grupo de individuos que, con toda probabilidad, murieron al mismo tiempo como consecuencia de una catástrofe natural, seguramente una inundación. Fueron recuperados cientos de dientes y de fragmentos óseos de al menos trece individuos diferentes, entre ellos cuatro niños. El grupo se conoce como «La primera familia» y todos sus miembros tenían rasgos muy similares a los de Lucy. No sin que antes se produjeran agrias discusiones y diversidad de opiniones, todos estos homínidos fueron asignados a una única especie, *Australopithecus afarensis*.

Ponerse de pie

Una de las características más singulares (y también más sorprendentes) del hombre es la de su extravagante posición erguida.

Nuestra especie, entre todos los mamíferos, es la única que camina solo sobre dos de sus cuatro extremidades; nuestro cuerpo, el único que se alza en vertical desde el suelo. La adquisición de este rasgo, además, constituye todo un problema desde el punto de vista evolutivo, ya que resulta difícil establecer cuáles son exactamente las ventajas que lo hacen preferible al modo cuadrúpedo de desplazarse. Al contrario, caminar erecto no parece traer otra cosa más que problemas y acarrea complicaciones que los cuadrúpedos no tienen que soportar. El ser humano, a diferencia de los demás primates, decidió «bajar» de los árboles y ponerse de pie. ¿Por qué?

Como suele suceder en Ciencia, la respuesta a esta cuestión no es sencilla, sino que depende de numerosos factores, desde un cambio climático y geológico que causó la drástica reducción de las zonas boscosas en favor de llanuras y sabanas, a razones puramente adaptativas y de modificación de conducta. Entre ellas, el hecho de que, una vez en el suelo, la postura erguida permitiría dominar mejor los alrededores, una ventaja muy útil tanto para la caza como para la defensa. Caminar solo con dos extremidades, además, significa tener las otras dos libres, lo que permite la manipulación y el transporte de todo tipo de objetos, desde armas a alimentos e incluso niños pequeños, incapaces de valerse por sí mismos y de recorrer por sus medios largas distancias.

Hace tiempo, se creía que la posición erguida, el desarrollo cerebral y el uso de herramientas se desarrollaron al mismo tiempo en el hombre primitivo. Hoy, sin embargo, los paleoantropólogos piensan de un modo bien distinto. Owen Lovejoy, por ejemplo, biólogo experto en locomoción animal, está convencido de que los homínidos adquirieron su postura erguida mientras vivían aún en las selvas, y que fue solo después, al pasar a vivir en las llanuras, cuando esta postura reveló todas sus ventajas. Para Lovejoy, resulta un error pensar que determinadas mutaciones o adaptaciones se producen «como respuesta» a un cambio en el entorno, o con el objetivo concreto de solucionar un problema determinado.

La evolución se lleva a cabo por medio de pequeñas variaciones casuales en la estructura del ADN. Dichas variaciones, que se llaman «mutaciones», repercuten a su vez en pequeñas modificaciones en el organismo en cuyo interior el ADN actúa. Y las mutaciones, de por sí, no representan para el individuo que las soporta ni ventajas ni desventajas concretas. Eso viene más tarde, y dependerá de cómo el individuo use esas mutaciones en el ambiente en el que vive. Las mutaciones producidas así, al azar, y que constituyan una ventaja se consolidarán, perpetuándose en las generaciones venideras. Las que supongan una desventaja, por el contrario, repercutirán negativamente en las posibilidades de éxito de los individuos que las llevan y desaparecerán, al mismo tiempo que ellos.

El rasgo que distingue a los humanos del resto de las criaturas que habitan la Tierra es la inteligencia. El hombre es el único ser viviente capaz de modificar su entorno para adaptarlo a sus propias necesidades. El aprovechamiento de los recursos naturales se une, en el ser humano, a la construcción de herramientas que faciliten sus cometidos. Una manera de medir la evolución es, precisamente, comprobar el tipo de industria asociada a los fósiles que van encontrando los paleontologos en el transcurso de sus excavaciones. En la imagen industria del «Modo 3», que se caracteriza por una forma más elaborada de talla que la usada en los modos anteriores.

Caminar sobre las cuatro extremidades es, sin duda, más cómodo que hacerlo sobre dos, ya que permite disponer de más puntos de apoyo y supone a la vez un menor gasto de energía. La postura erguida, además, necesita de una reestructuración completa y radical de nuestra estructura anatómica, lo cual, en términos evolutivos, es algo mucho más complejo que,

Aunque fue encontrado en 1929, nadie prestó atención al australopiteco conocido como «el niño de Taung» hasta la década de los setenta, cuando aparecieron otros fósiles de la misma especie.

por ejemplo, el gradual desarrollo del cerebro. La verticalización del cuerpo no es (aunque nos lo parezca) una postura natural, sino un auténtico desafío a las leyes gravitatorias, ya que eleva el centro de gravedad de nuestro cuerpo y lo coloca en una posición de inestabilidad continua. Cada paso que damos es el resultado de dejarnos caer, perdiendo el equilibrio y confiando a la vez en la acción de nuestros músculos, que volverán a reestablecer la situación hasta dar el paso siguiente.

La marcha bípeda exige a los individuos, pues, un notable gasto de energía para la búsqueda continua de una posición equilibrada. E implica, además, el riesgo de quedar inmóviles en caso de heridas o fracturas, por no hablar de los inconvenientes derivados del aplastamiento de vértebras (hernias de disco), ciáticas, varices, etc, dolencias que ningún animal cuadrúpedo debe soportar. La posición de la cadera, para colmo, hace que a las hembras de nuestra especie les resulte mucho más difícil parir que al resto de los mamíferos. Si unimos ese hecho al de que nuestra encefalización es la mayor de todo el reino animal, nos daremos perfecta cuenta de lo que sufren las madres humanas al dar a luz a sus hijos si se las compara con las hembras de cualquier otro mamífero.

Los «otros» Australopithecus

Además de «anamensis» y «afarensis», hubo otra especie de australopiteco bien documentada en el registro fósil. Fue descubierta en 1924 por Raymond Dart, uno de los primeros paleoantropólogos modernos, pero el hallazgo tardó muchos años en ser tomado en consideración, hasta que el número de fósiles hallados lo hizo incontestable. Se trata del famoso «niño de Taung», perteneciente a la especie *Australopithecus africanus.*

Después de millones de años de evolución, hace cerca de cien mil apareció la especie destinada a dominar el mundo en un tiempo relativamente corto. *Homo sapiens,* nuestra especie, puebla hoy los cinco continentes.

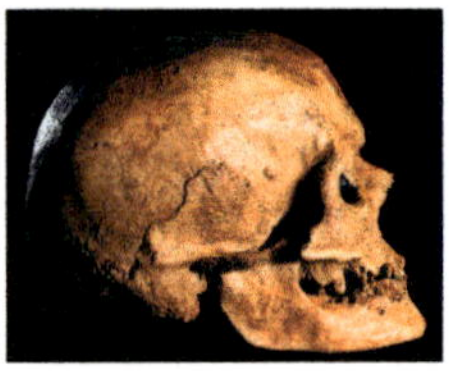

El hallazgo fue hecho en la localidad surafricana de Taung, en la primavera de 1924, cuando operarios de una cantera extrajeron de las rocas un cráneo, en buen estado de conservación, que fue entregado al capataz de la explotación. Ignorando su valor científico, el buen hombre lo estuvo utilizando como pisapapeles en su despacho hasta que una joven estudiante le aconsejó mostrarlo al profesor de Anatomía de la Universidad de Johannesburgo, Raymond Arthur Dart.

El científico se dio cuenta inmediatamente de que ese cráneo tenía algunas características típicamente humanas, como los dientes pequeños y la posición del *foramen magnun,* el hueco del cráneo en el que se insertan las cervicales, desplazada hacia delante, como corresponde a los bípedos. Sin embargo, otras características, como las fosas nasales y el reducido tamaño del cerebro, apuntaban a una naturaleza más simiesca que humana. Dart notó también la presencia de algunos dientes de leche, lo que indicaba que el cráneo perteneció a un individuo muy joven, posiblemente un niño de no más de cinco o seis años. Por esa razón, Dart asignó al fósil la denominación provisional de «el niño de Taung». Y con ese nombre ha llegado hasta nosotros.

Desde el principio, Dart se convenció de que se encontraba ante un cráneo que había pertenecido a un antepasado directo del hombre. A pesar de ello, no tuvo valor de llamar «humano» a aquel individuo y le bautizó como Australopithecus africanus, que significa literalmente «mono del sur que viene de África». La descripción detallada del cráneo apareció publicada en un histórico artículo de la revista *Nature* en 1925. Un artículo que, sin embargo, le costó a su autor la marginación científica. Sus colegas, en efecto, no pudieron perdonarle la osadía de afirmar que los antepasados del hombre eran africanos, especialmente los británicos, que por aquel entonces estaban siendo víctimas de uno de los mayores fraudes científicos de todos los tiempos y creían a pies juntillas en la autenticidad de un cráneo fósil hallado pocos años antes en Inglaterra.

El fraude de Piltdown

La historia de este engaño histórico comenzó con el hallazgo, en 1912, de unos fósiles (parte de un cráneo, un diente suelto y una mandíbula con dientes) en la localidad inglesa de Piltdown, a pocos kilómetros de Londres.

Un obrero los había localizado en una cantera y se los había entregado después al arqueólogo aficionado Charles Dawson quien, junto con el famoso paleontólogo Smith Woodward, del Museo Británico, los presentó ante la Sociedad Geográfica de Londres como el «eslabón perdido» entre el hombre y el mono. Llamado ***Eoantrophus dawsonii***, los restos fueron aceptados sin mayores problemas ni comprobaciones por la comunidad científica, que se encontró de pronto con un ejemplar que encajaba a la perfección con la idea que se tenía entonces sobre cómo debía ser el eslabón perdido: un gran cerebro, pero con ciertos rasgos simiescos. Todo lo contrario de la realidad.

Muchos paleontólogos se dejaron fascinar por el «hombre de Piltdown». Otros, menos crédulos, a los que les habría gustado examinar personalmente los restos, no pudieron hacerlo, ya que éstos fueron inmediatamente encerrados bajo llave en el Museo de Historia Natural de Londres, donde permanecieron hasta 1953. Solo entonces fue posible someter los fósiles a un examen detallado que demostró, sin lugar a dudas, que ni el cráneo ni la mandíbula eran tan antiguos. El dentista A.T. Marson, por su parte, determinó que los dientes del hombre de Piltdown correspondían a un orangután, el diente suelto a un mono y el cráneo a un ser humano de nuestra propia especie. En concreto, se trataba de un individuo que vivió en ese lugar entre el año 1.200 y 1.300.

Este impresionante bifaz, bautizado «Excalibur» por sus descubridores, fue encontrado en la Sima de los Huesos, en Atapuerca. Por ahora, resulta un misterio la forma en que la herramienta llegó allí.

Por si fuera poco, se demostró que los huesos habían sido enterrados deliberadamente, que su color oscuro se debía a un tratamiento químico y que los dientes habían sido limados para aparentar un uso que en realidad nunca tuvieron. A día de hoy, sigue sin conocerse con exactitud quién perpetró el fraude, aunque la mayoría lo atribuye al propio Dawson, que habría querido así subsanar el hecho de que en las islas británicas no se hubiera descubierto aún ningún fósil humano mientras que estos hallazgos abundaban en el resto de Europa. Inexplicablemente, el hombre de Piltdown fue considerado auténtico por todos durante cuarenta y cinco años.

Por eso, cuando Dart presentó a su niño de Taung, en plena vigencia del hombre de Piltdown estaba, de antemano, condenado a ser ignorado por sus colegas. Cuando llevó a Londres sus fósiles y comprobó la frialdad con la que fue recibido, Dart pensó seriamente en abandonar y regresar para siempre a sus clases universitarias de Anatomía. Pero Robert Broom, médico apasionado por la antropología, consiguió animarlo para que no dejara la investigación. Durante más de dos décadas, ambos colaboraron en el estudio de numerosos fósiles humanos y desenterraron en África valiosos nuevos restos de Australopithecus.

En los años posteriores a los trabajos de Dart y Broom salieron a la luz también los representantes de otra especie australopitecina, esta vez en el África Oriental, el territorio en el que operaba el matrimonio Leakey. El primero de estos hallazgos se produjo en la garganta de Olduvai, en Tanzania, en el año 1959, y fue Mary, la esposa de Luis Leakey, quien lo realizó. Su marido, ese día, estaba postrado en la cama, víctima de un ataque de malaria. Aún así, cuando vio el fósil se dio cuenta de inmediato de que se parecía extraordinariamente a un australopiteco.

A pesar de ello, quiso bautizarlo con un nombre exclusivo: ***Zinjanthropus boisei,*** es decir, el «hombre de Zinj», la palabra árabe con la que se definía el África Oriental. El nombre de la

La adopción de la postura erguida y la bipedestación, es decir, caminar sobre dos extremidades y no sobre cuatro, constituye otro hito en el proceso de humanización de los homínidos.

especie, «boisei», es en honor del antropólogo Charles Boise, que subvencionaba sus expediciones. La edad del fósil, con el método potasio-argón, se estableció en un millón ochocientos mil años. Sin embargo, el nombre propuesto por Louis Leakey duró bien poco. Su parecido con otros fósiles encontrados en Suráfrica, los Paranthropus robustus, hicieron que los ejemplares de los Leakey también fueran asignados a este nuevo género, parecido pero no idéntico a los australopitecos. Así, el Zinjantrhropus pasó a ostentar el nombre de *Paranthropus boisei,* con el que es conocido en la actualidad. Nuevos restos de esta especie han sido hallados después en los lagos Natron, en Tanzania y Turkana, en Kenia.

Australopithecus africanus apareció hace unos tres millones de años y se extinguió hace dos. Y, aunque parecido a su predecesor, tenía varias características que le diferenciaban de afarensis. Medía un metro veinte y pesaba cerca de treinta kilos pero machos y hembras, aunque seguían teniendo tamaños muy diferentes, no mostraban un dimorfismo sexual tan marcado como en los afarensis. El cráneo, además, reunía una mayor cantidad de caracteres aparentemente humanos, entre ellos la forma de la dentadura, que formaba una parábola, como en los hombres, y no una «U», como en los simios. El tamaño de sus molares indicaba que este individuo vivió en las llanuras, alimentándose de nueces y semillas de gran dureza. El volumen craneal era de 450 centímetros cúbicos.

Cuando se extinguieron los australopitecos, hace dos millones de años, un cambio climático estaba convirtiendo África en un continente mucho más árido y seco, más adecuado para los *Paranthropus robustus* y *boisei,* más grandes y mejor adaptados a las duras condiciones de vida de la sabana. Los músculos masticadores de ambas especies eran tan potentes que necesitaban de un soporte extra para sujetarse al cráneo. La coronilla del *Paranthropus boisei* presenta, en efecto, una extraña cresta ósea que los investigadores interpretan como el anclaje de estos músculos masticadores super desarrollados. Fue precisamente esta característica la que llevó al matrimonio Leakey a dar a los boisei el sobrenombre de «cascanueces». En realidad, estos homínidos se habían adaptado a un régimen vegetariano que los obligaba a masticar prolongadamente grandes cantidades de alimentos poco nutritivos. En otras palabras, se vieron obligados a suplir el déficit energético con una dieta muy abundante y que necesitaba de un sistema masticador enormemente desarrollado.

Paranthropus robustus vivió en Suráfrica, mientras que boisei lo hizo en el este de ese mismo continente. Ambos se extinguieron aproximadamente hace un millón y medio de años. Pero vivieron, durante muchos cientos de miles de años, junto a otro homínido, precisamente el que inauguró el género al que todos nosotros pertenecemos y que es considerado como el primero de nuestros antepasados directos: Homo habilis.

¿Hijos del clima?

Hace cerca de tres millones de años, la Tierra sufrió un profundo cambio climático que afectó a muchas de las formas de vida que había sobre ella. Las corrientes marinas cambiaron bruscamente y ocasionaron un descenso generalizado de las temperaturas.

En la misma época se cerró el istmo de Panamá y nació la corriente del Golfo, que desde el continente americano asciende casi hasta la superficie a lo largo de las costas europeas (a eso debemos nuestro clima templado) y se hunde después en las profundidades oceánicas al llegar al círculo polar, arrastrando consigo una gran cantidad de calor que provoca el enfriamiento de esta región del planeta. Fue así como se formó el casquete polar ártico, proceso que estuvo acompañado por un periodo glacial que, a su vez, provocó una larga y tremenda sequía en el continente africano. Cambió por completo el paisaje y muchas especies, entre ellas los australopitecos, desaparecieron. Su lugar fue ocupado por los primeros representantes del género Homo, el nuestro.

Basta con mirar un mapa de África para darse cuenta de otro fenómeno singular: la mayor parte de los hallazgos de fósiles que nos hablan de la historia evolutiva del hombre forman una larga línea vertical que cruza la zona oriental del continente, de norte a sur. Una línea que coincide casi exactamente con el Gran valle del Rift, la gran falla africana provocada por la separación de las placas tectónicas y que a lo largo de miles de kilómetros está provocando la lenta rotura del continente negro. A lo largo de esta cicatriz descomunal en la piel del planeta surgen numerosos volcanes y grandes lagos, que se forman en las numerosas depresiones del terreno.

Lagos que, durante los últimos tres millones de años, se han secado por completo y vuelto a llenar en varias ocasiones. El análisis realizado recientemente de los sedimentos de varios de estos lagos del Gran valle del Rift ha demostrado que en este lapso de tiempo hubo tres periodos húmedos (entre 2,7 y 2,5 millones de años; entre 1,9 y 1,7 millones de años y entre 1,1 y 0,9 millones de años), que se alternaron con largas épocas de extrema aridez. Curiosamente, las fechas coinciden bastante bien con la aparición en el registro fósil de nuevas especies de homínidos, lo que ha llevado a los paleoantropólogos a pensar que los continuos cambios en el entorno forzaron varios episodios de especiación, esto es, de formación de especies nuevas, ya que los homínidos se vieron obligados a cambiar de hábitat y pasar de la selva tropical al bosque abierto y la sabana. El aumento de los terrenos secos, además, hizo difícil de mantener el estilo de vida arborícola, obligándoles a bajar a la tierra, donde tuvieron que poner a punto nuevas estrategias de alimentación y supervivencia.

El hombre hábil

Fue en 1961, en la garganta de Olduvai, en el mismo lugar en el que algunos años antes apareció *Paranthropus boisei*, donde Jonathan Leakey, uno de los hijos de Louis y Mary Leakey, encontró por casualidad la mandíbula incompleta de un homínido y dos fragmentos de cráneo, aparentemente más evolucionado que los australopitecos.

Sus huesos eran más frágiles, los molares, pequeños, y la capacidad craneal decididamente superior a la de cualquier otro resto encontrado con anterioridad. Se trataba, en resumen, de un individuo con una constitución mucho menos robusta que la de cualquier australopiteco conocido. A juzgar por el lugar en el que fue encontrado, en un nivel de terreno ligeramente inferior a donde apareció el parántropo, los restos del llamado «niño de Johny» (en honor de su descubridor), debían ser, además, más antiguos que los del boisei. Y a pesar de eso tenían un aspecto más «moderno» que el de sus vecinos.

La disyuntiva no fue resuelta hasta que, dos años más tarde, en un estrato superior del mismo yacimiento (datado en un millón y medio de años), apareció un cráneo con una capacidad de 660 centímetros cúbicos y justo al lado de varias muestras de industria lítica, es decir, de piedras trabajadas y convertidas, a propósito, en herramientas. Las piezas fueron atribuidas de inmediato al homínido, que por esa razón fue llamado *Homo habilis*, un hombre «hábil» que utilizaba sus manos con destreza. El nombre fue sugerido por el propio Raymond Dart, que creía firmemente que el antepasado del hombre moderno tenía por fuerza que ser un homínido que supiera fabricar herramientas, señal de que utilizaba su cerebro de una forma distinta a los demás. El cráneo se parecía mucho al que había encontrado el hijo de Louis Leakey, por lo que también esos fósiles fueron asignados a la misma especie.

Otros restos de *Homo habilis* aparecieron después tanto en el África Oriental como en Sudáfrica. Entre ellos, un cráneo muy bien conservado que fue descubierto en Kenia en 1972 por el otro hijo de los Leakey, Richard. A ese fósil se le atribuyó una edad de casi dos millones de años. No había duda, pues, de que junto a los australopitecos existió otra clase de individuos, muy parecidos a ellos pero con una serie de características propias. Características que los llevaron, tras la extinción de los australopitecos, a evolucionar hasta convertirse en los seres humanos actuales.

Para algunos, y debido a las similitudes que existen, *Homo habilis* sería una evolución directa de *Australophitecus africanus,* el fruto de una serie de mutaciones impuestas por un nuevo endurecimiento del clima que favoreció a los ejemplares con un cerebro mayor. *Homo habilis,* en efecto, tiene una capacidad craneal que supera en un 50% a la de sus predecesores, un desarrollo que no tiene precedentes en la historia evolutiva de ninguna especie. Para otros, sin embargo, las cosas no están tan claras y *Homo habilis,* aunque emparentado con *Australopithecus africanus,* no descendería directamente de él, sino que ambos tendrían un antepasado común, que probablemente vivió hace unos cuatro millones de años y cuyos restos, por el momento, no han sido encontrados por los paleontólogos.

Resulta cuando menos curioso comprobar que la mayor parte de los descubrimientos de nuestros primeros antepasados se han realizado a lo largo de una estrecha franja de terreno, que coincide con la falla africana del Rift.

Sea como fuere lo cierto es que, en un momento en que la escasez de alimentos ponía en peligro de extinción a más de una especie (como los parántropos), apareció un homínido capaz de suplir con su ingenio la falta de recursos naturales. Y de cambiar su dieta, pasando de consumir solo vegetales a comer también carne. La escasez de vegetales tiernos en la

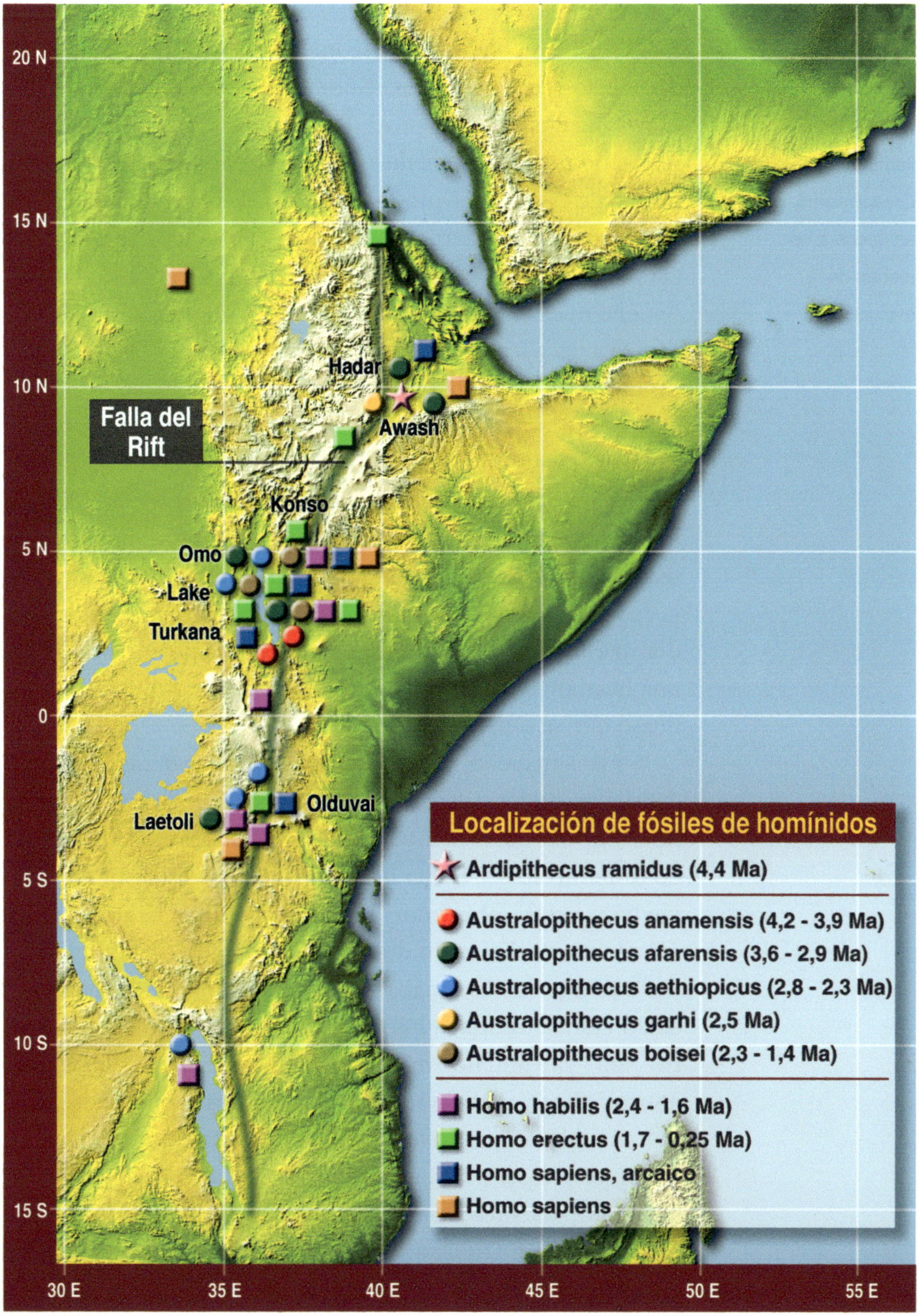
20 N
15 N
10 N
5 N
0
5 S
10 S
15 S
30 E
35 E
40 E
45 E
50 E
55 E
Falla del Rift
Hadar
Awash
Konso
Omo
Lake
Turkana
Olduvai
Laetoli
Localización de fósiles de homínidos
Ardipithecus ramidus (4,4 Ma)
Australopithecus anamensis (4,2 - 3,9 Ma)
Australopithecus afarensis (3,6 - 2,9 Ma)
Australopithecus aethiopicus (2,8 - 2,3 Ma)
Australopithecus garhi (2,5 Ma)
Australopithecus boisei (2,3 - 1,4 Ma)
Homo habilis (2,4 - 1,6 Ma)
Homo erectus (1,7 - 0,25 Ma)
Homo sapiens, arcaico
Homo sapiens

A pesar de las evidencias científicas, existe una corriente, llamada Creacionismo, que se opone a las teorías de la evolución.

sabana se compensaba, en efecto, con la presencia de enormes manadas de herbívoros, que se multiplicaban sin problemas en un medio ideal para ellos. Ahora bien, ¿cómo acceder a esa nueva fuente de alimentos? Probablemente, ni siquiera fue necesario que *Homo habilis* tuviera que cazar, ya que la abundancia de estos herbívoros garantizaba el suficiente número de cadáveres sobre el terreno, ya sea despojos dejados por otros carnívoros, ya sea de animales muertos por causas naturales. Así que nuestro incipiente *Homo habilis* solo tenía que disputar su botín a hienas, buitres y otros carroñeros.

El verdadero problema debió de surgirle al intentar acceder a la jugosa carne a través de una piel gruesa y resistente, imposible de desgarrar con sus pequeños dientes y sus débiles uñas. Así que no quedaba más remedio que utilizar el cerebro. De ese modo, mientras los parántropos seguían masticando nueces secas cada vez menos abundantes y sirviendo de pasto a los guepardos, *Homo habilis* empezó a tallar instrumentos de piedra que fueran capaces de suplir sus deficiencias físicas. Con una buena y afilada herramienta en la mano, no había piel ni hueso que se resistiera.

En la actualidad, y después de más de tres décadas de descubrimientos, los paleoantropólogos disponen de un repertorio fósil más que suficiente para hacerse una idea bastante buena de cómo debió ser *Homo habilis*. Medía cerca de un metro y medio y pesaba alrededor de cincuenta kilos. Es decir, tenía más o menos el tamaño de un parántropo, pero con los huesos más ligeros. Caminaba completamente erguido, su capacidad craneal rondaba los 700 centímetros cúbicos y su rostro era ya mucho menos prominente que el de los australopitecos. Descubrimientos recientes han demostrado, por añadidura, que *Homo habilis* era capaz de algo más que de fabricar toscas herramientas de piedra. De hecho, construía campamentos, como demuestran los círculos de piedras encontrados en Olduvai, restos de uno de los primeros refugios artificiales construidos por el hombre.

Cuestión de neuronas

No es fácil definir una línea a partir de la cual un homínido deja de serlo para entrar a formar parte del género Homo.

Y la cuestión, una de las más polémicas de la paleoantropología, sigue sin estar del todo resuelta en la actualidad. Existen, es cierto, una serie de características que podríamos considerar exclusivas de Homo, como son la posición de la pelvis, los dientes, el cráneo... Pero el rasgo definitorio más importante es, sin duda, la posesión de un cerebro bien desarrollado, que junto a la presencia de una cultura simboliza la existencia de ese pensamiento reflexivo y racional que es exclusivo de los humanos. Por eso, la medida de la capacidad cerebral se ha convertido, desde hace décadas, en una constante en la investigación de nuestros orígenes. Y los miembros del género Homo nos consideramos, sin dudarlo ni un momento, como la especie con una mayor capacidad cerebral entre todas las que existen.

Sin embargo, las cosas no son tan evidentes como parecen y el cerebro humano, a pesar de tener un tamaño considerable, no es el más grande que se puede encontrar en la Naturaleza. Su peso es muy inferior, por ejemplo, al del cerebro de un elefante o al de una ballena azul. Pero, aún así, seguimos considerándonos los seres más «encefalizados» e inteligentes que existen. La razón es que el tamaño cerebral, aisladamente, no dice mucho de su propietario. Para saber más es necesario, también, tener en cuenta el tamaño del cuerpo, y relacionarlo después con el tamaño que tiene el cerebro. Esa proporción es precisamente lo que los científicos llaman «encefalización», y será mayor cuantos más gramos de cerebro tenga un animal por cada gramo de su peso corporal.

Ahora bien, ni siquiera aplicando este sistema los humanos somos las criaturas más encefalizadas de la creación. De hecho, otros mamíferos inferiores poseen, una vez hechas las cuentas, una mayor encefalización que nosotros. Y esto es así por un fenómeno curioso y que afecta al crecimiento cerebral. El cerebro, aunque parezca sorprendente, crece más despacio que el resto del cuerpo, en una proporción bien determinada por la Ley de la disarmonía o alometría. Y dado que el crecimiento es alométrico, la única forma válida de saber cuál es la especie más encefalizada no consiste en medir esa especie en un momento cualquiera de su evolución, sino en calcular qué peso encefálico debería tener según su peso corporal y comparar después el resultado con los pesos encefálicos reales. Después solo resta dividir el tamaño observado por el tamaño esperado de cerebro y el resultado, ahora sí, será el auténtico índice de encefalización. Una gran parte de los mamíferos tienen un índice de encefalización igual a 1. Monos y simios llegan un índice 2. Y los humanos, por fin, aparecemos como los más encefalizados de todos, con un índice de 7.

Industra lítica del Modo 1, la más sencilla de todas, hallada en la garganta de Olduvai, en Tanzania.

Homo erectus

Según la mayor parte de los expertos, el siguiente gran paso en la historia de la evolución humana se dio con la aparición de *Homo erectus*, un homínido que contaba con un volumen cerebral superior a los 1.000 centímetros cúbicos, mucho más cerca del nuestro, y que vivió entre hace un millón y medio y alrededor de 40.000 años, época en la que nuestra propia especie, *Homo sapiens*, ya había salido de África y estaba empezando a poblar el continente europeo.

El primer fósil de erectus no apareció en África, sino en la isla de Java, y fue descubierto en 1891 por un médico holandés que había pedido el traslado a aquellas tierras porque estaba convencido de que precisamente allí podría encontrarse el tan buscado «eslabón perdido» entre hombres y monos. La historia de este médico, que se llamaba Eugene Dubois tiene, sin duda, algo de extraordinario, incluso de increíble. Este curioso personaje, apasionado desde niño con las teorías evolutivas de Darwin, estaba convencido de que los fósiles hallados en el valle de Neander (el hombre de Neandertal) eran, sin duda, parte de la familia humana, pero creía firmemente que tuvieron que existir también antepasados mucho más antiguos. Y que esos antepasados no se encontraban en África, sino en Asia.

En aquellos tiempos, Indonesia era una colonia de Holanda, y hasta los oídos del joven Dubois habían llegado rumores de que allí habitaba una especie de gran mono parecido al hombre, el orangután (que en el idioma local significa textualmente «el hombre de la selva»). Siguiendo un razonamiento de dudosa lógica, Dubois pensó que en aquellos parajes debió de vivir también el primer antepasado del hombre. Así que hizo todo lo posible para que su gobierno le enviara hasta allí. Primero intentó ser nombrado director de una expedición científica a Java, pero no lo consiguió. Así que solicitó un puesto de médico en un destacamento militar, cosa que finalmente obtuvo.

La cuestión es que, al final, Dubois realizó realmente en Java un descubrimiento extraordinario. En lo que puede calificarse como un golpe de suerte excepcional, Dubois se encontró, a orillas del rio Solo, con un cráneo humano y algunos dientes. Era el año 1891. Apenas unos meses más tarde, ya en 1892, regresó a la zona y encontró, en la misma formación rocosa, un fémur humano. Fue entonces cuando se convenció de haber descubierto, por fin, el tan deseado «eslabón perdido». Dubois bautizó su hallazgo como ***Pitecanthropus erectus,*** que significa «hombre mono erguido». El nombre de Pitecantropus le pareció el más adecuado, ya que el cráneo que encontró era demasiado grande para ser el de un mono y demasiado pequeño para haber pertenecido a un humano. Sobre el fémur, sin embargo, no había duda posible. Era del tipo moderno y su dueño, sin duda, caminaba como nosotros.

Si se compara con todos los demás homínidos, este nuevo representante del género Homo era mucho más habil que los demás a la hora de tallar piedras y existen pruebas de que aprendió también a utilizar el fuego, un hito de la máxima importancia, ya que le permitió conquistar lugares fríos y hasta ese momento inaccesibles, y también conservar (y transportar) alimentos cocinados. La estatura de los erectus era ya semejante a la de los humanos. El cráneo era alargado y la frente estrecha y con una marcada protuberancia ósea en forma de arco sobre ambas cejas.

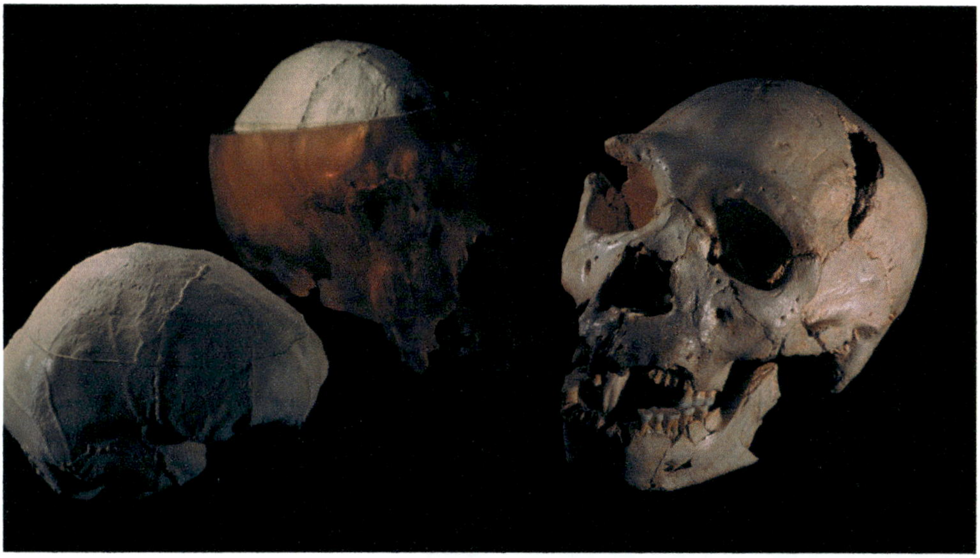

Otros fósiles del mismo tipo que los de Dubois aparecieron después en distintas zonas del mundo y cada uno fue llamado de un modo diferente. A los restos de China, por ejemplo, se les asignó el nombre de «hombre de Pekín». En Alemania, cerca de Heidelberg, apareció la famosa mandíbula de Mauer, y en África salieron a la luz los representantes más antiguos de la especie, que recibieron sin embargo el nombre de *Homo ergaster.* El más representativo de ellos fue encontrado en los depósitos de Koobi Fora, al este del lago Turkana: se trataba de un cráneo de un millón ochocientos mil años de antigüedad.

El tamaño del cerebro también ha sido uno de los indicativos usados por los paleontólogos para determinar el grado de evolución de los homínidos. En la imagen, estudio del cerebro de *Homo heidelbergensis.*

En la actualidad, muchos de estos fósiles, especialmente los asiáticos, han sido reagrupados y asignados a la especie de *Homo erectus*. Pero la cuestión terminó de complicarse en 2001, cuando en una cueva de Dmanisi, en el Cáucaso, apareció una mandíbula (y más tarde otras tres mandíbulas más, además de cuatro cráneos y otros restos postcraneales) de un homínido de un metro y medio de estatura y una antigüedad de un millón ochocientos mil años. Los huesos y artefactos de piedra encontrados a su lado no dejaban lugar a dudas: se tra-

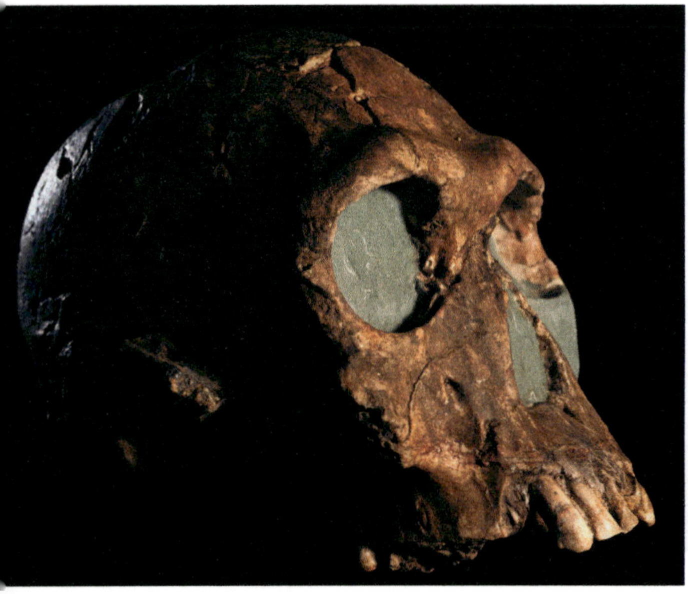

taba de un cazador y se alimentaba de carne. Conocido como *Homo georgicus*, el homínido de Dmanisi se considera como una especie intermedia entre *Homo habilis* y *Homo erectus*, y estrechamente relacionada también con *Homo ergaster*. El hecho de que este hallazgo se produjera en las puertas de Europa hizo que, de repente, muchas de las piezas del puzzle empezaran a encajar.

Atapuerca

Homo hábilis, (arriba) fue el primer representante del género homo capaz de construir herramientas plenamente funcionales.

No resulta exagerado decir que el estudio del origen del hombre moderno no sería lo mismo si no existiera el conjunto de yacimientos de la Sierra de Atapuerca, en Burgos.

Los excepcionales hallazgos de los últimos años han servido, en efecto, a los paleoantropólogos para hacerse una idea mucho más precisa sobre el último millón de años de la evolución humana, periodo del que, en el resto del mundo, apenas si se conservan fósiles. La sierra burgalesa, al contrario, ha aportado ya elementos suficientes para aclarar lo que sucedió durante este periodo, crucial en nuestra historia ya que termina precisamente con la aparición de los primeros representantes de nuestra propia especie. En Atapuerca, en el fondo de una sima de quince metros de profundidad que se abre al final de una cueva de más de medio kilómetro de largo, hoy conocida como Sima de los huesos, han aparecido, por el momento, restos de al menos 28 individuos, algunos de ellos extraordinariamente completos, de más de 350.000 años de antigüedad. El único resto fósil parecido es la ya citada mandíbula de Mauer, que sirvió, ella sola, para nombrar a toda una especie nueva, *Homo heidelbergensis,* que se sitúa en la línea evolutiva de los neandertales.

Pero hay más. Fuera de la cueva, en el yacimiento de Gran Dolina, el hallazgo de otros seis individuos de 850.000 años de antigüedad ha traido finalmente a la luz al antepasado común de *Homo neandertalensis* y *Homo sapiens.* Se trata de *Homo antecessor,* llamado así precisamente por ser el antecesor de las dos especies humanas que poblaron el continente europeo.

La historia podría haberse producido del siguiente modo: hace cerca de dos millones de años surgió en África, a partir de *Homo habilis,* un homínido mucho más evolucionado, *Homo ergaster,* cuyos conocimientos e inteligencia eran ya suficientes como para que se lanzara a colonizar otros lugares. *Homo ergaster* salió de África y se desplazó, siguiendo una ruta costera, hacia Asia y Oceanía. *Homo geórgicus* es una prueba de este éxodo que duró miles de años y que dio origen a todas las variedades de *Homo erectus* conocidas en Asia y a los hombres de Neandertal en Europa. Pero nosotros, los hombres modernos, no nos parecemos ni a unos ni a otros. ¿De dónde venimos entonces?

Hasta hace pocos años, dos teorías opuestas intentaban explicar este misterio: la del origen único, según la que, hace poco más de cien mil años, otra oleada migratoria de africanos (propablemente *Homo sapiens* evolucionados a partir de *Homo ergaster)* llegó a Europa y Asia y sustituyó a las especies que allí vivían; y la del origen multirregional, según la que, de forma independiente y aislada, los neandertales europeos evoluciona-

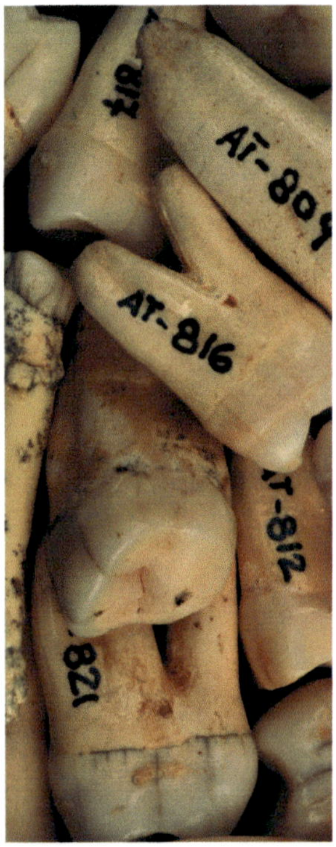

ron hacia *Homo sapiens* al mismo tiempo que *Homo erectus* hacía lo propio en Asia.

Los hallazgos de Atapuerca arrojan una luz inesperada precisamente alrededor de esta polémica. Y confirman que, entre las dos teorías, es la del origen único la que tiene más probabilidades de ser cierta. Por un lado, los 28 cuerpos de la Sima de los Huesos dejan claro que *Homo heidelbergensis*, a cuya especie, la fundada por la mandíbula de Mauer, fueron finalmente asignados esos fósiles, no podía ser, ni mucho menos, el tan buscado antecesor común entre sapiens y neandertales, sino una forma primitiva de estos últimos, que nada tenía que ver con el origen de nuestra propia especie.

Por otra parte, los restos de los seis humanos de Dolina, con su antigüedad superior a los 800.000 años, demuestran que los primeros asentamientos humanos en Europa son mucho más viejos de lo que se pensaba y se aproximan, como además parece lógico, al momento de la primera gran migración africana. *Homo antecessor*, además, sí que posee los rasgos necesarios para ser considerado el auténtico antepasado común entre sapiens y neandertales. Su cara, en efecto, es sorprendentemente parecida a la nuestra, en especial la de los individuos infantiles.

Según Juan Luis Arsuaga, co director de los yacimientos de Atapuerca, *Homo antecessor* también salió de África hace algo más de un millón de años. Los representantes de esta especie que no emigraron y que se quedaron, por lo tanto, en el continente negro, evolucionaron a su vez hasta convertirse en *Homo sapiens*, nuestra especie, y en una nueva oleada migratoria, penetraron en Europa hace alrededor de 50.000 años, donde se encontraron con unos neandertales ya perfectamente diferenciados y a los que finalmente acabaron sustituyendo. Ese es el impresionante y novedoso esquema que se desprende de los hallazgos de Atapuerca.

Un esquema que, sin embargo, tampoco consigue evitar todos los problemas. Los investigadores, en efecto, están convencidos de que, para llegar a Europa, las diferentes oleadas humanas que abandonaron África siguieron, por fuerza, una ruta asiática. Nada permite pensar, de hecho, que en algún momento de la historia esa barrera infranqueable que es el estrecho de Gibraltar haya estado cerrado, formando un puente que permitiera el paso de hombres y animales. Queda pendiente, entonces, una cuestión importante: si Homo antecessor salió de África y aparece después en Europa, ¿dónde están los representantes de su especie que debería haber en Asia? El misterio, según los investigadores, entre ellos el propio Arsuaga, se debe a que, sencillamente, aún no han aparecido los fósiles que den testimonio de su presencia en Asia. Habrá, pues, que seguir buscando.

A partir de los dientes, es posible averiguar numerosas características y hábitos de sus propietarios, entre ellas el sexo, la edad, la dieta, el estado de salud...

El hombre parlante

En ocasiones, la línea que separa un misterio de un problema científico es tan delgada que ambos términos pueden llegar a confundirse. Y eso a pesar de que la diferencia entre los dos conceptos es fundamental: un misterio no se puede estudiar, un problema sí.

La Ciencia consiste, a menudo, en el arte sutil de convertir misterios en problemas, es decir, transformar lo incomprensible en algo que podamos abordar y analizar con las herramientas de nuestra mente. Eso es exactamente lo que ha hecho un equipo de científicos españoles encabezado por los paleontólogos Ignacio Martínez y Juan Luis Arsuaga, y los ingenieros de Telecomunicaciones Manuel Rosa y Pilar Jarabo. Ellos, junto a un grupo multidisciplinar de investigadores, han conseguido convertir el misterio del origen del habla humana en un problema científico que, a partir de ahora, se podrá estudiar. Los resultados de este revolucionario trabajo, punto de partida para nuevas investigaciones, se publicaron el 22 de junio de 2004 en «Proceedings», el órgano de la Academia Nacional de Ciencias de Estados Unidos.

Saber cuándo y en qué modo los humanos adquirimos la capacidad de transmitir conceptos complejos a través de un lenguaje articulado no es una cuestión banal, sino que está relacionada con el origen mismo de aquello que nos distingue del resto de las criaturas vivientes: nuestra mente simbólica. Tener la capacidad de transmitir ideas a nuestros semejantes implica la necesidad de que esas ideas existan previamente, y de que haya, por lo tanto, un cerebro lo suficientemente desarrollado para producirlas. La capacidad de hablar, de transmitir esas ideas, requiere además de unas características físicas determinadas, especialmente diseñadas para aprovechar esas extraordinarias facultades intelectuales.

La fonación, en efecto, solo fue posible porque los humanos disponemos de una «laringe baja», que produce un ensanche en la cavidad faríngea que permite emitir sonidos. En los simios, el órgano de la fonación aparece en una posición más alta, motivo por el que, como sucede con los bebés humanos, consiguen beber y respirar al mismo tiempo, pero no hablar. Los niños solo pueden empezar a vocalizar correctamente a partir de los dos años, la edad en que la laringe baja hasta ocupar su posición definitiva. Desde hace décadas, los científicos intentan buscar las pruebas que les permitan establecer con exactitud cuándo los humanos adquirieron esta inusual capacidad que es el habla. La falta de pruebas físicas directas (el aparato fonador, hecho de cartílagos, tendones y tejido muscular, no fosiliza y no produce restos que se puedan estudiar) les ha llevado, por una parte, a la búsqueda de «pruebas circunstanciales» que demuestren la existencia de una mente simbólica, y por otro a exagerar, quizá, la importancia de las pocas evidencias físicas a las que el tiempo ha permitido llegar hasta nosotros.

Ejemplos de la primera tendencia pueden ser el estudio de las sociedades primitivas, con el cuidado de los más débiles, su uso de la tecnología, la aparición del arte o los primeros enterramientos, signos todos de la existencia de un tipo de mente «humana». La segunda tendencia se refleja en la búsqueda, en los cráneos fósiles de nuestros antepasados, de las zonas del cerebro que hoy sabemos relacionadas con el lenguaje, las áreas de Broca y de Wernike, además de la forma y localización de un pequeño hueso, el hioides, que sirve de anclaje a los músculos de la lengua y cuya posición está íntimamente relacionada con la situación de la laringe y, por tanto, con nuestra capacidad de hablar.

Ninguna de estas «pruebas», sin embargo, ha resultado concluyente, y por eso conviven teorías tan diversas como las que afirman que la mente simbólica (y con ella el habla) surgió «de repente», en una «explosión evolutiva» reciente, con las que, por el contrario, aseguran que se trata de un proceso gradual que se ha desarrollado con lentitud a lo largo del tiempo. La cuestión estaba en tablas. Ni la biología ni la paleontología podían hacer más. La comunidad científica parecía resignada a que este problema quedara sin una solución, o a que ésta llegara de la mano de un improbable descubrimiento de fósiles en los que las características necesarias para explicar el habla fueran perfectamente reconocibles y medibles.

Sin embargo, a nadie se le había ocurrido mirar «desde el otro lado del espejo» y abordar el problema desde el oído. Gracias a la extraordinaria calidad y abundancia de su registro fósil, los paleontólogos de Atapuerca sí que lo hicieron, y el resultado es el descubrimiento de que, hace 400.000 años, los habitantes de la sierra de Atapuerca *(Homo heidelbergensis)* tenían un oído que ya funcionaba de la misma forma que el nuestro.

Dime cómo oyes...

La idea, en apariencia sencilla, se basa en el hecho de que habla y oído están íntimamente relacionados, y en la suposición de que esto significa que se desarrollaron al unísono.

El oído es un órgano complejo y delicado, que está adaptado a las necesidades de las diversas especies. Su «sintonización» depende de las necesidades de cada uno. A diferencia de lo que haría una grabadora, que recoge el sonido circundante sin hacer distinciones, el oído es capaz de filtrar los sonidos, distinguirlos y seleccionarlos. Podemos mantener una conversación fluida incluso cuando hay mucho ruido de fondo. Nuestro aparato auditivo es especialmente sensible a los sonidos emitidos en unas frecuencias determinadas, las que abarcan

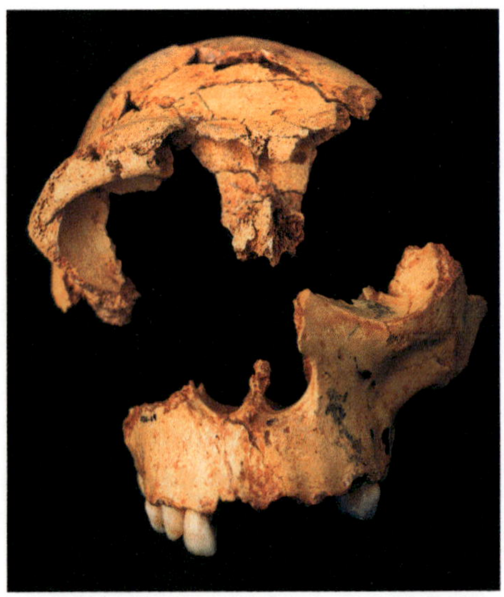

Cráneo de *Homo antecessor* encontrado en Atapuerca. Este antepasado común de sapiens y neandertales vivió hace 850.000 años.

hasta los 4 kilohertzios, que es precisamente el rango de frecuencias en que tiene lugar el habla humana.

Los chimpancés, por citar un ejemplo, están «sintonizados» a frecuencias tanto más bajas (de un kilohertzio) como más altas (8 kilohertzios), y es en estas zonas del espectro sonoro, que son las que usan para comunicarse, donde oyen mejor. Cada especie, pues, adapta su oído a sus propias necesidades.

Por otra parte, desde los años 60, físicos e ingenieros de telecomunicaciones trabajan en la puesta a punto de modelos eléctricos cada vez más perfeccionados del oído humano, en los cuales es posible reproducir con fidelidad su funcionamiento. Así las cosas, solo era cuestión de tomar los diversos elementos disponibles y elaborar un procedimiento completamente nuevo para aproximarse al problema, que ya no misterio, del origen del habla. Una vez realizadas las pruebas comparativas entre humanos modernos y chimpancés (cuya línea evolutiva se separó de la nuestra, como hemos visto, hace casi seis millones de años), solo quedaba hacer lo propio con alguna especie extinta de homo y comprobar si el oído de nuestros antepasados se parecía más al nuestro o al de los simios.

El equipo combinado de paleontólogos e ingenieros usó para ello los restos fósiles de cinco homínidos de la Sima de los Huesos, entre ellos el famoso cráneo 5, el más completo que existe en todo el mundo. Una serie de TAC (Tomografías Axiales Computerizadas) y mucha paciencia fueron necesarias para obtener, a mano, un modelo en 3 D del oído de Homo heidelbergensis, con todas sus medidas anatómicas. Estos datos sirvieron a los ingenieros para realizar un circuito eléctrico de este oído prehistórico al cual, sencillamente, se le realizaron varias audimetrías. La conclusión es que hace más de 350.000 años, los hombres de Atapuerca también oían mejor en frecuencias entre 2 y 4 kilohertzios, las mismas que usamos nosotros. «Tenían alas –dijo entonces Ignacio Martínez-. Ahora solo falta saber si las usaban para volar...»

Esquema evolutivo de los homínidos

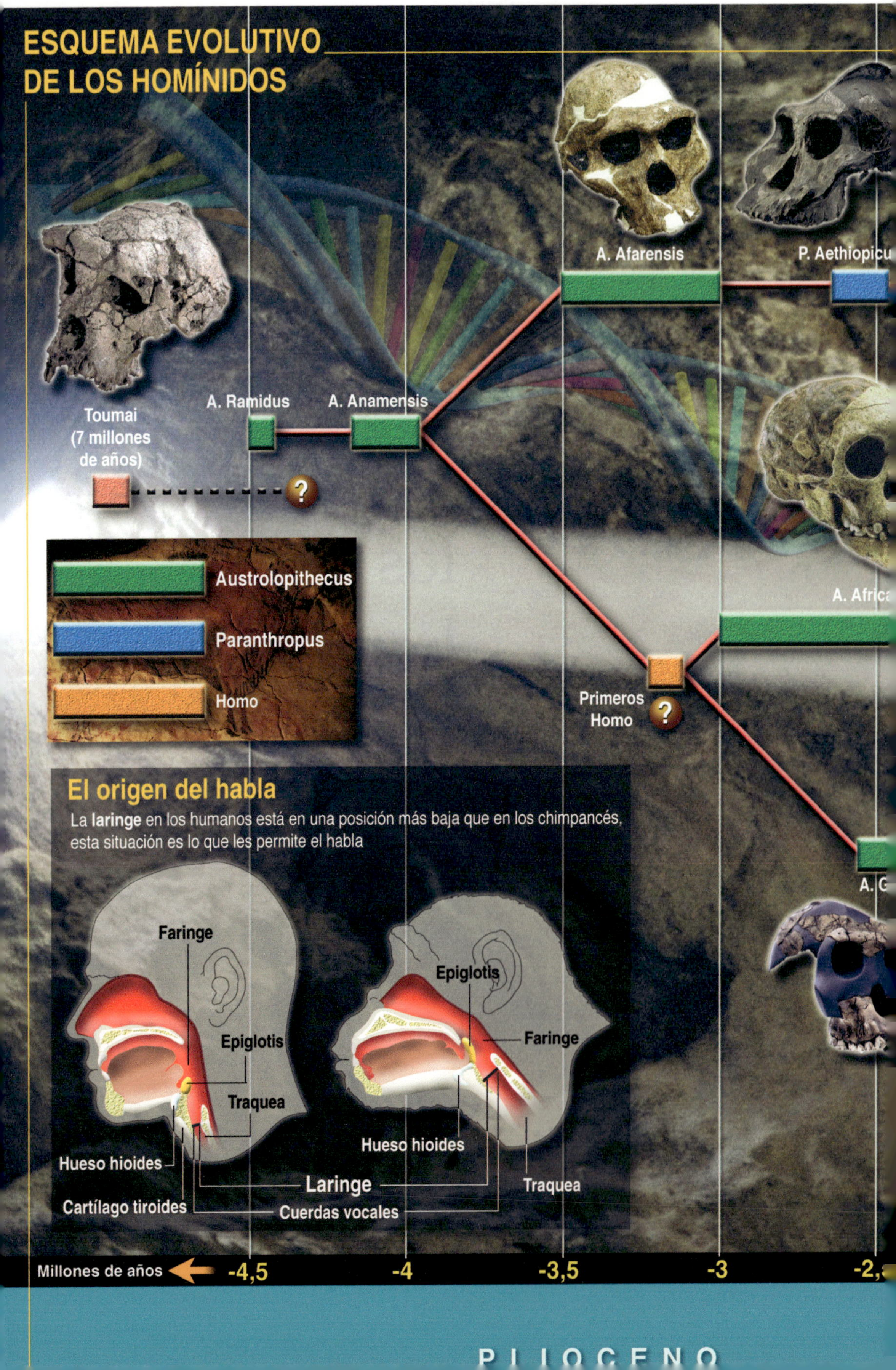
ESQUEMA EVOLUTIVO
DE LOS HOMÍNIDOS
A. Afarensis
P. Aethiopicu
A. Ramidus
A. Anamensis
Toumai
(7 millones
de años)
?
Austrolopithecus
Paranthropus
Homo
A. Africa
Primeros
Homo
?
A. G
El origen del habla
La laringe en los humanos está en una posición más baja que en los chimpancés, esta situación es lo que les permite el habla
Faringe
Epiglotis
Traquea
Hueso hioides
Cartílago tiroides
Laringe
Cuerdas vocales
Epiglotis
Faringe
Hueso hioides
Traquea
Millones de años
-4,5
-4
-3,5
-3
-2,
PLIOCENO

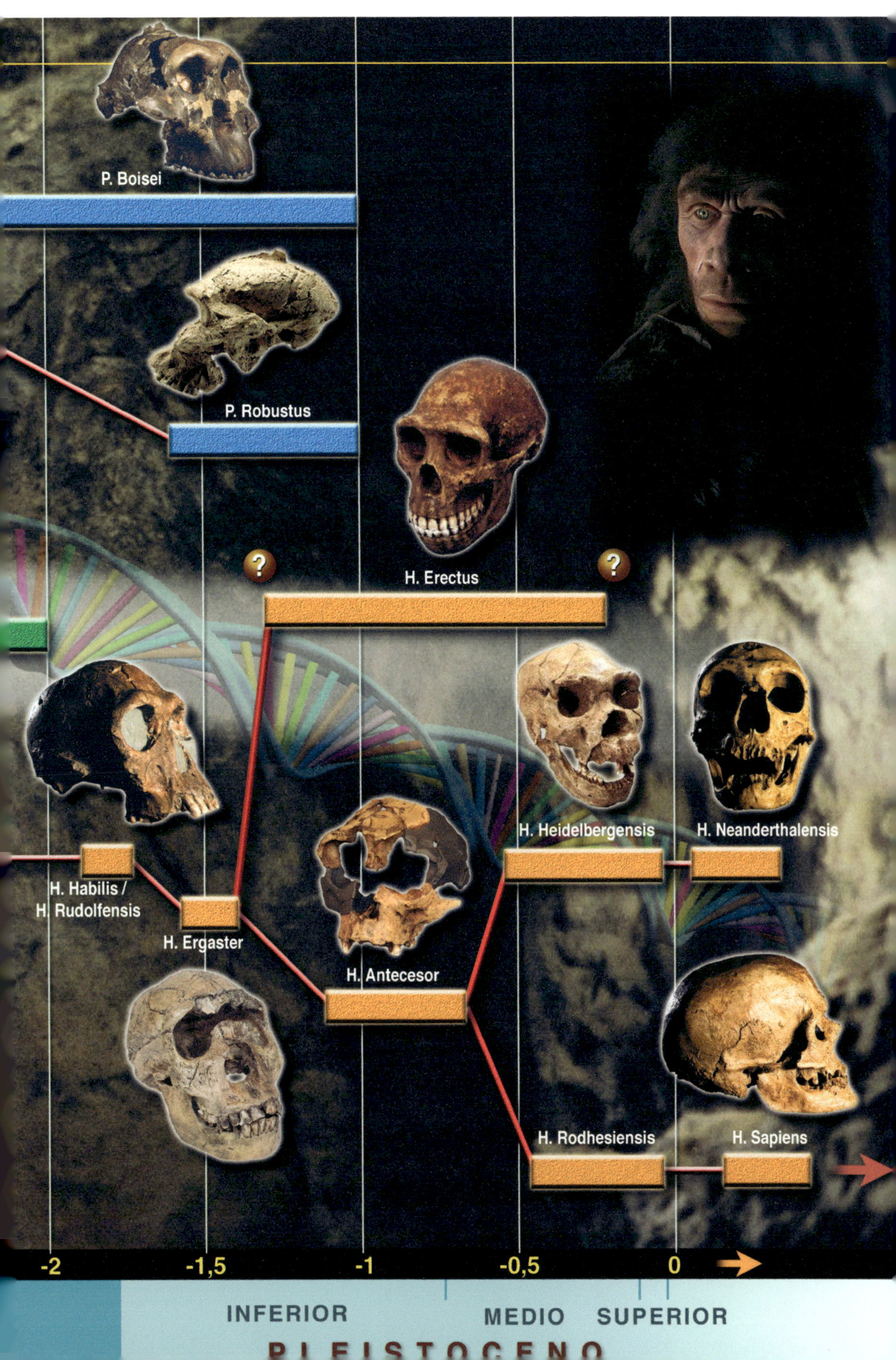
P. Boisei
P. Robustus
H. Erectus
?
?
H. Heidelbergensis
H. Neanderthalensis
H. Habilis /
H. Rudolfensis
H. Ergaster
H. Antecesor
H. Rodhesiensis
H. Sapiens
-2
-1,5
-1
-0,5
0
INFERIOR
MEDIO
SUPERIOR
PLEISTOCENO

BIBLIOGRAFÍA

Hawking, Stephen
Brevísima historia del tiempo
Crítica, Barcelona, 2005

Greene, Brian
El Universo elegante
Colección Drakontos, Crítica, Barcelona, 2006

Mas, Luis
Cosmología
Libros de Investigación y Ciencia, Prensa Científica S.A. Barcelona, 1989

Layzer, David
Construcción del Universo
Prensa Científica S.A., Barcelona, 1989

Trefil, James S
El momento de la creación
Salvat, Barcelona, 1986

Gardner, Martín
Izquierda y derecha en el Cosmos
Salvat, Barcelona, 1985

Maddox, John
Lo que queda por descubrir
Debate, Masdrid, 1999

Thorne, Kip S
Black Holes & Time Warps
W. W. Norton Company, Nueva York, 1994

Kippenhahn, Rudolf
Luz del confín del Universo
Salvat, Barcelona, 1987

Kippenhahn, Rudolf
Cien mil millones de soles
Salvat, Barcelona, 1986

Murdin, Paul y Murdin, Lesley
Supernovas
Progensa, Sevilla, 1989

Anguita, Francisco
Biografía de la Tierra
Santillana, Madrid, 2002

Keppler, Erhard
Sol, lunas y planetas
Salvat, Barcelona, 1994

Fifield, Richard
Formación de la Tierra
Pirámide, Madrid, 1987

Davies, Paul
The New Physics
Cambridge University Press, Cambridge, 1989

Weinberg, Steven
Partículas subatómicas
Prensa Científica S.A., Barcelona, 1985

Davies, Paul
Superfuerza
Salvat, Barcelona, 1988

Trefil, James S
El panorama inesperado
Salvat, Barcelona, 1986

Morris, Richard
Las flechas del tiempo
Salvat, Barcelona, 1986

Darwin, Charles
El origen de las especies
Ediciones del Serbal, Barcelona, 1983

Moorehead, Alan
Darwin. La expedición en el Beagle (1831-1836)
Ediciones del Serbal, Barcelona, 1980

Jay Gould, Stephen
La estructura de la teoría de la evolución
Tusquets, Barcelona, 2004

Dupré, John
El legado de Darwin.
Qué significa hoy la evolución
Katz Editores, Buenos Aires, 2006

Dawkins, Richard
El gen egoísta
Salvat, Barcelona, 2002

Margulis, Lynn y Sagan, Dorion
Microcosmos
Tusquets, Barcelona, 2001

Margulis, Lynn
Peces luminosos. Historias de amor y Ciencia
Tusquets, Barcelona, 2002

Cchwoerbel, Wolfgang
Evolución.
Teorías sobre la evolución de las especies
Salvat, Barcelona, 1994

Rosnay, Joel de
Qué es la vida
Salvat, Barcelona, 1993

Arsuaga, Juan Luis, y Martínez, Ignacio
La especie elegida.
La larga marcha de la evolución humana
Ediciones Temas de Hoy, Madrid, 1998

Arsuaga, Juan Luis y Martínez, Ignacio
Atapuerca y la evolución humana
Fundació Caixa Cataluña, Barcelona, 2004

Lewin, Roger
La interpretación de los fósiles.
Una polémica búsqueda del origen del hombre
Planeta, Barcelona, 1989

Coppens Yves y Picq Pascal
Los orígenes de la Humanidad
(Dos volúmenes). Espasa Calpe, Madrid, 2004

Lewin, Roger
Evolución humana
Salvat, Barcelona, 1993